U0184219

第 9 章
意外发现

天文学家先前没有料到，
现在被迫承认，
在星系的中心，
可能存在比太阳重 100 万倍的黑洞

射电星系

如果有谁在1962年（理论物理学家刚开始接受黑洞概念的那一年）断言，宇宙包含着比太阳重数百万或数十亿倍的巨大黑洞，天文学家一定会笑他。不过，天文学家不知道，他们从1939年起就已经在用无线电波观测这样的巨黑洞了。至少我们今天会强烈地这么猜测。

无线电波是与X射线相对的另一个极端。X射线是波长极短（典型波长比可见光短10 000倍）的电磁波（见序幕的图P.2）；无线电波也是电磁波，但波长很长，波峰到波峰的典型距离为几米，比可见光长百万倍。从波粒二象性说（卡片4.1），X射线与无线电波也处在两个相对的极端——电磁波有时像波，有时像粒子（光子），X射线的典型行为就像高能粒子（光子），X射线光子击中原子，从原子中打出电子（第8章），这样就很容易用盖革计数器来探测。无线电波几乎总是表现为电力和磁力的波，很容易用金属或天线来探测，因为电力的振荡能使电子上下振动，从而在天线上固定的无线电接收器中产生振荡信号。 323

宇宙无线电波（或射电波，来自地球外面的无线电波）是央斯基（Karl Jansky）1932年偶然发现的，他那时是新泽西州霍尔姆德尔的贝尔电话实验室的无线电工程师。[1] 刚从大学出来，央斯基就被派去识别干扰联通欧洲电话的噪音。那个时候，通过大西洋的电话是靠无线电传输的，所以央斯基做了一架由长长的金属管构成的特殊无线电天线，来寻找无线电静电干扰的来源[图9.1（a）]。他很快发现，多数干扰来自雷雨，但雷雨过后还残留有微弱的嘶嘶噪音。到1935年，他已经确定了那噪音的来源，它很可能来自我们银河系的中心区域。当中心区域在头顶时，噪音较强，当它沉到地平线以下时，噪音会减弱，但不会完全消失。

这是一个令人惊异的发现，任何想过宇宙电波的人都会认为太阳是天空最强的无线电波源，就像它是最亮的光源一样。毕竟，太阳比银河系中大多数恒星离我们近10亿（10^9）倍，所以它的无线电波应该比来自其他恒星的强约$10^9 \times 10^9 = 10^{18}$倍。因为在我们的星系中只有$10^{12}$颗恒星，所以太阳应该比所有其他恒星加在一起还亮大概$10^{18}/10^{12} = 10^6$（100万）倍。这样论证怎么会错呢？来自遥远的银河中心的无线电波怎么会比来自太阳的强那么多呢？

这当然是令人惊奇的谜，但回想起来，还有更令人惊奇的事，那就是天文学家对这个谜几乎一点儿也没留意。实际上，尽管贝尔电话公司极惹人注意，但央斯基的发现似乎只有两个天文学家表现了一点兴趣。它注定了会因天文学家的保守而被埋没，同当年钱德拉塞卡宣布没有重于1.4个太阳质量的白矮星的遭遇一样（第4章）。

这两位例外的热心人，来自哈佛大学天文系，一个是研究生格林斯坦（Jesse Greenstein），一个是讲师惠普尔（FredWhipple）。他们在认真考虑了央斯基的发现后证明，如果当时流行的关于宇宙电波产生的思想是正确的，那么我们的银河系不可能产生央斯基所发现的那么强的电波。[2] 尽管显然不可能，格林斯坦和惠普尔还是相信央斯基的发现。他们确信问题出在天体物理学理论，而不在央斯基。但理论哪儿错了，一点线索也没有；另外，正如格林斯坦后来回忆的，“[30年代]我也没有碰到对这件事情感兴趣的天文学家，一个也没有。”[3] 所以，他们也将注意力转向了别的地方。

324

1935年（大约茨维基提出中子星概念的时候，见第5章），央斯基已经完全认识了他的原始天线所能发现的银河系噪音。为认识更多的东西，他向贝尔电话实验室建议建造世界第一台射电望远镜；那是一个直径100英尺（30米）的巨大金属碗，它会像光学反射望远镜把光从镜片反射到目镜或摄影板上那样，将传来的电波反射到无线电天线和接收器。贝尔公司否决了这项建议，因为它不会带来好处。央斯基是个好雇员，也只得同意。他放弃了对天空的研究，在第二次世界大战临近的阴影中，将精力转向了短波长的无线电通讯。

职业科学家对央斯基的发现实在太没有兴趣了，在接下来的10年里才有第一个人来造射电望远镜，这人是雷伯（GroteReber），一个古怪的单身汉，伊利诺斯惠顿的业余无线电接线员，呼号W9GFZ。[4]他从《大众天文学》杂志读到央斯基的射电噪音后，就开始研究它的细节。雷伯没受过多少科学教育，但那并不重要，重要的是他有良好的无线电工程训练和强烈的实践精神。凭他巨大的创造力和有限的积蓄，他靠自己的双手在母亲的后院设计制造了世界上第一台射电望远镜，镜面是直径30英尺（也就是9米）的盘子；他用它绘出了天空的射电图［图9.1（d）］。从他的图中可以清楚地看到，射电源除了我们银河系的中心区外还有两个，后来被称为CygA和CasA——A代表“最亮的射电源”，Cyg和Cas分别代表“天鹅座”和“仙后座”（Cassiopeia）。40多年的研究最终证明，天鹅A和许多随后发现的射电源，很可能是由巨黑洞提供能源的。 326

探测这些射电源的故事，是我们这一章的中心。我决定用整整一章来讲这个故事，有以下几点理由：

第一，故事将说明一个与第8章所讲的大不相同的科学发现的模式。在第8章，泽尔多维奇和诺维科夫提出了具体的寻找黑洞的方法；实验物理学家、天文学家和天体物理学家实现了那个方法，而且成功了。在这一章里，雷伯在1939年就观测到巨黑洞了，那时还没人想到寻找它们，而越来越多的观测证据等了40年，才令天文学家们被迫承认，他们看到的就是黑洞。

第二，第8章讲了天体物理学家和相对论学家的力量；这一章要

图9.1 (a)央斯基和他1932年发现来自银河的宇宙电波的天线。(b)G. 雷伯，约1940年。(c)雷伯建在伊利诺斯惠顿他母亲后院的世界第一台射电望远镜。(d)雷伯用他的射电望远镜绘出的天空射电图。[照片(a)由贝尔电话实验室摄，美国物理学联合会(AIP)EmilioSegre图像档案馆提供；(b)，(c)，(d)由雷伯提供；(d)引自Reber(1944)。]

讲他们的局限。第8章发现的那类黑洞在人们寻找它们的四分之一世纪以前就被预告存在了，那是奥本海默－斯尼德黑洞：比太阳重几倍，由大质量恒星坍缩而成。本章的巨黑洞不一样，从来没有哪个理论家预言过它们的存在；它们比任何天文学家在天空见过的任何恒星重几千或几百万倍，所以不可能是那些恒星坍缩产生的。任何预言这些巨黑洞的理论家可能都会损害自己的科学荣誉。这些黑洞的偶然发现，才是真正的“发现”。

第三，这一章要讲的发现的故事，将比第8章更清楚地说明四个科学家群体之间复杂的相互影响和依赖关系，他们是相对论学家、天体物理学家、天文学家和实验物理学家。

第四，这一章的最后要证明，巨黑洞的自旋和转动能量在解释所观测到的电波中将发挥重要作用。相反，对第8章的那些不太大的黑洞性质而言，旋转是无关紧要的。

1940年，雷伯在完成他的第一次天空射电扫瞄后，认真地将他的望远镜、观测结果和射电图整理成一篇论文，寄给钱德拉塞卡，那时他在威斯康星日内瓦湖畔的芝加哥大学叶凯士天文台担任《天体物理学杂志》的编辑。钱德拉塞卡把雷伯不同寻常的稿子在叶凯士的天文学家中传阅。文稿令人困惑，而这位完全默默无闻的业余作者也令人生疑。于是，几个天文学家驱车来到惠顿，看他的仪器。他们感动了。回去后，钱德拉塞卡同意论文发表。[5] 327

格林斯坦在哈佛读完研究生后，也成了叶凯士的一位天文学家，接下来的几年里，他多次来到惠顿，成了雷伯的好朋友。他说雷伯是“理想的美国发明家。假如他没对射电天文学发生兴趣，早就成百万富翁了”。[6]

格林斯坦对雷伯的研究满怀热情，几年后，他设法让他到芝加哥大学来。“学校不愿在射电天文学上花一分钱，”格林斯坦回忆说；但叶凯士天文台台长斯特鲁维（Otto Strave）同意给他一个研究职位，不过，雷伯的薪水和研究资助得从华盛顿来。然而，雷伯“是独来独往的怪人”，[7] 格林斯坦说，他拒绝向当局详细报告如何使用造新望远镜的经费。于是，事情没办成。

这时候，第二次世界大战结束了，为战争做技术研究的科学家们开始寻找新的挑战。他们中间，有在战争中发明过跟踪敌人飞行器雷达的实验物理学家。雷达无非就是让无线电波从射电望远镜式的发射器发出，在飞机上反弹，然后回到发射器。所以让这些实验物理学家投身到射电天文学的新领域中来，是再理想不过了——有些人正渴望着来。巨大的技术挑战在等着他们，理性的回报也大有希望。在众多想大显身手的人中，三个小组立刻就占领了这片领域：英国约德雷尔邦克-曼彻斯特大学的洛弗尔（Bernard Lovell）小组，剑桥大学的赖尔（Martin Ryle）小组以及澳大利亚博塞（J. L. Pawsey）和波尔顿（John Bolton）的联合小组。在美国，没有值得注意的行动；雷伯差不多还是独自继续着他的射电天文学研究。

328

光学天文学家（用光来研究天空的天文学家，[1] 那时就只有这一类天文学家）对实验物理学家的火热行动并不在意。要等到射电望远镜

1. 在本书中，“光”总是指人眼可见的那一类电磁波，也就是光学辐射。

能准确测量射电源在天空的位置并能确定电波来自哪一个发光体时，他们才会发生兴趣。这要求望远镜的分辨率在雷伯达到的精度上提高100倍，也就是被测射电源的位置、大小和形状的精度还应该提高100倍。

这个要求很高。光学望远镜，甚至人眼都很容易达到较高的分辨水平，因为它们依靠的（光）波具有很短的波长，小于10^{-6}米。反过来，耳朵不能很准确地区别声音所来的距离，因为声波的波长很长，大概1米左右。同样，无线电波因为具有米量级的波长，所以分辨率很低——除非望远镜远大于1米。雷伯的望远镜不是很大，分辨率当然也不太高。为了提高100倍的分辨率，需要大100倍，即约1千米的望远镜，或者需要用更短波长的无线电波，例如用几厘米的波来代替1米的波。

1949年，实验物理学家实现了那100倍，他们没有蛮干，而靠的是机智。通过简单而熟悉的例子，就能理解他们机智的想法。（这只是一个类比；说得太轻松了，不过能让我们对一般思想有个印象。）人仅凭两只眼睛，不用更多，就能看出我们周围的世界是三维的。左眼看到一点儿物体的左面，右眼看到一点儿物体的右面。把头转到一个面上，可以看到一点儿物体的顶面和底面；如果眼睛离远些（结果就像两台相机照三维照片，会有些夸张），我们也多少能看得更多一些。然而，我们的三维图像不会因为脸上长满了眼睛而有多大的改进。眼睛多了，我们看东西会明亮得多（也就是有更高的*灵敏度*），但在三维分辨水平上，我们并不能获得什么。

329

现在，1千米的巨大射电望远镜（图9.2左）多少有点儿像长满了眼睛的脸。望远镜是1千米大的碗，用能将电波反射和聚焦到线阵天线和接收器上的金属片覆盖。如果将各处的金属片拿走，只留下几片散布在碗上，就相当于将多余的眼睛从我们脸上拿走，只留下两只。这两种情形，都不会损失分辨率，只是极大地损失了灵敏度。实验天文学家最需要的是提高分辨率（他们想发现电波从哪儿来，波源是什么形状），而不是提高灵敏度（不需要看到更多更暗的射电源——至少目前不需要）。于是，他们只需要一个斑斑点点的碗，而不需要被完全覆盖的碗。

330

这个斑斑点点的碗，实际上是一个小射电望远镜的网络，通过线路联结到一个中心电波接收站（图9.2右）。每个小望远镜就像大碗上的一块金属片，每个小望远镜的射电信号通过线路传递，就像射电束在大碗的金属片上反射；合成来自各线路信号的中心接收站，也就像大碗上合成来自碗上各点的反射束的天线和接收器。这样的小望远镜和实验物理学家的中心工作站组成的网络，叫*射电干涉仪*，因为它背后的工作原理是*干涉测量法*，通过各小望远镜的输出结果的相互“干涉”（如何干涉，我们将在第10章卡片10.3中看到），中心接收器

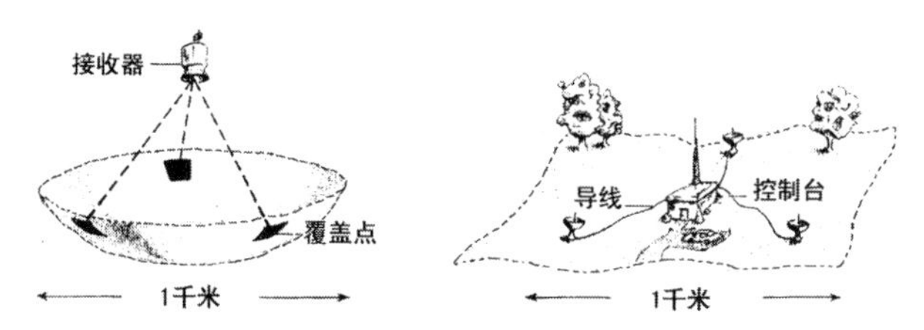

图9.2 射电干涉仪原理。左：为达到良好的角分辨率，可能有人想有一个巨大的，如1千米的射电望远镜。不过，电波反射碗只需要几点（黑点）用金属片覆盖并发生反射就够了。右：从那些点反射的电波不必都聚焦到一个天线和巨碗中心的接收器上；每一点可以聚焦到各自的天线和接收器，然后将各接收器的最终信号通过线路传到一个中心接收站，电波在接收站合成，与它在望远镜的接收器上合成一样。结果，这是一个具有相关而合成输出的小射电望远镜网，也就是一个*射电干涉仪*

将合成天空的射电图或图像。

从20世纪40年代后期到50年代，进入60年代，那三个实验物理学家小组（约德雷尔邦克的、剑桥的和澳大利亚的）相互竞争着做更大和更灵巧的射电干涉仪，分辨率也前所未有地提高了。在光学天文学家中激起兴趣的第一个决定性的100倍的提高在1949年实现了。那时，波尔顿、斯坦莱（Golden Stanley）和澳大利亚小组的斯里（Bruce Slee）关于许多射电源的位置的误差区间是10弧分大小，也就是说，他们可以将射电源在天空中的位置确定到10弧分大小的区域内。[8]（从地球上看，太阳的三分之一直径就是10弧分，可见，它比人眼靠光达到的分辨率还可怜，但靠无线电波，这已经是了不起的分辨率了。）用光学望远镜来检查这些误差区间，包括天鹅A在内，都没表现出特别的明亮；为了从误差区域内众多的光学暗天体中找到真正的射电源，电波的分辨率还需要提高。不过，这些误差区域中还是有三个与众不同的光亮天体：一个是古老超新星的残骸，另外两个是遥远的星系。

331

央斯基发现的从我们银河系发出的无线电波，已经令天体物理学家难以解释，现在要理解遥远星系怎么能发出那么强的无线电信号，就更困难了。天空中某些最亮的射电源可能是极遥远的天体，这令人难以置信（尽管后来证明真是这样）。于是，似乎可以打赌，每个误差区间里的无线电信号不是来自遥远的星系，而是来自区域内的某个光学暗淡然而距离很近的恒星。（打这个赌的人要输。）只有更高的分辨率能确定地告诉我们。实验物理学家在努力向前，几个光学天文学家开始产生了一点兴趣，在一边看着。

到1951年夏，剑桥的赖尔小组将分辨率又提高了10倍，赖尔的研究生史密斯（Graham Smith）用它将天鹅A的位置确定到1弧分的误差区间——这个区间够小了，大概只含有100个左右的光学天体（用光看到的天体）。史密斯把他猜测的最佳位置和误差区间寄给帕萨迪纳卡内基研究所的著名光学天文学家巴德（就是17年前跟茨维基一起确认超新星并提出其中子星能源的那个巴德——见第5章）。卡内基研究所在威尔逊山上有一台那时世界上最大的2.5米（100英寸）光学望远镜；帕萨迪纳街上的加州理工学院刚在帕洛玛山上建好一台5米望远镜。研究所和学院的天文学家共用这些望远镜。巴德在他接下来计划的帕洛玛5米镜［图9.3（a）］的观测中，拍摄了史密斯说的天鹅A所在天空的误差区域。（这个区域同大多数区域一样，以前没有用大光学望远镜检验过。）照片冲洗出来后，巴德简直不敢相信自己的眼睛：误差区内有一个从没见过的天体，仿佛是两个星系撞在一起［图9.3（d）中间］。[9]（通过20世纪80年代红外望远镜的观测，现在我们知道那是光的错觉。天鹅A真是一个星系，不过有一尘埃带穿过它的表面，尘埃吸收了光，结果一个星系看起来就像两个撞在一起的星系。）中心星系加上射电源这样一个总系统，以后被称为*射电星系*。

两年里，天文学家们相信，射电波是星系碰撞的产物。可是到333 1953年，新的惊奇出现了。那年，洛弗尔的约德雷尔邦克小组的詹尼森（R. C. Jennison）和古普塔（M. K. Das Gupta）用一种新式干涉仪研究了天鹅A。他们的干涉仪由两台望远镜组成，一台固定在地上，另一台让卡车载着绕圈子，为的是逐步覆盖一台想象的40平方千米望远镜的“大碗”上众多的“点”［见图9.2（b）左］。靠这个新干涉仪［图9.3（b），（c）］，他们发现，天鹅A的无线电波不是来自“碰撞

332

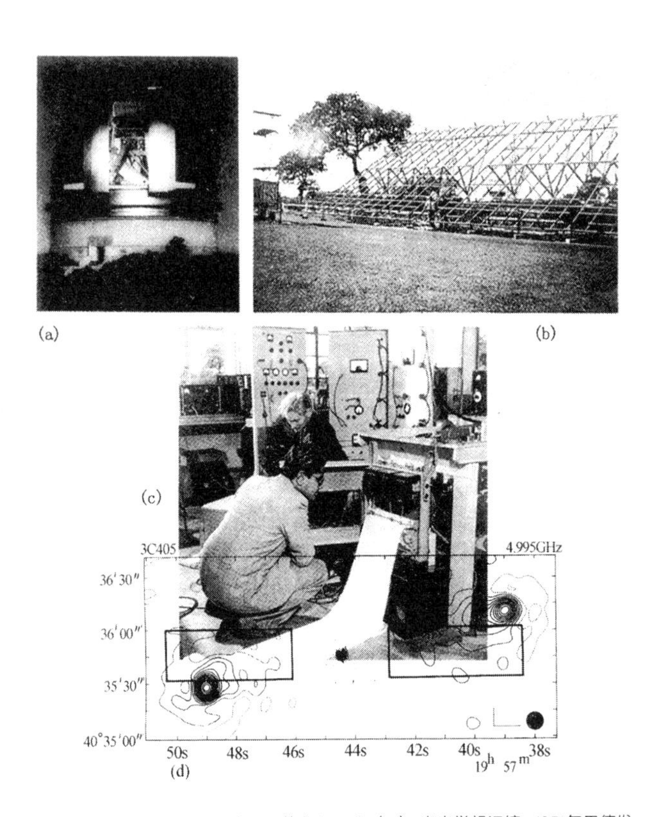

图9.3 发现天鹅A是一个遥远的射电星系：(a)5米光学望远镜，1951年巴德发现天鹅A关联着两个正在碰撞的星系。(b)约德雷尔邦克的射电干涉仪。1953年，詹尼森和古普塔用它证明，无线电波来自碰撞星系外的两片巨叶。干涉仪的两架天线(每一天线都是木架上的线阵)也并排在图上。测量时，一架天线让卡车载着在地上跑圈儿，另一架留在原地。(c)詹尼森和古普塔在干涉仪控制室内检查无线电数据。(d)1953年观测所揭示的射电源的两叶(矩形)；同时，图中间还有巴德的"碰撞星系"的光学照片。图(d)还表现了高精度的无线电发射叶的等值线图(细实线)，那是剑桥赖尔小组1969年得到的结果。[(a)由加利福尼亚理工学院帕洛玛天文台提供；(b)，(c)由曼彻斯特大学努菲尔德射电天文台提供；(d)引自Mittonand Ryle(1969)、巴德和闵可夫斯基(1954)、Jennison and Das Gupta(1953)。]

星系"，而是来自两个巨大的近似矩形的空间区域，约200000光年，相对分开在"碰撞星系"的两头，距离200000光年。[10] 这两个电波发射区，或者叫“叶”，表现为图9.3（d）的两个矩形区。另外，巴德的“碰撞星系”的光学照片也在图的中间。在图中还可以看到叶状电波发射区更具体的情况，那是16年后更精密的干涉仪的成果；图中表现射电波亮度的细等值线，与地图上表现地形高度的等高线是一样的。等值线证实了1953年的结论：射电波来自“碰撞星系”两端的巨大气体叶。一个巨黑洞如何能为这两片巨叶提供能量，是本章后面的主题。

334 这些令人惊异的发现，在光学天文学家中间激起了长久而强烈的兴趣。格林斯坦不再是惟一认真的关注者了。

在格林斯坦个人看来，这些发现是最后的一棵稻草了。美国人没能在战后推进射电研究，现在他们只能站在一边儿看着这场自伽利略发明望远镜以来最伟大的天文学革命。革命的果实正在不列颠和澳大利亚成熟，而美国什么也没有。

格林斯坦这时是加州理工学院的教授，他从叶凯士来这儿，是为了围绕5米的新望远镜确立一个天文学计划。于是，他自然去找院长杜布里奇（Lee Dubridge），要加州理工学院造一台射电望远镜，与5米望远镜一起探索遥远星系。杜布里奇在战时曾负责美国雷达设计，他有同感但也很谨慎。为说服杜布里奇行动起来，格林斯坦1954年1月5日和6日，在华盛顿组织了一次关于射电天文学未来的国际会议。[11]

在华盛顿，来自英国和澳大利亚的射电观测者们报告了他们惊人的发现，接着，格林斯坦提出了他的问题：一定要让美国继续成为射电天文学的荒漠吗？答案是显然的。

在国家科学基金会的大力支持下，美国的物理学家、工程师和天文学家们开始在西弗吉尼亚格林邦克建立国家射电天文台；杜布里奇也批准了格林斯坦关于建造最先进的加州理工学院射电干涉仪的报告，决定将它建在加利福尼亚约色米特国家公园西南的欧文斯河谷。由于学院里没人造过这种仪器，格林斯坦就把波尔顿从澳大利亚请来，做这个计划的先锋。

类星体

到20世纪50年代后期，美国人也赶上来了。格林邦克的射电望远镜正在投入使用；在加州理工学院，马修斯（Tom Mathews）、马尔特比（Per Eugen Maltby）和莫菲特（Alan Moffett）用欧文斯河谷的新射电干涉仪，与巴德、格林斯坦和其他人用帕洛玛5米光学望远镜一起，发现和研究了大量的射电星系。

335

1960年，这些工作又带来一个惊奇：加州理工学院的马修斯收到帕尔默（HenryPalmer）的来信。根据约德雷尔邦克的观测，一个叫3C48（剑桥的赖尔小组编制的第3版星表[1] 中的第48个射电源）的射电源极小，不超过1弧秒的直径（太阳张角的1／10000）。这么小的源是很新奇的事情。但是，帕尔默和约德雷尔邦克的同事们却不能

1.星表是天文学家用以记载各种天体参数的编目表，大概可以追溯到公元前4世纪中国石申的《星经》。星表种类很多，内容和用途不同。在一般读物中常看到的有《星云星团新总表》（NGC）、《梅西耶星表》（M）等。前面看到的HDE为哈佛大学天文台出版的光谱型星表；SS为“特殊星”，列在Hα发射线星表中；这里说的属于射电源表（《剑桥第三射电源表》）。——译者注

很好地确定源的位置。马修斯在学院的新射电干涉仪上的工作非常出色，他将位置定到只有5弧秒大小的误差区域，把结果给了帕萨迪纳卡内基研究所的光学天文学家桑德奇（Allan Sandage）。桑德奇接着在5米光学望远镜的观测中，拍摄了马修斯误差区域中心的照片，他惊讶地发现，那不是一个星系，而是一个单独的蓝色亮点，像一颗恒星。“第二天晚上，我检查了它的光谱，那是我见过的最离奇的光谱。”他后来回忆说。谱线的波长根本不像恒星或地球产生的热气体的；也不像天文学家和物理学家以前遇到过的任何东西。从这个奇怪的天体，桑德奇看不出一点儿意思。

接下来的两年里，又有6个相同的天体以相同的方式被发现了，它们都跟3C48一样令人疑惑。加州和卡内基的所有光学天文学家都开始来为它们摄像，取光谱，力图认识它们的本质。答案本应是很显然的，但实际上不是，遇到阻碍了。这些奇异的天体那么像恒星，于是天文学家一直试图把它们解释成我们以前没有见过的银河系中的某种恒星，但这些解释太牵强，不会有人相信。

打破障碍的是32岁的荷兰天文学家施米特（Maarten Schmidt），[12] 那时他刚应聘来到加州理工学院。几个月来，他都在想办法去认识他得到的3C273的光谱，那也是一个奇异天体。1963年2月5日，他坐在学院办公室里仔细地为他正在写的一篇文章画光谱，答案突然降临了。光谱中4条最亮的线是氢原子气体产生的标准的“巴尔末线”——这是所有光谱线中最有名的，是大学生在量子力学课里学的第一类谱线。不过，这4条线并没有通常的波长，每一条都红移了16%。所以，3C273一定含有大量氢气，并且以16%的光速离开地球——比任何天文学家见过的任何恒星的速度大得多。

施米特冲出办公室，跑去找格林斯坦，激动地向他讲了自己的发现。格林斯坦回到办公室，把他的3C48光谱拿出来，盯着看了一会儿，没看到有任何红移的巴尔末线；但由镁、氧、氖发出的谱线在等着他，它们红移了37%。看来，3C48至少部分含有镁、氧和氖，以37%的光速离开地球。[13] 336

这么高的速度从哪儿来的？如果照普遍的想法，这些奇异天体（以后它们被称为*类星体*）是我们银河系中的某种恒星，那么它们一定是被巨大的力量从某处（也许从银河系中的核）喷射出来的，这太难以置信了。进一步检查类星体光谱会看到，这是极不可能的。格林斯坦和施米特认为（对的），惟一合理的解释是，这些类星体在我们宇宙很远的地方，由于宇宙膨胀的结果，它们在以极高的速度离开地球。 337

想想，宇宙膨胀就像正在吹气的气球的膨胀。假如有许多蚂蚁站在气球表面，那么每一只蚂蚁都会看到其他所有的蚂蚁在离它而去，这是气球膨胀的结果。离它越远的蚂蚁，离开它的速度也越快。同样，由于宇宙膨胀的结果，离地球越远的天体，我们在地球上看它离开的速度也越快。换句话说，天体的速度正比于它的距离。这样，施米特和格林斯坦能从3C273和3C48的速度推测它们的距离，分别是20亿光年和45亿光年。

这些距离太大了，几乎是有史以来的最大距离。这意味着，

3C273和3C48为了达到在5米望远镜上显示的亮度，必然要辐射出大量的能量：比我们见过的最亮的星系的能量还高100倍。

3C273的确很亮，自1895年以来，它与它附近的其他天体一起，已被最普通大小的望远镜拍过2000多次了。在听说施米特的发现后，德克萨斯大学的史密斯（Harlan Smith）仔细检查了这些多数珍藏在哈佛档案馆里的照片，发现3C273在过去70年里亮度在波动。在短短1个月的时间内它发出的光发生过很大变化。[14] 这意味着，大部分来自3C273的光必然是从一个比光在1个月内所经过的行程小，也就是从小于1“光月”的区域内发出的。（假如区域太大，当然就不会有任何以小于或等于光速运行的力量能使发出的气体同时在1个月内变亮和变暗。）

左：格林斯坦和帕洛玛5米光学望远镜的图，约1955年。右：施米特和他用来测量5米望远镜光谱的仪器，约1963年。［加利福尼亚理工学院档案馆提供。］

这些意思是极难让人相信的。3C273，这个奇异的类星体，比宇宙中最亮的星系还亮100倍。星系的光是从100000光年大小的区域中发出的，而3C273的发光区域却只有1光月大小，直径至少比星系小100万倍，体积小10^{18}倍。它的光必然来自一个由一台巨大功率的发动机加热的大质量气状天体。发动机很可能是一个巨大黑洞，不过 338 还不能完全确信，15年过后才出现有力的证据。

如果说，解释来自我们银河系的无线电波难，解释来自遥远射电星系的无线电波更难，那么，解释来自那些超远类星体的无线电波，就难上加难了。

困难原来是一个思想障碍。格林斯坦、惠普尔和三四十年代所有天文学家一样，都认定宇宙电波跟恒星的光一样，是从原子、分子和电子的不规则热运动产生的，那时的天文学家不能想象还有别的自然途径能产生所看到的电波，尽管他们的计算已经确凿地证明原来的途径是行不通的。

然而，其他途径自20世纪初就已为物理学家所熟悉了：当高速运动的电子遇到磁场时，会因磁力作用而绕磁力线做螺旋运动（图9.4），在螺旋中发出电磁辐射。40年代，物理学家开始将这种辐射称 339 为*同步辐射*，因为那时正在建造的所谓“同步”粒子加速器里的螺旋电子就产生这种辐射。值得注意的是，尽管物理学家对同步加速器表现了极大的兴趣，天文学家却毫不在意，头脑里的石头阻碍了他们的思想。

1950年，芝加哥的凯本海尔（Karl Otto Kiepenheuer）和莫斯科的金兹堡（就是为苏联氢弹发明LiD燃料，后来又发现黑洞无毛的第一丝线索的那个金兹堡[1]）打碎了那块石头。他们在阿尔文（Hans Alfvén）和赫洛森（Nicolai Herlofson）的思想基础上提出（对的），央斯基的来自我们银河的无线电波是螺旋地绕着充满在星际空间的磁力线近光速运动的电子产生的同步辐射（图9.4）。[15]

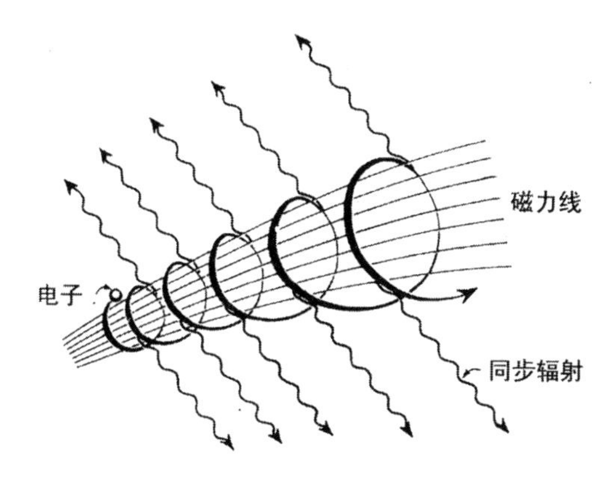

图9.4 宇宙的无线电波是在磁场中螺旋式近光速运动的电子产生的。磁场迫使电子螺旋而不是直线地运动，电子的螺旋运动产生无线电波

几年后，发现了射电星系巨大的电波发射叶和类星体，人们自然（也是正确的）认为，它们的无线电波也是绕磁力线的螺旋电子产生的。根据螺旋运动和观测到的无线电波以及相关的物理学定律，圣地亚哥加利福尼亚大学的布尔比奇计算了射电叶的磁场和高速电子所应具有的能量。他的结果令人惊愕：在最极端情况下，电波发射叶必须具有的磁能和高速（动）能，相当于1000万（10^7）个太阳质量以100%的效率完全转化而来的纯粹能量。[16]

1. 见图7.3。金兹堡不仅以这些发现出名，他还有许多别的发现：与朗道发展超导体的“金兹堡-朗道理论”（为了解释为什么某些金属在很冷的情况下会完全失去对电流的阻力而提出的理论）。金兹堡是世界上几个真正的“文艺复兴式的物理学家”之一，也就是说，他几乎对理论物理学的所有分支都有重要贡献。

类星体和射电星系的能量要求那么大，1963年，天体物理学家们被迫去检验所有可以想象的能源。

化学能（汽油、油、煤或炸药的燃烧），这种人类文明的基本能源形式，显然是不够的。质量转化为能量的化学效率只有一亿分之一（10^{-8}）。为了向类星体发射电波的气体提供能量，需要$10^8 \times 10^7=10^{15}$个太阳质量的化学燃料——整个银河系所有燃料的100000倍。这看来是完全不合理的。 340

核能，作为氢弹和太阳光热的基础，似乎是惟一能充当类星体能源的。核燃料的质能转化效率约为1%，所以，一个类星体需要$10^2 \times 10^7=10^9$（10亿）个太阳质量的核燃料来为它的电波发射叶提供能源。不过，只有当核燃料完全燃烧，而且能量完全转化为磁场和高速运动电子的能量时，10亿个太阳质量才够。完全的燃烧和完全的转化似乎是很不可能的。即使靠精密设计的机器，人类对燃烧能量的利用也很少超过几个百分点。而大自然没有什么周密的设计，很可能做得更差。于是，100亿或者1000亿个太阳质量的核燃料似乎更合理。这个量比一个巨大星系的质量小，但也不是特别小，而且大自然如何能够实现燃烧的核能向磁场能和动能转化，我们还不清楚。因此，核燃料是可能的，但可能性不是很大。

物质与反物质的湮灭[1]能实现100%的质能转化，所以1000万个太阳质量的反物质与1000万个太阳质量的物质发生湮灭，就能满足

1. 有关情况请看词汇表中“反物质”条以及第5章。

一个类星体的能量需要。然而，我们的宇宙中没有任何反物质存在的证据，只不过有一点在粒子加速器上人工产生的，和一点在物质粒子碰撞中自然产生的。而且，即使在类星体中有那么多物质和反物质湮灭，湮灭的能量将进入高能 γ 射线，而不会成为磁能和电子的动能。因此，物质-反物质湮灭似乎是很难令人满意的类星体供能方式。

还有一种可能：*引力*。正常恒星形成中子星或黑洞的坍缩，想来可能将10%的恒星质量转化为磁能和动能——虽然如何转换还不清楚。如果它真能这么做，那么 $10 \times 10^7 = 10^8$（1亿）颗正常恒星的坍缩就可能满足1个类星体的能量，而像假想的比太阳重1亿倍的*超大质量恒星*，一颗就够了。[正确的想法是，这样一颗超大质量恒星的坍缩形成的巨大黑洞，本身可能就是为类星体提供动力的发动机。不过，在1963年还没人这么想过。那时，黑洞还没人理解；惠勒还没起“黑洞”的名字（第6章），萨尔皮特和泽尔多维奇还没认识到落向黑洞的气体可以高效地加热和辐射（第8章）；彭罗斯也还没发现黑洞可以将29%的质量作为旋转能贮存和释放（第7章）。黑洞研究的黄金年代还没有来临。]

341

形成黑洞的恒星的坍缩可能为类星体提供能量，这个思想根本背离了传统。这是历史上第一次，天文学家和天体物理学家感到需要求助于广义相对论的效应来解释他们看到的天体。以前，相对论学家生活在一个世界，天文学家和天体物理学家生活在另一个世界，两家几乎没有交流。他们的偏见就要结束了。

为培养相对论学家与天文学家和天体物理学家之间的对话，促进类星体研究的进步，1963年12月12～18日，300名科学家在德克萨斯的达拉斯举行了第一届德克萨斯相对论天体物理学会议。[17] 在一次餐后讲话中，康奈尔大学的戈尔德（Thomas Gold）描述了当时的情形，不过有点儿言不由衷："[类星体的神秘]令我们想到，相对论学者和他们精致的工作不仅是华丽的文化装点，也可能对科学真有些用处！现在，人人都高兴了：相对论学者们感到有人在感谢他们，成了他们几乎还不知道其存在的领域的专家；天体物理学家们也因为融和了另一个学科——广义相对论而扩展了自己的领地、自己的王国。这真是令人高兴的，让我们希望它是对的。如果到头来我们又和相对论学者们分开了，那将多令人羞愧。"

会议报告几乎从上午8：30持续到下午6：00，一个小时午餐；然后从下午6：00到凌晨2：00，进行非正式讨论和辩论。其中有一个10分钟的短报告，是年轻的新西兰数学家克尔作的，与会者都不认识他。克尔只是讲了他的一个爱因斯坦场方程的解——10年后会发现，这个解描述了旋转黑洞的所有性质，包括旋转能量的贮存和释放（第7，11章）；我们在下面将看到，这个解最终会成为解释类星体能量的基础。然而，在1963年，对大多数科学家来说，克尔的解似乎只是数学珍玩，甚至没人知道它描述了黑洞——尽管克尔猜想它也许能为旋转恒星的坍缩带来一点认识。 342

天文学家和天体物理学家来达拉斯是为了讨论类星体，对克尔神秘的数学题目没有一丝兴趣。所以，当克尔上台讲话时，好多人溜出演讲厅到走廊上去谈他们喜欢的类星体理论；其他的更不礼貌的人，仍坐在大厅里小声讨论。留下的人许多都在打瞌睡，后半夜的科学讨论影响了睡眠，但靠这会儿是补不回来的。只有几个相对论学家在聚精会神地听。

这种场面，令帕帕皮特罗（Achilles Papapetro）忍不住了，他是世界有名的大相对论专家。等克尔一讲完，他就要求发言。他站起来，深有感触地解释了克尔功绩的重要性。他，帕帕皮特罗本人曾花30年时间寻找这样一个爱因斯坦方程的解，但同其他许多相对论学者一样，失败了。天文学家和天体物理学家礼貌地点点头；接下来，另一位报告者又来大讲类星体理论，他们又重新集中注意力，会议继续进行。[18]

20世纪60年代为射电源研究找到了一个转折点。以前，从事这项研究的人完全是实测天文学家——也就是光学天文学家和从事射电观测实验的物理学家，现在都团结到一个天文学群体中来了，叫*射电天文学家*。相反，理论天体物理学家没做什么事情，因为射电观测还没有细到能让他们很好地进行理论化的地步。他们惟一的贡献在于，认识了无线电波是由绕磁力线螺旋式高速运动的电子产生的，计算了它需要多大的磁能和动能。

20世纪60年代，随着射电望远镜分辨率持续提高和光学望远镜开始揭示射电源的新特征（例如，类星体小小的发光核），不断增长的信息源成了天体物理学家头脑的营养素。他们根据丰富的信息提出了许多解释射电星系和类星体的具体模型，而这些模型也一个个地被不断积累的观测数据所否定了。说到底，这就是科学的一贯作风！

343

关键的一点是，射电天文学家发现，无线电波不仅从处在射电星系两端的两叶，而且还从中央星系本身的核发出来。1971年，剑桥席艾玛的一个新来的学生里斯由此想到一个为两叶提供能源的新办法。也许，星系所有的无线电波都来自星系核中的一台发动机，也许这台发动机在直接为中心的电波发射电子，为磁场提供能量，也许它还向两叶输送能量，激发那儿的电子和磁场；也许，这台在射电星系核心的发动机正是为类星体提供能量的那种（不管它可能是什么）。[19]

里斯原来怀疑，从星系核携能量到两叶的流由超低频的电磁波组成，但理论计算很快说明，这样的电磁流无论如何也不能穿过星系的星际气体。

里斯不太正确的想法引来了正确的思想，这倒是常有的事情。剑桥的朗盖尔（Malcolm Longair）、赖尔和谢维尔（Peter Scheuer）采纳了他的想法，做了一点简单的修改：他们留下里斯的流，但让它成为热的磁化气流，而不是电磁波束。[20] 里斯立即同意这类气体喷流能实现那个过程，然后同他的学生布兰福德（Roger Blandford）一起计算了喷流应有的性质。

几年后，英国、荷兰和美国的新射电干涉仪辉煌地证实，发射电波的两叶是通过来自星系中央发动机的气体喷流获得能量的——其中最值得注意的是美国在新墨西哥州圣·奥古斯丁平原的VLA（甚大天线阵，图9.5）。这组干涉仪看到了喷流，而且正好具有所预言的性质。它们从星系中心看到两叶，甚至看到涌进来的气体在两叶慢慢停下来。

与四五十年代的射电干涉仪（图9.2）一样，VLA也采用“点盖碗”技术，不过它的碗大得多，点也多得多（联结着更多的射电望远镜）。它的分辨率达到了1弧秒，差不多与世界上最好的光学望远镜一样好——这是40年前人们对央斯基和雷伯的原始仪器所期待的巨大进步。但进步并没有就此停下。20世纪80年代初，由大陆或地球

图9.5 上：新墨西哥州圣·奥古斯丁平原上的VLA射电干涉仪。下：珀莱（R.A.Perley），德雷耶（J.W.Dreyer）和科万（J.J.Cowan）用VLA拍摄的射电星系天鹅A的射电照片。涌入右射电叶的喷流很清楚；左叶的喷流暗一些。与1944年雷伯那幅没能反映两叶的对应照片［图9.1（d）］和1953年詹尼森、古普塔那幅只揭示了两叶存在［图9.3（d）的矩形］的射电图以及1969年赖尔的［图9.3（d）］比较，可以看到这幅射电图片在分辨率上大大提高了。［两图均由NRAO / AUI提供。］

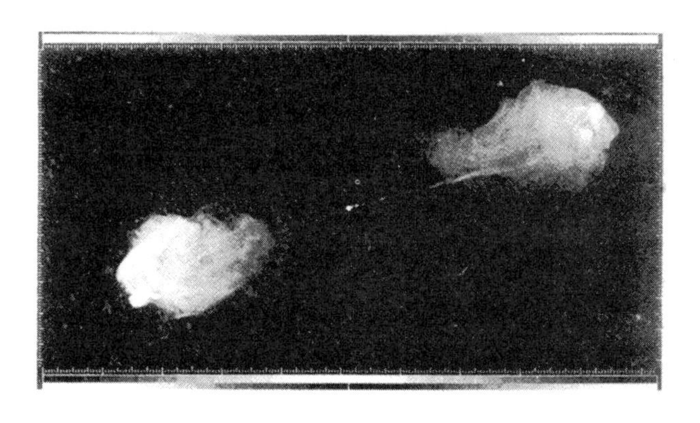

相对两端的射电望远镜组成的甚长基线干涉仪（VLBIs）得到了比光学望远镜的分辨率高1000倍的射电星系核和类星体的图片。（VLBI的各望远镜的结果记录在磁带上，并以一个原子钟为它们标记时间，然后将来自所有望远镜的磁带输入计算机，在机上相互“干涉”而成图。）

80年代初的VLBI照片说明，喷流最深延伸到了星系核或类星体内几光年——就是在这个区域内，某些类星体（如3C273）藏着一个大小不足1光月的非常明亮的发光体。中央发动机大概也在发光体内，不仅为它提供能量，也激发了涌向射电叶的喷流。

喷流还泄露了中央发动机本质的另一点线索。有的喷流在100万光年甚至更长的距离内是绝对直的。如果这些喷流的源在转动，那么像洒水车上旋转的水龙头一样，它会产生弯曲的喷流。所以，我们看到的直线喷流意味着，中央发动机在很长一段时间里是在完全相同方向上点燃喷流的。多长呢？由于喷流气体不能比光运动更快，而有些喷流比百万光年还长，所以点火方向必须稳定百万年以上。为达到这样的稳定性，发动机的喷流“龙头”必须固定在超稳定的天体——某种永久的陀螺仪上（回想一下，陀螺是一种快速旋转的物体，它能长时间地将旋转轴保持在一个稳定不变的方向。这样的陀螺仪是飞机和导弹惯性导航系统的关键部件）。

到80年代初，在已经提出的10多个中央发动机解释中，只有一个需要永久的超级陀螺仪，它的大小不超过1光月，能产生强大的喷流。那是一个巨大的旋转的黑洞。

巨黑洞

346 巨黑洞可能激发类星体和射电星系的想法，是萨尔皮特和泽尔多维奇1964年（也就是黄金年代开始那年）提出来的。[21] 他们曾发现落向黑洞的气流会碰撞而产生辐射（见图8.4），这个想法显然是那发现的一个结果。

关于气流向黑洞下落的更完整和实在的描述，是剑桥的英国天文学家林登-贝尔（Donald Lynden-Bell）1969年提出的。[22] 他令人信服地证明了，气流碰撞后将结合在一起，在离心力作用下围绕黑洞螺旋式下落，在旋转中形成一个盘状物，就像围绕土星的环——林登-贝尔称它为*吸积盘*，因为气体是被吸到黑洞上去的。（图8.7右图是艺术家心目中的一个吸积盘，围绕着天鹅X-1中的一个小黑洞。）在吸积盘中，相邻气流会相互摩擦，强烈的摩擦会将盘加热到很高的温度。

80年代，天体物理学家认识到，3C273中心那个1光月左右大的明亮发光天体可能就是林登-贝尔说的那种摩擦生热的吸积盘。

我们通常认为，摩擦是很不起眼的热源。想想靠两根棍儿的摩擦来点火的可怜童子军吧！不过，童子军的肌肉力量太小了，而吸积盘的摩擦靠的是引力的能量。由于引力能很大，远大于核能，所以摩擦很容易把盘加热，使它比大多数明亮星系还亮100倍。

黑洞怎么像陀螺呢？1975年，耶鲁大学的巴丁（James Bardeen）和彼德森（Jacobus Petterson）找到了答案：[23] 黑洞如果快速旋转，就完全像一只陀螺。它的旋转方向总是严格固定不变的，旋转在黑洞周围产生的空间旋涡（图7.7）也总是指着相同的方向。巴丁和彼德森通过数学计算证明，黑洞附近的空间旋涡一定把握着吸积盘的内部，使它严格保持在黑洞的赤道平面——不论盘的指向与黑洞方向相差多远，都是如此（图9.6）。来自星际空间的气体被盘的遥远外部捕获时，可能会改变那里盘的指向，但由于黑洞的陀螺行为，它不可能改变黑洞附近的吸积盘方向。在黑洞附近，吸积盘总在赤道面上。

347

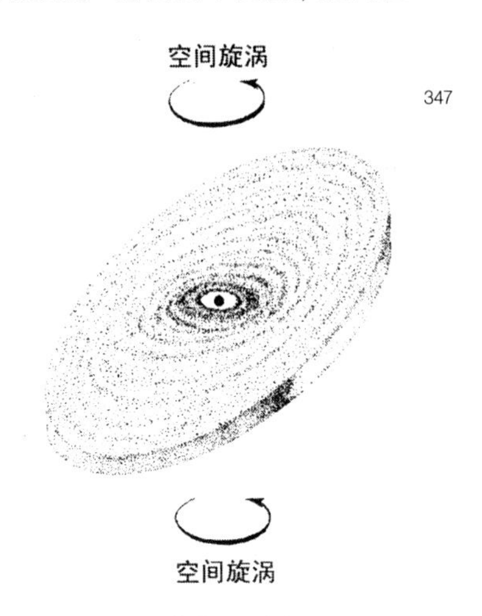

图9.6 旋转黑洞产生周围的空间旋涡，旋涡使吸积盘内部保持在黑洞的赤道面上

没有爱因斯坦场方程的克尔解，天体物理学家就不会认识这种陀螺行为，也不可能解释类星体。有了克尔解，他们在20世纪70年代中期就得到了一个清晰而优美的解释。黑洞不再是“空间的一个洞”，它作为一个动态物体的概念，第一次成为解释天文学家观测现象的重要角色。

巨黑洞附近的空间旋涡有多大？换句话说，巨黑洞旋转有多快？巴丁也导出了答案。他从数学上证明，从吸积盘落进黑洞的气体会逐渐使黑洞越转越快。黑洞在吞没了足够的螺旋气体而使自身质量加倍时，将以近乎最大可能的速率旋转——离心力的作用不允许超过这个速率（第7章）。[24] 因此，巨黑洞通常应该有一个最大旋转速度。

348

黑洞和它的吸积盘怎么会产生两股在相对方向上的喷流呢？这太容易了。20世纪70年代中期，剑桥大学的布兰福德、里斯和林登-贝尔就知道，有四种可能产生喷流的途径，每一种都能做到这一点。

第一种：布兰福德和里斯认识到，[25] 吸积盘周围可能是冷气体云［图9.7（a）］。吹开吸积盘上下表面的风（类似于吹开太阳表面的风），可以在冷气云中生成热气泡。然后，热气体在冷云的上下表面钻孔，并从孔洞流出去。从这些孔洞流出来的热气体，像从花园里的浇水龙头流出的水一样，形成细细的喷流。喷流的方向依赖于孔洞的位置。假如冷气云也以黑洞的轴旋转，那么最可能的位置就是沿着转轴，也就是垂直于吸积盘的内部——这些位置的孔洞产生的喷流，就将固定在黑洞的陀螺旋转的方向上。

第二种：因为吸积盘很热，所以内部压力很高。而这个压力可能使盘膨胀，变得很厚［图9.7（b）］。林登-贝尔指出，[26] 在这种情况下，吸积盘气体的轨道运动的离心力，将在盘的顶部和底部面上生成旋涡式的漏斗，这些漏斗很像浴缸里的水从排水孔螺旋流出时形成的旋涡。黑洞像排出孔，而盘的气体就像水。由于气体的摩擦，旋涡状漏斗的表面也会很热，形成吹散自己的风，漏斗则将风汇聚成喷流。喷流方向与漏斗的一样，而漏斗牢牢地固定在黑洞陀螺的旋转轴上。

第三种：布兰福德发现，[27] 处在吸积盘上和延伸到盘外的磁力线都会因盘的转动而被迫一圈圈地旋转［图9.7（c）］。旋转的磁力线350 表现出向外和向上（或者向外和向下）的螺旋形状。电力将把热气体（等离子体）束缚在力线上；等离子体可以沿着力线滑动，但不能穿越。

力线旋转时，离心力会将等离子体沿着力线抛出去，形成两股磁化喷流，一股向上，一股向下。这样，喷流仍然还是在黑洞的旋转方向上。

第四种喷流产生方式比其他几种更有意思，需要多说几句。在这种方式里，黑洞像图9.7（d）那样被磁力线穿过，它旋转时，也拖着磁力线转圈，使它们向上、下抛出等离子体，同第三种方法一样，形成两股喷流。喷流沿黑洞转轴射出来，所以它们的方向与黑洞陀螺是一样的。这种方式是布兰福德刚获剑桥博士学位后与另一个研究生茨纳耶克（Roman Znajek）想到的，于是被称为布兰福德-茨纳耶克过程。[28]

布兰福德-茨纳耶克过程特别有意思的地方在于，流入喷流的能量来自黑洞巨大的旋转能。（这应该是显然的，因为正是黑洞的旋转引起空间旋涡，正是空间旋涡引起磁力线旋转，正是磁力线旋转将等离子体抛出去。）

在布兰福德-茨纳耶克过程中，黑洞的视界怎么可能被磁力线穿过呢？这样的力线本应是一种“毛”，可以转化为电磁辐射而消失，所以，根据普赖斯定理（第7章），它们是必然会辐射掉的。事实上，普赖斯定理只有在黑洞远离其他物体而单独存在时才是正确的。我们现在讨论的黑洞并不孤立，在它周围还有吸积盘。假如那些磁力线突然脱离黑洞，那么从它北半球出去的和从它南半球出去的线实际上是互为延伸的同一条线，它们脱离黑洞的惟一途径是穿过吸积盘外部的热气体。但热气体不会让它们过去，而是将它们挤进吸积盘内部的空间区域。因为这个区域大部分被黑洞占据着，所以被困的磁力线穿过了黑洞。

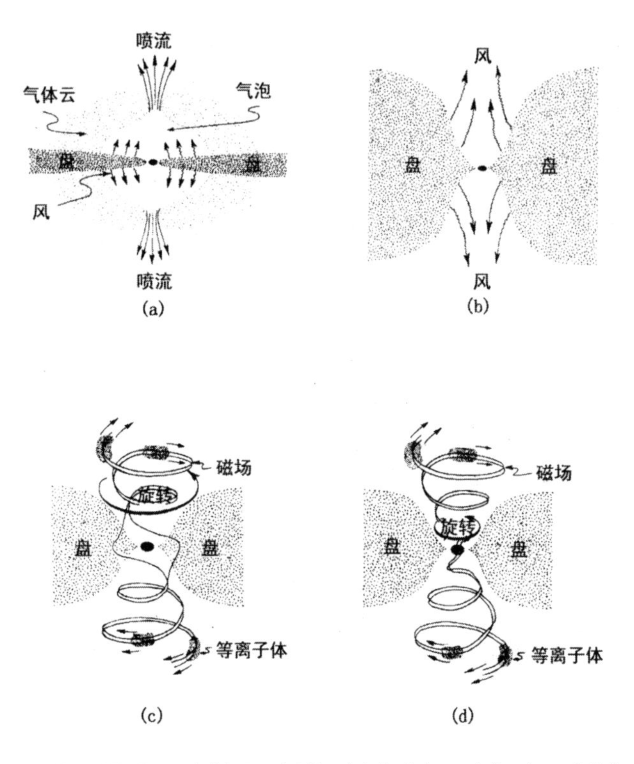

图9.7　黑洞和吸积盘激起两股喷流的四种方法。(a) 吸积盘的风在周围旋转的气云中吹出一个气泡，气泡的热气体沿旋转轴在气云中钻孔，喷流从孔洞中射出。(b) 吸积盘因内部巨大的热压力而膨胀，膨胀后的旋转盘形成两个漏斗，吸积盘的风经过漏斗而成为喷流。(c) 束缚在吸积盘上的磁力线被盘的旋转带动，磁力线旋转时，将等离子体向上下抛出去，等离子体沿力线滑动而形成两股磁化喷流。(d) 穿过黑洞的磁力线因黑洞空间的旋涡而被迫旋转，它们在旋转时向上下抛出的等离子体形成两股磁化喷流

这些磁力线从哪儿来？来自吸积盘。宇宙中所有气体都是磁化的，或至少有一点磁化，吸积盘的气体也不例外。[1] 吸积盘气体一点点落入黑洞时，也将磁力线带进去了。在接近黑洞时，每一点气体

1. 由于星际和星体的气体运动，宇宙在时刻不断地产生磁场；磁场一旦产生，就很难消失。星际气体汇聚到吸积盘时，将自身的磁场也带来了。

从磁力线“滑”下去，穿过视界，而将力线留在视界外面，像图9.7（d）画的那样穿过视界。现在，这些被周围的吸积盘严格束缚着的穿过视界的磁力线，就可以照布兰福德-茨纳耶克过程提取黑洞的旋转能了。

所有这四种产生喷流的方式（气体云中的孔洞，漏斗里的风，吸积盘内旋涡式的磁力线和布兰福德-茨纳耶克过程），也许在类星体、在射电星系以及在某些其他类型星系的特殊核心（我们称这些核心是*活动星系核*），都不同程度地发挥着作用。

如果说类星体和射电星系的能源都来自相同类型的黑洞发动机，[29] 它们为什么又显得那么不同呢？为什么类星体的光来自大小约1光月的强烈发光的恒星类天体，而射电星系的光来自大小约100 000光年的银河系那样的恒星集合？

几乎可以肯定，类星体与射电星系没有多大差别。类星体的中央发动机周围也存在着一个100 000光年的恒星系。不过，在类星体中，中央黑洞以特别高的效率通过吸积气体而增加燃料（图9.8），相应地，吸积盘内的摩擦热也很高。这么巨大的热量使吸积盘比周围星系的所有恒星加起来还亮几百到几千倍。天文学家看到了光亮的吸积盘，却没看到星系的恒星，所以这个天体看起来是“quasi-stellar”（也就是，像恒星那样的，像一个小小的强光点）[1]，而不像一个星系。

1.“类星体”（quasar）就是“类似于星体的天体”（quasi-stellar）的简称。

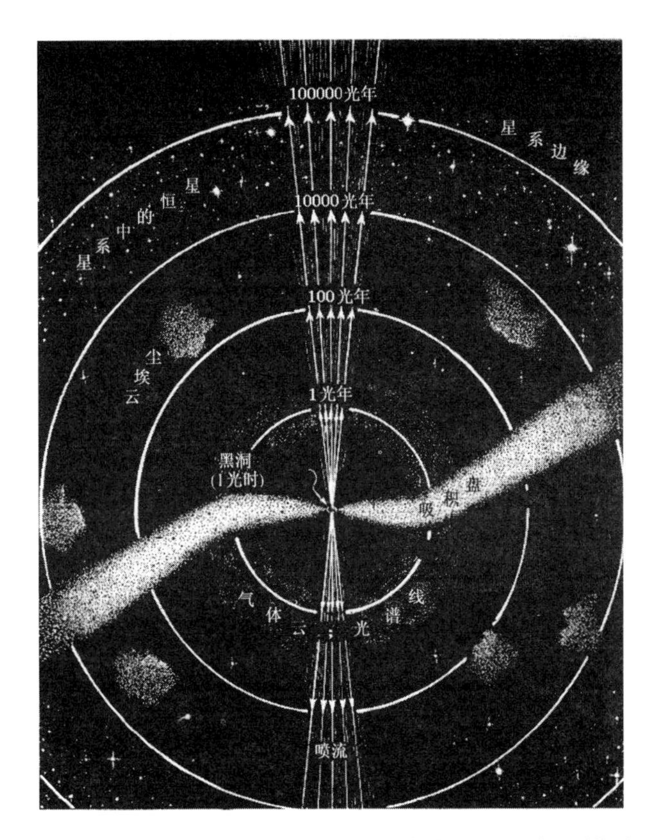

图9.8 我们现在所能理解的类星体和射电星系的结构。这个以所有观测数据为基础的具体模型是加州理工学院的芬尼（Phinney，E.Sterl）和其他人提出的

吸积盘最深处很热，发X射线；靠外一点儿，吸积盘冷一些，发紫外辐射；再外就更冷，发光学辐射（可见光）；而在最外的区域，就冷却到只能发红外辐射了。发光区域的正常大小是1光年左右，不过在有些情况（如3C273）下，它可能只有1光月或更小，因此也可能在1个月那么短的周期内改变光度。从最内的区域流出的大量X射线和紫外线落到离吸积盘几光年远的气体云上，将它们加热；正是这些

353

被加热的云发出的光谱线，让我们第一次发现了类星体。有些（但不是所有的）类星体会出现吹散吸积盘的磁化风，这些风很强，足以产生射电的喷流。

与类星体相比，射电星系中央的吸积盘大概更安静一些，安静的意思是吸积盘内的摩擦很小，于是热量小，发光本领低，所以吸积盘远没有星系的其他部分亮。这样，天文学家通过光学望远镜只看到了星系，没看到吸积盘。不过，吸积盘、旋转黑洞和穿过黑洞的磁力线也许会像图9.7（d）（布兰福德–茨纳耶克过程）那样共同产生强烈的喷流，喷流从星系流出来，进入星系际空间，在那里将能量传给星系的巨大射电叶。

这些以黑洞为基础的关于类星体和射电星系的解释是很成功的，人们不禁会说，它们一定是正确的，而星系的喷流一定就是那个向我们叫喊“我来自黑洞”的惟一信号！不过，天体物理学家还是真够谨慎的，他们更相信铁一般的事实。而所有这些射电星系和类星体的观测性质都可能有另一种不需要黑洞发动机的解释：那可能是一颗比太阳重几百万或几十亿倍的超大质量的磁化的快速旋转的恒星——这种恒星，天文学家从未见过，但从理论上看，它可以在星系中央形成。这样的超大质量恒星的行为很像一个黑洞的吸积盘，它通过收缩（但不能收缩到临界周长以下）可以释放大量的引力能；引力能通过摩擦为恒星加热，使它像吸积盘那样发亮；束缚在恒星的磁力线可以旋转，以喷流形式将等离子体抛出去。

某些射电星系和类星体的能源可能就来自这种超大质量恒星。但是，物理学定律认为，这样的恒星会逐渐缩小，并在接近临界周长时354发生坍缩而形成黑洞。恒星在坍缩之前的总寿命会远小于宇宙的年龄。这意味着，虽然最年轻的射电星系和类星体可能以超大质量恒星为能源，但更老的能源，几乎肯定来自巨黑洞——几乎肯定，但不是绝对肯定。这些论证还没成为铁的事实。

巨黑洞多吗？在20世纪80年代，逐渐积累的证据表明，这样的黑洞不仅存在于大多数类星体和射电星系，也存在于很多大的正常（不射电的）星系，如银河系和仙女座，甚至还存在于某些小的星系核中，如仙女座的矮伴星M32。在正常星系（银河系、仙女座、M32）中，黑洞周围可能没有吸积盘，或者只有很薄的盘，只能流出很少的能量。

我们银河系里这种黑洞的证据（如1993年的）是很诱人的，但还远没有证实。[30] 关键的一点证据来自星系中心附近气体云的轨道运动。伯克利加利福尼亚大学的汤斯（Charles Townes）和他的同事们发现，气体云在绕着一个约300万个太阳质量的天体转动；射电观测表明，在这个中心天体位置上有一个很特别的但不太强的射电源——这个射电源惊人地小，还没有我们的太阳系大。不过，这正是我们希望的一个安静的只有薄吸积盘的300万个太阳质量的黑洞应该具有的观测性质，但它们也容易用别的办法来解释。[1]

巨大黑洞可能存在而且存在于星系的中心，这令天文学家感到非常惊奇。不过，现在想来，我们还是容易理解，这样的黑洞怎么能在

1. A. Eckart和R. Genzel近年通过对银河系中心0.3光年内的星体三维速度的研究，证明了银河系中心有一个250万个太阳质量的黑洞。——译者注

星系的中心形成。

在任何星系里，当两颗恒星互相经过时，引力会使彼此偏转，脱离原来路径的方向。（NASA的飞船在遇到木星那样的行星时，也会因为这个作用而改变轨道。）由于这个过程，通常有一颗恒星会偏向星系中心，而另一颗会偏离中心。过程累积的结果是，星系中的某些恒星被驱到星系中心。同样，以后会发现，星系内星际气体的摩擦效应，最终会使大量气体落入星系中心。

355

随着越来越多的气体和恒星汇聚到中心，它们形成的集团的引力也会越来越强。最后，集团引力将超过它的内部压力，坍缩形成一个巨大的黑洞。另一种可能是，集团内的大质量恒星坍缩形成一些小黑洞，这些小黑洞相互碰撞，也与恒星和气体碰撞，从而形成更大的黑洞，最终形成一个统治中心的巨大黑洞。通过估计坍缩、碰撞和联合等过程所需要的时间，我们可以合理（尽管还不能令人信服）地认为，大多数星系在很久以前就在它们的中心生成了巨黑洞。

假如不是天文观测令人强烈感到星系的中心存在着巨黑洞，天体物理学家可能在20世纪90年代的今天也不会预言它的存在。不过，观测的确令人想到巨黑洞，天体物理学家也很容易让自己适应这种想法。从这一点可以看到，对星系中心真正发生了什么事情，我们的认识是多么贫乏。

未来会怎样呢？我们需要担心银河系里的巨黑洞会吞噬地球吗？看几个数字，我们就可以放心了。我们星系中央的黑洞质量（如果确实存在的话）是太阳的300万倍，于是有5000万千米或200光秒的周长——大约是地球绕太阳的轨道周长的十分之一，同银河系本身的大小相比，这是很小的。我们的地球跟着太阳一起在一个20万光年周长的轨道上绕着星系中心转动——那比黑洞的周长大300亿倍。假如这个黑洞最终会吞噬银河系的大部分物质，它的周长也只能扩张到1光年左右，我们的轨道周长还比它大20万倍。

当然，在10^{18}年里——这是我们的中央黑洞吞噬大部分星系物质所需要的时间（比宇宙现在的年龄还大1亿倍），地球和太阳的轨道也许会发生根本的改变。我们不可能预知这些改变的细节，因为我们不能充分地知道在这10^{18}年里太阳和地球可能遇到的其他恒星的位置和运动情况。这样，我们不可能预知太阳和地球最终是会落入星系中央的黑洞，还是会被抛出银河系。然而我们可以相信，即使地球最终会被吞噬，那也是在大约未来的10^{18}年——在那遥远的日子来临前，几乎可以肯定会有别的灾难同时降临地球和人类。[1]

356

1. 作者似乎忘了，太阳系的（当然也包括地球的）寿命大约是100亿年，而现在已经过了46亿年，即使没有“天外来祸”，再过50亿年，太阳系自己就可能发生“根本的改变”。——译者注

第10章
曲率波

引力波把黑洞碰撞的交响曲带给地球，
物理学家设计出仪器来寻找那些波，
倾听它们的音乐

交响

10亿年前，在离地球10亿光年远的一个星系的中心，紧密聚集着一个几亿颗恒星和气体的集团。当一颗颗恒星被抛出去后，留下的1亿颗恒星落向中心，集团逐渐收缩，1亿年后，收缩到几光年大小，小恒星也开始零星碰撞、结合，形成更大的恒星。大恒星燃尽它们的燃料，然后坍缩形成黑洞；一对对的黑洞相互靠近，有时落入对方的轨道。

图10.1画了这样一个黑洞的双星系统的嵌入图。每个黑洞在嵌入的表面上形成深坑（强大的时空曲率），当黑洞相互绕着对方旋转时，转动的坑产生曲率波，以光速向外传播。波动在黑洞周围的时空体 358

形成螺旋的波纹，那样子很像花园里高速旋转的浇水器喷出的水。每一滴水都会近似地沿半径飞出，同样，每一点曲率也都会向外辐射开去；向外飞出的水滴形成一条螺旋水线，因此，所有的曲率波也在时空体上形成螺旋的峰谷。

图10.1 两个黑洞组成的“双星系统”轨道“平面”空间曲率的嵌入示意图。中心的两个坑代表黑洞周围的强烈时空弯曲。这样的坑在以前的黑洞嵌入图（如图7.6）中已经遇见过了。当黑洞互相围绕对方转动时，会产生向外传播的曲率波动，叫*引力波*。[加利福尼亚理工学院LIGO计划提供。]

因为时空曲率与引力是同一件事，所以这些曲率的波动实际上就是引力的波动，或者说*引力波*。爱因斯坦的广义相对论不容争辩地预言，当两个黑洞或者两颗恒星相互绕着对方转动时，一定会产生这样的引力波。

向外面空间传播的引力波会对黑洞产生反冲，就像射出去的子弹对枪的反冲一样。波的反冲作用使黑洞靠得更近，转得更快；也就是说，黑洞将螺旋式地慢慢落向对方。这个过程会逐渐释放引力能，一半进入引力波，另一半提高黑洞的转动速度。

黑洞的螺旋式运动先很慢，但随着它们越靠越近，会越动越快，它们辐射出的曲率波越强，失去的能量也越多，而螺旋式下落也越快 [359] [图10.2（a），（b）]。最后，当每个黑洞接近光速时，它们的视界便在接触中结合在一起。原来有两个黑洞的地方，现在只有一个——快速旋转的哑铃型黑洞[图10.2（c）]。当视界旋转时，哑铃辐射出曲率波，波反作用在黑洞上，将哑铃的凸起一点点削去[图10.2（d）]，留下一个赤道断面完全光滑而圆的旋转的黑洞视界，正好是爱因斯坦场方程的克尔解所描述的形状（第7章）。

我们不可能有什么办法从最后这个光滑的黑洞发现它的历史，也不可能区分它是两个小黑洞聚合形成的，还是一颗物质恒星或者一颗反物质恒星直接坍缩形成的。黑洞没有能泄露它历史的“毛”（第7章）。

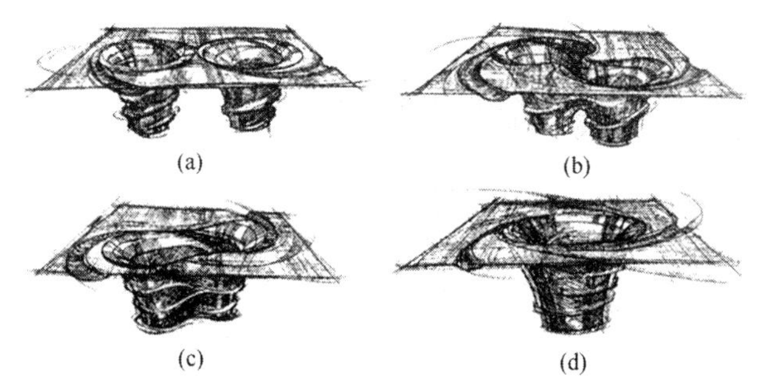

图10.2 两个黑洞组成的“双星系统”周围空间曲率的嵌入示意图。图经过艺术家修饰，看起来很有动感。两个黑洞螺旋式地靠近，这些图表现了这个时间序列。在图（a）和（b），黑洞视界在坑底还是两个圆，它们在图（c）前消失而形成单独的一个哑铃型的视界。旋转的视界发出引力波，也带走了变形，留下一个光滑旋转的克尔黑洞，见图（d）。[加利福尼亚理工学院LIGO计划提供。]

然而，历史没有完全失去，还留下一点儿记录：记录在黑洞结合所发出的时空曲率波里。这些曲率波很像交响音乐的声波。音乐的 [360]

交响表现在声音的强弱短长(这儿声音大,那儿声音小;这儿频率高,那儿频率低);黑洞结合的历史也表现在曲率波的大小高低。声波带着交响乐从乐队流向听众;曲率波也带着它的历史从结合的黑洞飞向遥远的宇宙。

曲率波从两个黑洞诞生的恒星和气体的集团里出来,在时空体里穿行,既不会被吸收,也不会受干扰,完好地保留着历史的记忆。它穿过自己的星系,进入星系际空间;穿过它的星系所在的星系团,然后穿过一个又一个的星系团,来到我们的星系团,我们的银河系,我们的太阳系,最后穿过我们的地球,继续飞向更遥远的星系。

聪明的人类应该能在这些时空曲率波经过时监测到它们;我们的计算机可以将这些曲率波转换成声波,让我们听到黑洞的交响曲:当它的音调逐渐升高变强时,黑洞在螺旋地接近;然后我们听到它疯狂的回旋,那是两个黑洞正在结合成一个变形的黑洞;然后,它拖着长音慢慢地消逝,就像黑洞的凸起慢慢地收缩、消失。

从这支波澜交响曲,我们能听出很多信息:

1. 我们仿佛听到一个声音在说,"我来自螺旋式结合在一起的两个黑洞。"这是绝对确凿的黑洞信号,天文学家一直在徒劳地用光、X射线(第8章)和无线电波(第9章)寻找这样的信号。因为光、X射线和无线电波在远离黑洞视界的外面,从一类完全不同于黑洞组成(纯时空曲率)的物质(高速热电子)产生出来,在穿过中间物质时会遭受严重的破坏,所以它们不能携带多少关于黑洞的信息,更不可能有什么确定的信号。相反，曲率波（引力波）来自结合黑洞视界的邻近，是由与黑洞同样的物质（时空结构的弯曲）产生的，不会遭受传播途中物质的破坏，所以，它们能为我们带来具体的关于黑洞的消息和确凿的黑洞信号。 361

2. 这支波澜交响曲能告诉我们，每个黑洞有多重，它们旋转有多快，它们的轨道是圆还是直，它们在天空什么地方，它们离地球有多远。

3. 交响曲还表现了螺旋黑洞的时空曲率的部分特征，我们能第一次确定性地检验广义相对论的黑洞预言：交响曲所表现的图景与爱因斯坦场方程的克尔解一致吗（第7章）？它所表现的旋转黑洞附近的旋涡是克尔解要求的吗？旋涡的数量与克尔解的相同吗？旋涡在接近视界时像克尔解说的那样变化吗？

4. 交响曲还表现了两个黑洞视界的结合和结合的黑洞的振荡——这些事情我们今天也只有很模糊的认识。因为爱因斯坦广义相对论定律与它们相关的那个特征，我们还理解得太少，那就是所谓非线性的特征（卡片10.1）。“非线性”意味着大曲率本身还要产生曲率，它反过来又产生更大的曲率——像雪崩，下滑的一点儿雪带动周围的雪，它们又带动更多的雪，最后一坡的雪都滑落下来。我们认识非线性在宁静黑洞的表现，它是把黑洞黏结在一起的“胶”。但我们不知道，当强大的曲率剧烈动荡时，非线性在做什么：它如何表现？产生什么效应？为了认识它们，两个黑洞的结合与振荡是很有希望的“实验室”。为了认识它们，还需要实验物理学家和理论物理学家并肩协作，监测来自遥远宇宙的结合黑洞的交响波澜，在超大规模计算机上模拟它们的结合。

卡片10.1

非线性及其结果

如果一个量的总体是部分之和，我们就称它是线性的；否则，它就是非线性的。

我的家庭收入是线性的：它是妻子和我自己的薪水之和。我退休以后的养老金是非线性的，它不是我过去投入的总和；相反，它远比那个和大，因为每一笔投入都有利息，而每一点利息又会为自己带来利息。

下水道的水量是线性的，它是每家倒进管道的水的总和。雪崩的体积是非线性的，一点儿雪能够诱发一山坡的雪崩落。

线性现象简单，好分析，好预测。非线性现象复杂，难分析，难预测。线性现象只有很少的几种行为方式，很容易分门别类。非线性现象五花八门——科学家和工程师们近几年在遇到被称为混沌的非线性行为时，才开始认识它们。（混沌思想的优美引导，请看格莱克（Gleick）1987年的书。[1]）

时空曲率小（如在太阳系）时，近似为线性的，例如，

1. James Gleick，*Chaos Making a New Science*。这本书至少已经有3个中译本了，例如张淑誉译、郝柏林校，《混沌，开创新科学》（上海译文出版社，1990）。—— 译者注

地球上海洋潮汐就是月亮和太阳的时空曲率（潮汐引力）联合作用的结果。相反，时空曲率大（如在大爆炸或黑洞附近）时，爱因斯坦广义相对论引力定律预言，曲率是高度非线性的——是宇宙中极端非线性现象之一。然而，目前我们几乎还不能说明引力非线性特征的实验和观测数据，我们解爱因斯坦方程的能力还低得可怜，我们的解只有在很简单的情况下——例如，在宁静的旋转黑洞附近，才说明了一点非线性的东西。

宁静黑洞因为引力的非线性而存在；离开引力的非线性，黑洞自身都不能维持，就像木星上的大红斑，如果没有气体的非线性行为，也不能存在下去。当生成黑洞的坍缩恒星消失在黑洞视界里时，它也失去了以任何方式影响黑洞的能力。最重要的是，恒星的引力不再是黑洞的维持者。这时候，黑洞还能继续存在完全是因为引力的非线性：没有了恒星，黑洞时空曲率仍将继续产生其非线性。这样，自我生成的曲率像非线性"胶"一样将黑洞粘在一起。

宁静黑洞激起了我们的兴趣，我们也还想知道更多：引力的非线性还产生了别的什么现象吗？通过监测和解读结合黑洞所产生的时空曲率波，也许能得到一些答案，我们在那儿大概会遇到从没想到过的混沌和奇异行为。

为了认识它们还需要监听曲率的交响乐。怎么听呢？关键在于曲率的物理本质：时空曲率与潮汐引力是同一回事。月亮产生的时空曲率在地球上激起海潮［图10.3（a）］；同样，引力波的时空曲率也能激起海潮［图10.3（b）］。 362

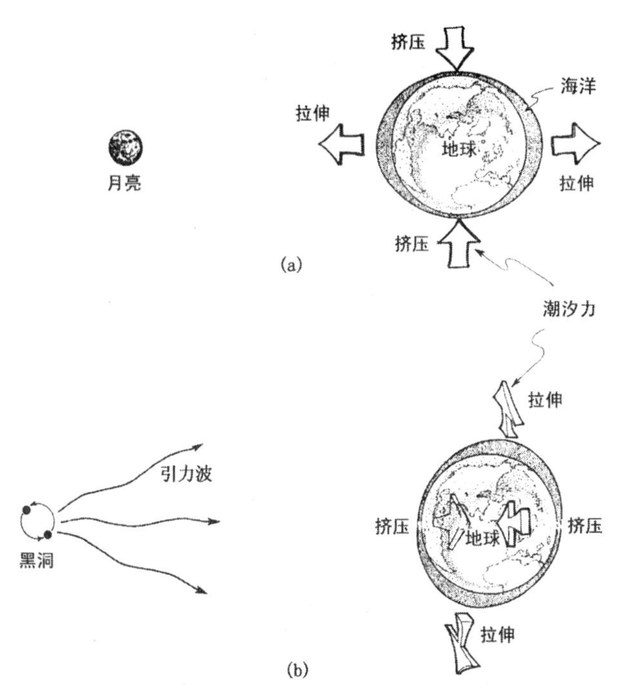

图10.3 月亮和引力波产生的潮汐力。

（a）月亮的潮汐力在地球上引起的海洋潮汐的涨落：纵向涨潮，横向落潮。

（b）引力波的潮汐力引起海洋潮汐的涨落。力完全是横向的，在一个方向上拉伸，另一个方向上挤压

然而，广义相对论认为，月亮激起的海潮与引力波激起的海潮有三点不同。第一点，传播不同。引力波的潮汐力（曲率波）类似于光波和无线电波，它们从源地以光速传向地球，在传播中振荡。而月亮 363 的潮汐力像带电物体的电场。电场紧紧依附在带电体上，带着电场的物体就像刚毛耸立的刺猬；月亮的潮汐力也是这样的，像从月亮伸出数不清的手，随时准备捕获、挤压或拉伸走近它的事物。月亮的潮汐力在地球海洋中引起的潮涨潮落似乎每过几个小时就会改变，那只是因为地球在引力场中转动。假如地球不转动，潮汐力的作用是不

会改变的。

第二点，潮汐方向不同[图10.3(a)，(b)]。月亮在空间所有方向都产生潮汐力。它在纵向(指向或背离月亮方向)上掀起海潮，在横向(垂直于月亮方向)上挤压地球。相反的是，引力波在纵向(沿着波传播的方向)上不产生任何潮汐力。然而，在横向平面上，引力波会在一个方向[在图10.3(b)中是上下方向]上拉伸，在另一个方向(在图中是前后方向)上挤压。拉伸与挤压是振荡的，波峰来时，上下拉伸，前后挤压；波谷来时，上下挤压，前后拉伸；下一阵波峰到来时，它又会反过来，上下拉伸，前后挤压。 364

第三点，月亮与引力波产生的潮汐大小不同。月亮产生的潮汐大概是1米，所以潮涨潮落相差2米。而来自黑洞结合的引力波在地球海洋上产生的潮汐不会大于10^{-14}米，是地球大小的10^{-21}(单个原子大小的1/10000，刚好比原子核大10倍)。因为潮汐力正比于它所作用的物体的大小(第2章)，所以引力波通过潮汐在任何物体产生的变形只有物体大小的10^{-12}。这意味着，到达地球时，*引力波的强度*是10^{-21}。 365

引力波为什么这样弱呢？因为结合的黑洞离得太远了。引力波的强度与光波一样，随传播距离的增加而衰减。当波还在黑洞附近时，它们的强度大概为1，就是说，物体有多大，它就把它拉伸或压缩多少，在这么强的作用下，人是会丧命的。然而，到达地球时，引力波的强度减小到约(1/30黑洞周长)/(波经过的距离)。[1] 对一个10亿光

---

1. 因子1/30来自爱因斯坦场方程的具体计算。它包括一个将黑洞周长换算成半径的因子1/2π，近似等于1/6；另一个因子1/5是爱因斯坦场方程决定的。

年远、10个太阳那么重的黑洞来说，引力波强度为（1/30）×（180千米的黑洞周长）/（到地球的10亿光年）≈10^{-21}。于是，它使地球海洋发生的形变为10^{-21}×（10^7米的地球大小）=10^{-14}米，正好是原子核直径的10倍。

想在地球汹涌的海洋上测量这么微小的潮汐是完全没有希望的。不过，通过周密设计的实验室仪器来测量引力波的潮汐力，还是有希望的——那就是*引力波探测器*。

棒

约瑟夫·韦伯（Joseph Weber）第一个充满远见地认识到，测量引力波并*不是*完全没有希望。1940年，韦伯带着工程学士学位到美国海军学院读研究生，二战时在勒星顿号航空母舰上服役，舰在珊瑚海战役沉没后，他成了690号潜艇的指挥官。1943年攻占意大利时，他率领小罗斯福（Theodore Roosevelt, Jr.）准将和1900名突击队员登岸。战后，他是美国海军舰船局电子对抗部的领导。他在无线电和雷达技术方面的造诣是出了名的，所以，1948年马里兰大学请他去担任电子工程学教授，他同意了——成为一名只有大学学士学位的29岁的正教授。

在马里兰大学讲电子工程的同时，韦伯也在准备改行：在天主教大学跟赫兹菲尔德（Karl Herzfeld）学习，成了物理学博士。这位赫兹菲尔德也曾是惠勒的博士导师。韦伯从他那儿学到了很多关于原子、分子和辐射的物理学，从而在1951年发现激光产生的新机制，但他没有条件用实验来证明他的思想。在韦伯准备发表他的思想时，[1] 另有两个小组——一个在哥伦比亚大学，由汤斯领导；一个在莫斯科，由巴索夫（Nikolai Gennadievich Basov）和普罗哈洛夫（Aleksandr Michailovich Prokharov）领导——独立发现了另一种新机制，而且他们接着就发现了激光。[1] 尽管韦伯关于这个机制的论文最先发表，但他几乎什么荣誉也没得到；诺贝尔奖和专利都给了哥伦比亚和莫斯科的科学家。[2] 韦伯很失望，但他与汤斯和巴索夫仍然很友好。他又去找新的研究方向。

韦伯先找到了惠勒的研究小组，工作了一年，成为一名广义相对论专家，跟惠勒一起研究广义相对论对引力波性质的预言。1957年，他又找到了新方向，开始建造世界上第一台寻找和监测引力波的仪器。

从1957年下半年开始，到1959年初，韦伯想尽了他能想到的各种引力波探测方案。这还只是在纸上的脑力训练，没做实验。他的想法写满了4本300页的笔记，包括可能的探测器设计和每一设计预想步骤的计算。一个个想法都因为没有希望而被他扔到一边。但有几个还有希望，韦伯最后选择了一根圆柱形铝棒，长约2米，直径0.5米，重1吨，侧面指向到来的引力波（图10.4下）。[2]

367

引力波因为潮汐力的振荡，将交错挤压和拉伸铝棒的两端。铝棒

---

1. 他们的激光器实际产生的是微波（短波长无线电波），而不是可见光，所以被称为脉射（masers），而不是“雷射（lasers）”。“真正的”雷射，也就是产生激光的那种，要几年以后才实现。（maser是microwave amplification by stimulated emission of radiation的缩写，即受激辐射微波放大，或叫微波激射；将微波（microware）换成光（light），就成Laser，即雷射或激光。——译者注）
2. 1964年的诺贝尔物理学奖就是那三位共享的。——译者注

图10.4　韦伯在介绍绕着铝棒中央贴上去的压电性晶片（约1973年）。引力波驱动铝棒两端振动，振动将内外挤压这些晶片，从而产生可以用电学方法检测的电压。[James P. Blair 摄，国家地理学会提供。]

两端具有相对于中心向里和向外振动的自然振动模式，能与振荡的潮汐力发生共振。这种自然振动模式就像铃铛、音叉或者酒瓶的声音一样，有非常确定的频率，与这些自然频率相应的声波能使这些物体产生共鸣；同样，与棒的自然频率相应的振荡潮汐力也能引起棒的共振。于是，以这种棒作为引力波探测器，应该将棒的大小调整到使它具有与到来的引力波相应的自然频率。

频率该是多少呢？1959年韦伯开始他的计划时，相信黑洞的人很少（第6章），相信者也只认识很少一点儿黑洞性质。那时还没人想到黑洞会碰撞、结合并发射记录它们碰撞历史的时空曲率波，也没人能就其他的引力波源提出有多大希望的指导。

所以，韦伯是从黑暗中摸索起步的。他惟一的指南是粗略（却是正确的）知道引力波的频率大概低于10000赫兹（每秒转10000周）——那是物体以光速绕最紧致的恒星，即接近临界周长的恒星运动的轨道频率。[3] 于是，韦伯设计了他能做到的最好探测器，让它们的共振频率尽可能都落在10000赫兹以下，希望宇宙也能提供具有他所选择的频率的波。很幸运，他的铝棒的共振频率大约是1000赫兹（每秒振荡1000周），后来发现来自结合黑洞的某些波正好就在这样的频率上振荡。某些来自超新星爆炸和结成的中子星对的引力波，也是这种频率。

368 韦伯计划里最困难的地方在于发明一个用来监测铝棒振动的*传感器*。他料想，波产生的振动应该很小，小于一个原子核的直径（但在20世纪60年代，他不知道那到底是多小。据最近的估计，它只有$10^{-21}\times$（2米棒长）$\approx 10^{-21}$米，或者说，只有原子核直径的百万分之一）。对五六十年代的大多数物理学家来说，即使原子核直径的十分之一也是不太可能测量的。但韦伯不这样看，他发明了能胜任的传感器。

369 韦伯传感器的基础是*压电效应*：某些类型的材料（特定的晶体或陶瓷）在受轻微挤压时会在两端产生电压。韦伯本想用这类材料来做他的棒，但材料太贵，他只好求其次：用铝做棒，然后绕着棒的中央贴上一些压电性晶体片（图10.4）。棒振动时，表面将挤压或拉伸晶片，每块晶片都产生一个振荡电压。韦伯用电路将晶片一块块串联起来，于是微弱的振荡电压将叠加在一起，即使棒的振动只有原子核直径的十分之一，这样累积的电压也足以用电学方法检测出来。

20世纪60年代初，韦伯还是世界上惟一一个寻找引力波的实验物理学家。带着激光竞争的痛苦回味，他喜欢这种孤独。然而，在70年代初，他那令人感动的敏锐力和他实际可能检测到了的引力波证据（现在想来，我相信他没有检测到），吸引了几十位实验家；80年代，已经有100多位有才能的实验家投身进来，为实现引力波的天文学与他并肩战斗。[4]

我第一次见韦伯是在法国阿尔卑斯山勃朗峰对面的山坡上，那是1963年的夏天，他着手探索引力波已经4年了。那时我还是刚开始研究相对论的研究生，和来自世界各地的其他35名学生一起到阿尔卑斯山来参加紧张的两个月的爱因斯坦广义相对论引力定律的暑期讲习班。[5] 老师都是世界上最伟大的专家——惠勒、彭罗斯、米斯纳、德维特（Bryce Dewitt）、韦伯等——我们在课堂上听他们讲，私下里与他们交谈。南山的雪闪着耀眼的光芒，勃朗峰直插我们头上的天空；在我们周围，牛群带着铃响在绿油油的牧场上吃草，山下离学校几百米的地方，是美丽如画的莱苏什的村庄。

370 在这迷人的地方，韦伯讲引力波和他的探测计划，也令我入迷了。课后，我与韦伯谈物理、谈生活，也谈登山。逐渐发现，他和我个性相投。我们都喜欢独处，不喜欢紧张的竞争和激烈的思想讨论。我们更喜欢自己考虑问题，偶尔从朋友那儿听一些建议和想法，但又不让想赶在我们前头获得认识和发现的人从我们身边超过去。

接下来的10年里，黑洞研究热起来了，进入了它的黄金年代（第7章）。我开始感到黑洞研究并不令人喜欢——它太紧张、太激烈、太混乱。于是我忙着找别的自由空间多一些的研究领域，那样我在投入大部分精力后，还可以有点儿时间来研究黑洞或别的事情。在韦伯激发下，我选择了引力波。

我同韦伯的看法一样，引力波的研究还很幼稚，但它有光明的未来。在它萌芽时走进这个领域，我能为帮助它成长而快乐，能为后来的建设者奠定一点基础，而且用不着别人在我耳边唠叨，因为大多数其他相对论理论家那时都聚集到黑洞去了。

在韦伯看来，需要的基础在于实验，也就是，探测器的设计、建造和不断的改进。在我看来，基础在于理论。我们应该努力去认识，爱因斯坦的广义相对论定律关于引力波如何产生、如何在离开时对波源反作用，如何传播，都说了些什么；我们还应该判断，哪类天体会产生宇宙间最强的引力波，有多强，以多大频率振荡；我们还应该发明一些数学工具来解开这些天体产生的交响曲背后的秘密，这样，当韦伯等人最终探测到引力波时，理论和实验才能进行对比。

1969年，应泽尔多维奇的邀请，我在莫斯科过了6个星期。泽尔多维奇向我和其他一些人讲了他的一大堆新想法（第7章、第12章）。一天，他抽时间开车送我去莫斯科大学，把我介绍给一位年轻的实验物理学家布拉金斯基（Vladimjr Braginsky），他在韦伯激发下发展引力波探测技术已经好几年了，是继韦伯之后最先进入这个领域的实验家。他也做其他有趣的实验，例如，寻找夸克（质子和中子的基本构成物质），检验爱因斯坦关于所有物体（不论它的组成如何）在引力场中以相同加速度下落的论断（这是爱因斯坦将引力描述为时空曲率的基础）。

371

布拉金斯基给我留下了很深的印象。他机敏而深刻，对物理学有非常好的感觉；他热情而直率，很容易同他谈政治和科学。我们很快成了好朋友，也学会了尊重彼此的世界观。对我这样的美国自由民主党人来说，个人的自由是高于一切的，政府没有权力叫人怎么生活。对布拉金斯基这样的非教条共产主义者来说，个人对社会的责任才是高于一切的。

左：1973年9月，韦伯、索恩和Tony Tyson在波兰华沙的一次引力辐射会议上。右：1984年10月，布拉金斯基和索恩在加利福尼亚帕萨迪纳。[左，Marek Holzman，Andrzej Trautman提供；右，Valentin N. Rudenko提供。]

布拉金斯基具有别人没有的远见。在我们1969年见面时，以及后来在1971年和1972年再见时，他都警告我，寻找引力波的棒存在着一个根本的最终极限。[6] 他告诉我，那个极限来自量子力学。尽管我们一般认为量子力学只对电子、原子和分子那样的小事物发生作用，但是，如果对1吨棒的振动测量足够精确，我们会发现那些振动也有量子力学行为，而且这些行为最终会给引力波的探测带来问题。布拉金斯基很相信这一点，因为他计算过韦伯的压电性晶体和其他几类可能用于棒的振动测量的传感器的最终行为。 372

我不明白布拉金斯基在说什么。我不懂他的理由，不懂他的计算，也不懂它的重要性，所以没太注意。他向我讲的其他事情似乎要重要得多：我从他那儿学会了如何考虑实验，如何设计实验装置，如何预测影响仪器的噪声，如何消除噪声使仪器正常运行——而布拉金斯基从我这儿学的是，如何认识爱因斯坦的引力定律，如何确认那些预言。我们很快结成一个小组，每个人都把自己的专业带进我们共同的事业。在接下来的20年里，我们将得到巨大的快乐，也有一些发现。

20世纪70年代初期和中期，我和布拉金斯基每年都见面，在莫斯科、帕萨迪纳、哥本哈根、罗马或别的什么地方，他每年都警告我量子力学会给引力波探测器带来麻烦，而我每次都没听明白。他的警告有些乱，因为他自己也没完全明白发生了什么事情。然而到1976年，斯坦福大学的吉法德（RobinGiffard）在布拉金斯基后也独立提出这样的警告，而且说得更清楚，我才恍然大悟。我终于意识到问题的严重：棒探测器的最终灵敏度严格受测不准原理的限制。[7]

测不准原理是量子力学的一个基本特性。它说的是，如果你想高度精确地测量一个物体的位置，那么在测量过程中，你必然会对物体有一种反作用，从而以一种随机的不可预料的方式干扰物体的速度。位置测量越精确，物体速度受到的不可预料干扰就越强烈。不论仪器设计得多么巧妙，你都不可能超越这种固有的不确定性（见卡片10.2）。

卡片10.2

测不准原理与波粒二象性

373

测不准原理与波粒二象性（卡片4.1）——也就是粒子有时像波、有时像粒子的行为趋向——是密切相关的。

假如你在测量一个粒子（或者别的物体，如棒的端点）的位置，确定它在某个误差区间，那么，不论粒子的波在测量前像什么，在测量中，测量仪器都会对它产生反作用，从而将它约束在误差区间内。于是，得到的波形有点儿像下面的样子：

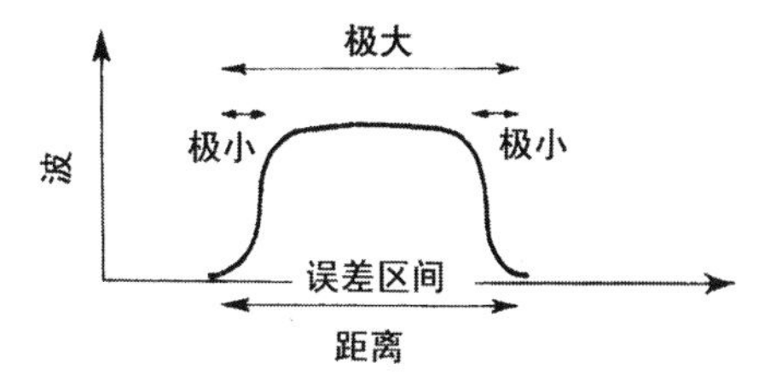

这样的约束波包含了从误差区间本身大小（图上标极大）到波的两端所在小区域的大小（图上标极小）的不同波长。更具体地说，受约束的波可以通过下面这些波长从

极大到极小的波动之和或叠加来构成：

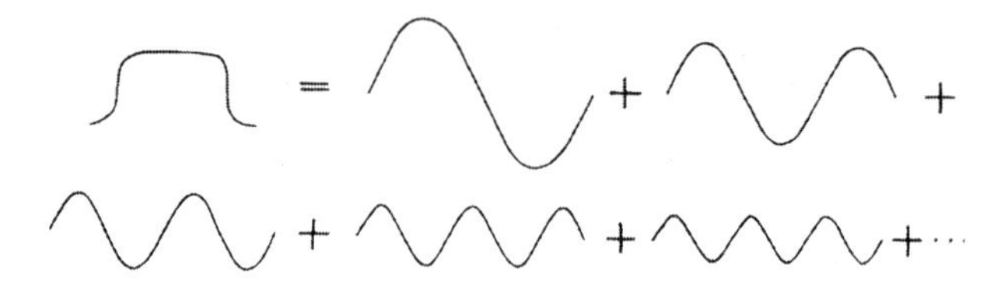

现在，想象波振荡的波长更短，粒子的能量更大，从而粒子的速度也更大。因为测量为波限定了一个波长范围，所以粒子的能量和速度也一定落在一个相应范围内；换句话说，它的能量和速度是不确定的。

概括地讲，测量将粒子的波约束在一定误差区间内（上面第一个图），使波由一定范围内的波长组成（第二个图），而波长的范围对应一个能量和速度的范围，从而速度是不确定的。不论你费多大气力，你在测量粒子的位置时，都免不了产生这种速度的不确定性。而且，更深入的论证表明，位置测量越精确，即误差区间越小，波长和速度的范围就越大，这样，粒子速度的不确定性也就越大。

374

测不准原理不仅决定电子、原子和分子等微观事物的测量，也影响宏观事物的测量。但是，由于大物体有大惯性，测量的反作用只能产生很轻微的速度扰动（速度受到的干扰与物体质量成反比）。

在引力波探测器问题上，测不准原理说的是，传感器对振动棒两端的位置测量越精确，测量对棒产生的随机反作用就越强大。

对于不精确的传感器，测量的反作用可能很小而无关紧要，但如果传感器不精确，你从哪儿知道棒的振动幅度呢？当然也就更不可能监测到微弱的引力波。

对于极端精确的传感器，反作用可能很大，能强烈改变棒的振动。这些巨大的未知的变化，将淹没你想探测的任何引力波。

在这两个极端之间，存在一个理想的传感器精度：它既不因为太低而令你一无所获，也不因为太高而出现不可知的强大反作用。在这样一个现在称为布拉金斯基标准量子极限的理想精度下，测量产生的反作用的效应几乎与传感器产生的误差一样小。没有传感器能比这个标准量子极限更精确地监测棒的振动。那么极限是多大呢？对2米长、1吨重的棒来说，大约比一个原子核小100000倍。

375

20世纪60年代，谁也没有认真考虑过需要这么精确的测量，因为没人清楚地知道来自黑洞和其他天体的引力波会有多么微弱。不过到70年代初，在韦伯实验计划激励下，我和其他理论家已经指出了最强引力波可能具有的强度，大约是10^{-21}，[8] 这意味着波在2米棒产生的振动幅度只有$10^{-21}\times$（2米），约一个原子核直径的百万分之一。如果这些估计是正确的（我们也知道那是很不确定的），那么引力波信号比布拉金斯基标准量子极限小10倍，从而不可能用棒和任何已知类型的传感器来监测。

这实在令人忧虑，但并不是一切都完了。布拉金斯基深刻的直觉告诉他，如果实验者有特别机灵的办法，还是可能超越他的标准极限。他指出，这需要用一种新办法来设计传感器，使它不可避免的未知的反作用不会掩盖引力波对棒的影响。布拉金斯基称这样的传感器为*量子无破坏*[1] 传感器。“量子”是由于传感器的反作用来自量子力学定律的要求，“无破坏”说的是传感器的设计避免了反作用对被测物体的破坏，也就是反作用不会破坏引力波对棒的影响。布拉金斯基也没有可行的量子无破坏传感器的设计，但直觉告诉他，这样的传感器应该是可能的。

这一次我很认真地听了布拉金斯基的话。在接下来的两年里，我和我在加州理工学院的小组以及他和他在莫斯科的小组都在断断续续地努力，为的就是设计一台量子无破坏传感器。

1977年秋，我们同时找到了答案——但方法完全不同。[9] 我清晰记得，我当时是多么兴奋。那是某一天在格里西（学院的学生食堂）午餐后，凯维斯（Carlton Caves）和我在激烈讨论中突然想到的。[2] 376
我还记得，当我得知布拉金斯基、沃罗索夫（Yuri Vorontso V）和哈里利（Farhid Khalili）几乎同时在莫斯科发现了相同的重要思想时，我心中涌起一股辛酸和喜悦的感觉——辛酸是因为我曾满以为自己是新事物的第一个发现者；喜悦是我为布拉金斯基感到骄傲，为能和他同享一个发现而感到高兴。

我们的量子无破坏思想很抽象，它允许很大一类传感器设计超过

---

1. 布拉金斯基对英语里的微妙差别有不同寻常的敏感，他比美国人和英国人还更容易造出很有意味的新词来描述他的新思想（他用的“破坏”是“mondemolition”，在汉语中就难得找到那么微妙的词了——译者注）。
2. 我们思想的重要基础来自英国哥伦比亚大学的同行昂鲁什（William Unruh）。这一思想的发展和结果，主要是因为凯维斯、我和在发现它时与我们同桌进餐的另外三个人：Ronald Drever，Vemon Sandberg和Mark Zimmennann。

布拉金斯基的标准量子极限。然而，因为思想抽象，我很难解释。所以，我在这儿只讲一个（不太实用的）量子无破坏传感器的例子。[1] 布拉金斯基称它是频闪传感器。

频闪传感器依赖于棒振动的一个特殊性质：假如棒受到一个尖锐的未知反冲作用，它的振幅将发生改变，但不论振幅怎么变化，经过一个振动周期后，棒的振动端将回到它受反冲时的位置（图10.5中的黑点）。至少在引力波（或其他力）没有同时作用在棒上时是这样的。假如引力波（或其他力）同时在挤压棒，那么一个周期后，棒的位置会发生改变。

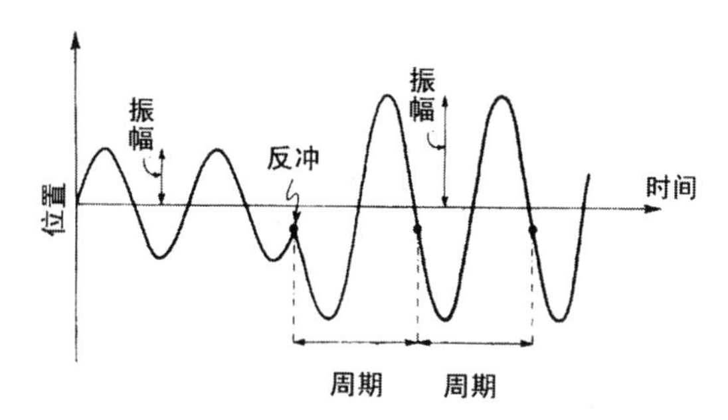

图10.5 频闪量子无破坏测量方法的原理。纵向画的是振动棒端点的位置，横向为时间。如果在反冲时刻迅速而高精度地测量一个位置，则传感器将对棒突然产生一个未知的反冲作用，从而以未知方式改变棒的振幅。然而，在一个两个或者若干个周期后，棒端的位置仍然不会改变，还是与反冲时刻的位置一样，而且完全与反冲作用无关

于是，为了探测引力波，应该造一台对棒的振动端进行频闪测量的传感器，也就是，传感器在每个振动周期内很快地测一次棒端的位置。这样的传感器在每次测量时都会对棒产生反冲作用，但这些反冲

1. 凯维斯等人（1980）以及布拉金斯基、沃罗索夫和索恩（1980）的文章介绍了完整的思想。

作用在后续测量时不会改变棒端的位置。如果发现位置变了，那么一定有引力波（或其他力）作用在棒上。

虽然量子无破坏传感器克服了布拉金斯基的标准量子极限，但到20世纪80年代中期，我却对棒探测器的前景感到悲观，恐怕它不会为引力波天文学带来什么结果。我悲观的原因有两个：

第一，尽管韦伯、布拉金斯基以及其他一些人做的探测棒已经达到了20世纪50年代不可想象的灵敏度，但它们只能可信地用来探测 377 强度在10^{-17}以上的引力波，如果我和其他一些人对到达地球的引力波强度没有估计错的话，这个精度离成功还差10000倍。这本身倒并不严重，因为在20年的时间里，技术的进步常能使仪器的本领提高10000倍。[一个例子是射电望远镜的角分辨率，它从20世纪40年代中期的几十度提高到了20世纪60年代中期的几弧秒（第9章）。另一个例子是X射线天文探测仪的灵敏度，从1958年到1978年，它提高了10^{10}倍，就是说，平均每8年提高10000倍（第8章）]。然而，棒的进步太慢了，而且没有未来技术和工艺的大胆计划，看来，想在不远的将来实现10000倍的进步，恐怕找不到什么可能的办法。这样，成功只好靠比10^{-21}的估计更强的波了——这倒真是可能的，不过没人愿意依赖它。

第二，即使棒探测到了引力波，要解释它的交响信号也将遇到巨大的困难，实际上很可能会失败。原因很简单：正如音叉或酒杯只对 378 接近其自然频率的声波产生共振，棒也只对接近它自然频率的引力波才有响应；从技术上说，棒探测器只有一个很窄的带宽（带宽就是它产生响应的频率范围)，但引力波的交响信号通常混合着一个范围很宽的频率。于是，为了析取这些波的信息，需要一个由许多棒组成的“木琴”，每一根棒覆盖一个不同的小频率带。这架木琴需要多少棒呢？用那时正在计划和制造的那种棒，需要几千根——这实际上是不可能的。原则上讲，要增大棒的带宽，[10] 用十几根就够了，但那么做所要求的主要技术进步比达到10^{-21}的灵敏度还高。

尽管在20世纪80年代，我没有公开讲过多少悲观的话，但我自己还是认为那是可悲的，因为我看到了韦伯、布拉金斯基和我其他朋友和同事为探测棒付出的巨大努力，也因为我已经相信，引力辐射有力量在我们的宇宙认识中产生革命。

LIGO

为了理解引力波的探测和破译可能带来的革命，让我们先仔细回忆以前的一次革命：由X射线和射电望远镜的进步产生的革命(第8，第9章)。

在射电天文学和X射线天文学来临前的30年代，我们的宇宙知识几乎全部来自光。光看到的是一个安宁沉寂的宇宙，充满了恒星和在轨道上平稳运行的行星。它们平稳地发着光，过数百万或者数十亿年才会发现它们的变化。

20世纪50、60和70年代的射电波和X射线的观测打破了这种平静的宇宙观，我们看到了一个剧烈活动的宇宙：从星系核喷射出气流，类星体闪耀着比银河系还亮的光，脉冲星射出以光速旋转的强烈辐射束…… 光学望远镜看到的最亮天体是太阳、行星和少数邻近的宁静恒星。射电望远镜看到的最亮天体是遥远星系中心的猛烈爆炸（能量可能来自巨黑洞）。X射线望远镜看到的最亮天体是从伴星吸积热气体的小黑洞和中子星。

射电波和X射线是因为什么而产生那么壮观的革命呢？关键是，它们给我们带来了比光更多的不同类型的信息。光的波长只有半微米，主要是留在恒星和行星大气中的热原子发出的，所以它为我们带来了关于这些星体的大气的信息；无线电波的波长长1000万倍，主要是在磁场中近光速螺旋运动的电子发出的。于是，它向我们坦白了星系核射出的磁化喷流，吞没喷流的巨大的星系间的磁化射电叶，以及脉冲星的磁化辐射束；X射线的波长比光短1000倍，大多数是被吸积到黑洞和中子星的超高热气体中的高速电子发出的，因此，它直接反映了黑洞和中子星吸积气体的情况。

一方面是光，另一方面是射电波和X射线，不过，它们之间的差别同现代天文学的电磁波（光、无线电波、红外线、紫外线、X射线和γ射线）和引力波之间的差别比起来，就是小巫见大巫了。相应地，与射电波和X射线相比，引力波将为我们的宇宙认识带来更大的革命。电磁波与引力波之间的差别，主要是以下这些：[1]

---

1. 这些差别，它们的结果以及所预料的来自不同天体物理源的波的具体情况，已经有很多科学家阐述过了，他们包括（当然还有别人）：巴黎的Thibault Damour、莫斯科的Leonid Grishchuk、京都的Takashi Nakamura、威尔士的Bemard Schutz、纽约绮色佳的Stuart Shapiro、圣路易的Clifford Will，还有我。

• 产生引力波最强烈的应该是时空曲率的大尺度相干振荡（例如，两个黑洞的碰撞和结合）以及大量物质大规模的相干运动（例如，触发超新星的恒星核的坍缩或相互围绕的两颗中子星的螺旋式碰撞和结合）。因此引力波应该向我们展现大曲率大质量的运动。相反，宇宙电磁波通常是单个分离的原子和电子分别发出的，这些以稍微不同的方式振荡的电磁波彼此叠加到一起而形成天文学家观测的波，结果，我们从电磁波得到的主要是发射原子和电子所经历的温度、密度和磁场。

380

• 产生引力波最强的空间区域引力也很强大，在那里，牛顿的描述失败了，应该以爱因斯坦的描述来代替；在那里，大量的物质或时空曲率都近光速地运动、振动或盘旋。例如，宇宙的大爆炸起源、黑洞的碰撞、超新星爆发中心新生中子星的脉冲。由于强引力区域周围通常是厚厚的能吸引电磁波（但不能吸收引力波）的物质层，这些区域不能向我们发射电磁波。相反，天文学家看到的电磁波几乎完全来自弱引力、低速度的区域，如恒星和超新星的表面。

这些差别告诉我们，我们可能用引力波探测器来研究的物体，是不可能通过可见光、无线电波和X射线发现的；而天文学家现在用光、无线电波和X射线研究的物体，它们的引力波也是很难看到的。这样，引力的宇宙和电磁的宇宙看起来会截然不同。我们要从引力波得到的东西不可能从电磁波得到。这也就是为什么引力波可能变革我们对宇宙的认识。

381

有人会说，现在我们在电磁波基础上对宇宙的认识，比20世纪

30年代的光学认识要完整得多，将来的引力波革命可能还远不如无线电波和X射线革命这样壮观。我看不是这样。想起对来到地球的引力波的可怜的估计现状，我就痛苦地感到，我们的认识还差得太远。除了双星和它们的结合以外，对我们考虑过的每一类型的引力波源，不论是这些源的波在离地球一定距离的强度，还是那类源发生的频率（这样也就包括我们到最近源的距离），都存在10的若干次方的不确定性，甚至这些源是否存在也都说不定。

引力波探测器的规划和设计常因这些不确定性而失败，这是令人泄气的；但另一方面，当最终发现并认识了引力波的时候，它可能给我们带来巨大的惊奇。

1976年，我还没有对棒探测器感到悲观，反倒是非常乐观。那时，第一代棒探测器刚有结果，灵敏度比人们预料的好得多。布拉金斯基等人为将来的巨大改进提出了许多灵活而有希望的思想；而我和一些人才刚认识到引力波可能会变革我们对宇宙的认识。

11月的一天晚上，我漫步在帕萨迪纳街头，夜已经很深了，但我心里充满了热情和希望。我在想，是不是该建议加州理工学院设一个引力波探测计划，它的好处是显然的：从一般科学说，如果计划成功了，会带来巨大的精神财富；从学院说，这是占领一个激动人心的新领域的好机会；从我个人说，我可能在自己的学校拥有一个实验家小组，我可以同他们交流，而不再靠地球另一端的布拉金斯基和他的小组了；另外，我可能比往来莫斯科发挥更重要的作用（从而也有更多的乐趣）。但不利因素也是显然的：计划很冒险。为了计划成功，需要学院和美国国家科学基金的大量投入，需要我和其他人付出很多时间和精力；而且，所有这些付出仍然可能失败。这比学院在23年前进入射电天文学的风险要大得多（第9章）。

我独自想了好几个小时，还是没挡住成功的诱惑。经过几个月的风险评估和成果分析，加州理工学院物理学和天文学系及行政部门一致通过了我的建议——但有两个条件，我们得找一位杰出的实验物理学家来领导这一项目，而且项目要大、要强，以提高成功的机会。就是说，同韦伯在马里兰大学和布拉金斯基在莫斯科以及其他那时正在进行的引力波工作相比，我们需要付出更多更大的努力。

第一步是找领导者。我飞到莫斯科去征求布拉金斯基的意见，也想看看他是不是愿意来。我的话令他心乱了。他面临一系列痛苦的抉择：在美国有好得多的技术，在莫斯科有了不起的工艺（例如，玻璃吹制技术在美国几乎失传了，但莫斯科还有）；在美国，他需要从草稿实现一个计划，在莫斯科，低效官僚的前苏联体制总是疯狂地挡在他的计划上；他要选择，是忠于他的祖国留在莫斯科，还是讨厌地离开它来美国；是来美国过一种粗俗的生活（因为他不喜欢我们对穷人的态度，而且我们缺少对每个人的医疗关怀），还是留在莫斯科痛苦地在无能官僚的淫威下生活。他一方面想享有美国的自由和财富，另一方面却害怕克格勃对家庭、朋友甚至他本人（假如他“叛变”的话）的迫害。最后他说，不去了。他向我推荐了格拉斯哥大学的德雷维尔（Ronald Drever）。

我咨询的其他人也热情推荐德雷维尔。他和布拉金斯基一样，极富想象力和创造力，而且有坚强的意志——这些都是计划成功的基本素质。加州理工学院教授委员会和行政部门尽可能地收集了有关德雷维尔和其他候选者的材料，最后选定了他，请他来学院启动计划。他跟布拉金斯基一样很痛苦，但还是答应了。于是我们离开了莫斯科。

我在提出计划时也想像韦伯和布拉金斯基那样在加州集中力量搞棒探测器。回想起来，幸运的是德雷维尔坚持走完全不同的路。他在格拉斯哥与棒探测器打了5年交道，知道它们有什么局限。他认为，更有希望的是*干涉仪式*的引力波探测器（简称*干涉仪*——当然完全不同于第9章的射电干涉仪）。

用于引力波探测的干涉仪最早是由布拉金斯基的两个俄罗斯朋友吉尔增什坦（Mikhail Gertsenshtein）和普斯托瓦特（V. I. Pustovoit）383 在1962年想到的，他们提出了它的原始形式。1964年，韦伯也独立想到了。外斯（Rainer Weiss）在不知道这些早期思想的情况下，在1969年设计了更成熟的干涉仪探测器。接着，他和他在麻省理工学院（MIT）的小组继续设计，并在1970年初制造了一台。这时，福瓦德（Robort Forward）和他在加利福尼亚马里布休斯研究实验室的同行们也在做同样的事情。[11] 他们的探测器是第一次运行成功的。到20世纪70年代后期，这些干涉仪探测器已经成为探测棒的重要替代者，德雷维尔也为它们的设计贡献了自己的聪明和技巧。[12]

图10.6说明了干涉仪式引力波探测器的基本思想。三块物体由绳子吊在天花板上“**L**”的两个端点和拐角的支点上［图10.6（a）］。当引力波的第一个波峰从屋顶或地板进入实验室时，潮汐力将沿“**L**”

的一臂把两个物体分开，而沿另一臂把两个物体拉近。结果，第一臂的长度（即臂上两个物体间的距离）L_1将增大，而第二臂的长度L_2将减小。当第一波峰过去，波谷到来时，伸长和缩短的方向会发生改变：L_1将减小，L_2将增大。通过测量臂长差L_1-L_2，我们就能发现引力波。

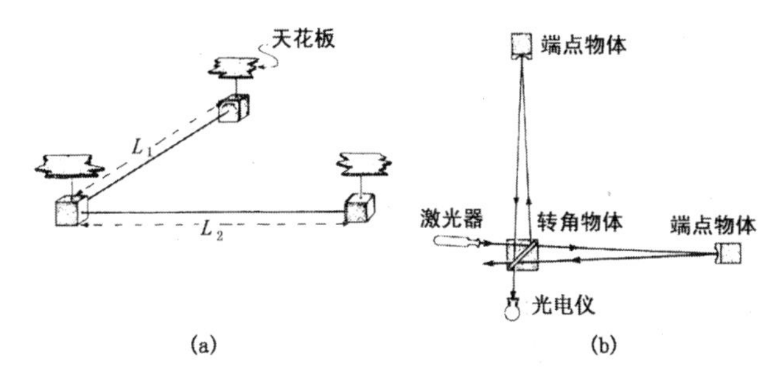

图10.6　激光干涉仪式引力波探测器。这种仪器很像迈克尔逊和莫雷1887年用来探寻地球在以太中运动的那种干涉仪（第1章）。详细解释见正文

臂长差L_1-L_2，是通过干涉仪［图10.5（b），卡片10.3］监测的。384 让一束激光照在转角物体的*光束分离器*（*分光镜*）上，则光束的一半将被反射，另一半透过去，这样一束光就分成了两束。这两束光将沿着干涉仪的两臂达到两个端点，然后被端点物体上的镜面反射回到分离器，每一束光仍被分成两束。这样，每束光都有一部分与另一束光的一部分结合，回到激光器；另外两个部分结合到达光电仪。如果没有引力波，则来自两臂的光的干涉结果是，干涉后的光都回到了激光器，不会有到达光电仪的光。如果引力波稍微改变了L_1-L_2，则两臂的光束将经过稍微不同的距离，从而干涉也会略有不同——有少量385 联合的光会进入光电仪。通过测量这一部分光，就能计算臂长差L_1-L_2，从而发现引力波。

卡片10.3

干涉与干涉仪

384

两个或更多的波经过空间同一区域时，它们会“线性地”（卡片10.1）叠加在一起，就是说，它们相加。例如，下面的点线波与虚线波的叠加产生实线波：

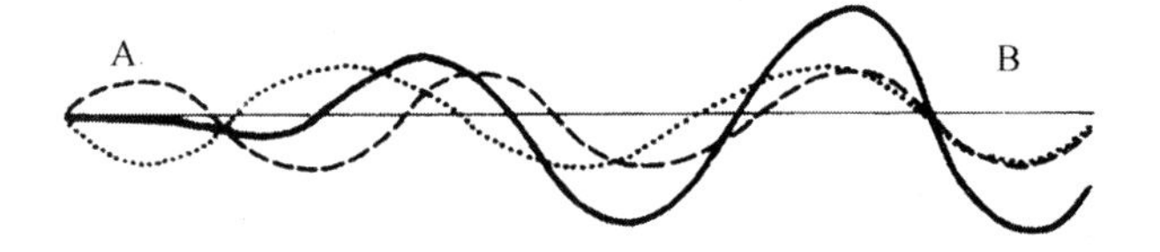

注意A点那样的位置，一个波的波谷（点线）叠加到另一个波的波峰（虚线）上，波就抵消或至少部分抵消了，结果波消失或者减弱了（实线）。而在B那样的地方，两个谷或者两个峰相叠加，波彼此增强了。我们说这是波在相互干涉，在第一种情况下相互破坏，第二种情况下相互加强。这样的叠加和干涉可以发生在所有类型的波——水波、电波、光波、引力波——而干涉正是射电干涉仪（第9章）和干涉仪式引力波探测器运行的关键。

385

在图10.6（b）的干涉仪探测器中，分光镜将来自一臂的光束的一半叠加到来自另一臂的一半上，传到激光器；又将另外的两半光束叠加起来送到光电仪。如果没有引力波或其他力移动物体和镜面，则叠加的光波有如下的形式。

图中的虚线代表来自第一臂的波，点线是来自第二臂

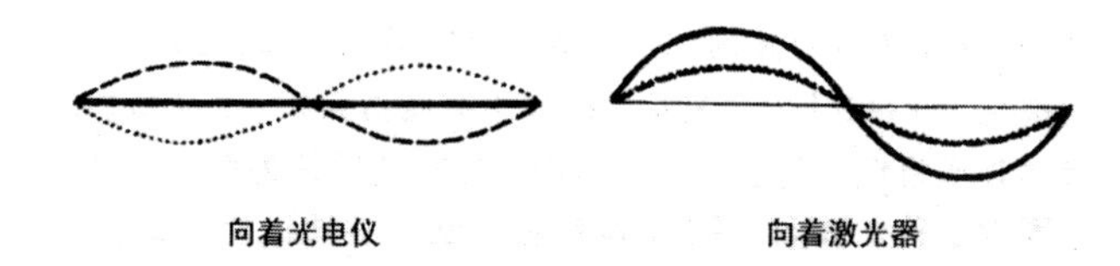

的波，实线是叠加的结果。

到光电仪的波完全被干涉破坏了，所以叠加结果是零，这意味着光电仪什么光也看不见。如果引力波或其他力将某臂拉长而将另一臂缩短了，那么从长臂来的光束到达分光镜的时间相对于从另一臂来的将有一点延迟，于是叠加的波就像下面这样：

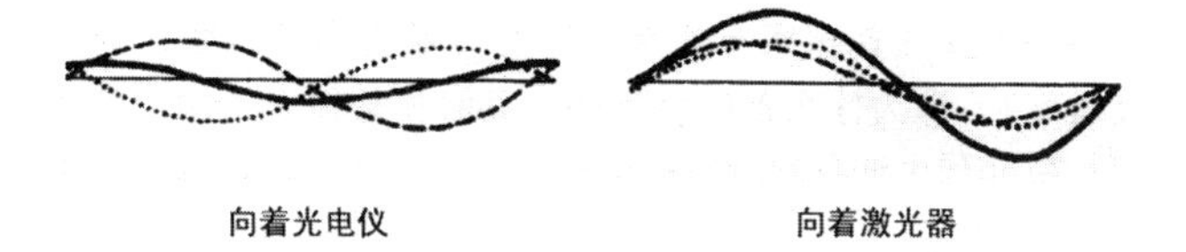

沿光电仪方向的光不再被干涉完全破坏，还能收到一些。收到的量正比于臂长的差 L_1-L_2，而这个差正比于引力波信号的强度。

比较棒探测器与干涉仪是很有意义的。棒探测器通过一根实心圆柱的振动来监测引力波的潮汐力；干涉仪探测器通过悬挂物体的相对运动来监测潮汐力。

棒探测器以电传感器（如被棒挤压的压电性晶体）来监测由波引起的棒的振动；干涉仪探测器通过干涉的光束来监测波动引起的物体运动。

386

棒只对很窄频率范围内的引力波才会产生共振响应，所以解译交响的引力波需要一个由许多棒构成的“木琴”。干涉仪的物体对所有频率高于每秒一周的波都会前后摆动地响应，[1] 因此干涉仪有很宽的频率范围，三四个这样的干涉仪就足够完全解读引力波的交响了。

将干涉仪的臂做得比棒长1000倍（也就是几千米，而不是几米），就能使引力波的潮汐力大1000倍，从而仪器的灵敏度也就提高了1000倍。[2] 相反，棒却不能做得太长。1千米长的棒的自然频率将低于每秒一周，从而不能在我们认为最有意义的频率范围内工作。而且，因为频率这么低，必须把棒发射到太空去，将它与地面的振动和地球大气的重力波动隔绝开来。把这样一个棒放到太空是很荒唐的，而且不知要花多少钱。

因为干涉仪比棒长了1000倍，它对测量过程产生的反冲作用的“免疫力”也提高了1000倍。这儿的“免疫力”说的是，这种干涉仪不需要靠什么量子无破坏探测器（那也是很难做的）来克服那些反冲作用。相反，棒只有在使用了量子无破坏技术时才可能探测到希望的波。

假如干涉仪真比棒有这么多好处（宽得多的频带，高得多的灵敏度），那为什么布拉金斯基、韦伯和其他人不用它来代替棒呢？20世纪70年代中期我问过布拉金斯基。他回答说，棒探测器很简单，而干

---

1. 如果频率低于每秒一周，悬挂物体的绳子会阻止它们响应那些波，物体也就不能摆动了。
2. 实际上，具体情况比这复杂得多，灵敏度的提高也远不是像这几句话说的那样容易实现；不过，这里讲的大体上还是正确的。

涉仪却复杂得吓人。像他在莫斯科的那个精干小组完全有可能造一个能很好运行、足以发现引力波的棒探测器。然而，要制造、改进并成功运行一组干涉仪探测器，需要大量的人和大笔的钱——而且，即使有了这么些人和这么多钱，布拉金斯基也怀疑那么复杂的探测器是否能成功。

387

10年后，越来越多的证据令人痛苦地表明，棒探测器很难达到 10^{-21} 的灵敏度。这时，布拉金斯基来访问加州理工学院，德雷维尔小组用干涉仪取得的进展感动了他。他承认，干涉仪最终会成功的。但为了成功而耗费大量的研究力量和金钱并不令他喜欢。所以，一回到莫斯科，他就将他的小组的大部分力量转到远离引力波探测的方向去了。[13]（世界上还有些地方在继续发展棒探测器，那是幸运的；它比干涉仪便宜多了，现在也更灵敏；它们最终可能在高频率引力波方面发挥特别重要的作用。）

那么，干涉仪探测器复杂在哪些地方呢？毕竟，图10.6描述的基本思想看起来是非常简单的。

事实上，图10.6是超级简化了的，它忽略了数不清的陷阱。为避免这些陷阱需要很多技巧，这就使干涉仪变得复杂了。举例说，激光束必须精确地指向一定的方向，精确地具有一定的形状和波长，这样才能完全适合于干涉仪；而且，它的波长和强度不能起伏波动。光束一分为二后，两束光分别在两臂上来回反射，不是图10.6所画的一次，而应该是多次，这样才能提高它们对摆动物体的运动的敏感性；多次反射后，它们还必须正好回到分光镜。每一个悬挂的物体必须在不断的控制下，使镜面精确指向同一个方向，不会因为地板的振动而摇摆，而这样的控制还不能掩盖引力波引起的物体摆动。为了在所有这些方面以及其他许许多多方面达到完善，需要不断地监测干涉仪的许多不同部位和它的光束，还要不断利用反馈的力来保持完好的状态。

从下面的照片（图10.7）你可能会得到一些复杂的印象。那是德雷维尔小组在加州理工学院建造的一个40米长的原型干涉仪探测器——它比所需要的原大几千米长的干涉仪简单得多。

图10.7 加州理工学院的40米原型干涉仪引力波探测器（约1989年）。放在前面的桌子和笼子里的真空室装着激光器和让激光进入干涉仪的设备。中心物体放在第二个笼子的真空室里——可隐约看到它上面吊着的绳子。两个端点物体沿走廊在40米以外。两臂的光束在两根真空管中较大的一根内往返，真空管是用来增大臂长的。［加利福尼亚理工学院LIGO计划提供。］

20世纪80年代初期，有四个实验物理学家小组在努力发展干涉仪探测器的工具和技术：德雷维尔的加州小组，他在格拉斯哥创建的小组［现在由霍克（James Hough）领导］，外斯的MIT小组和比林（Hans Billing）在德国慕尼黑马克斯·普朗克研究所建立的小组。这 388

些研究队伍都小而精，或多或少都在独立进行工作，[1] 用各自的方法来设计干涉仪探测器。组内的每个科学家都可以自由地提出他的新观 389 点，可以照自己的意愿去发展它们，而且时间也是想多长都行。这是非常轻松的科学合作形式，是有创造力的科学家所喜欢的，他们也正是在这种文化环境下成熟起来的；这也是布拉金斯基渴望的，像我这样的孤独者更能在其中感到快乐。但是，它并不适宜于复杂科学仪器（如我们需要的几千米长的干涉仪）的设计、建造、改进和运行。

为了详细设计这样一个干涉仪的许多复杂部件，为了让所有部件能组装起来正常运行，为了把费用控制在计划内并在有限时间里完成干涉仪，需要一种不同的工作模式：一种密切协作的模式，每个组的各小组要集中到一个确定好的目标上来，每个负责人要决定该做什么，谁来做，什么时候做。

从自由独立走向密切协作是很痛苦的。生物学家们在为人类染色体排序时曾痛苦地经历过这样的历程。[2] 从1984年起，我们引力波物理学家也上路了，也一样少不了痛苦和悲伤。然而我相信，总有一天，引力波的发现和解译所带来的激动、快乐和科学回报，将把这些痛苦和悲伤从我们的记忆中抹去。

走上这条痛苦之路遇到的第一个大转折是1984年加州和麻省

---

1. 不过，格拉斯哥和加州的小组通过德雷维尔而有着密切联系。
2. 人类基因组计划1990年在美国启动，英、日、法、德和中国科学家先后加盟，历经10年，在2000年6月26日完成了人类基因组草图绘制工作，测定了DNA中90%以上的碱基序列。这是比“曼哈顿”原子弹计划、“阿波罗”登月计划影响更为深远的科学计划。—— 译者注

的两个小组被迫合并——那时每组有8个人。美国国家科学基金会（NSF）的伊萨克逊（RichardIssacson）为了纳税人的财政支持，强迫这两个学院的科学家走到一起来联合发展干涉仪。德雷维尔坚决反对，而外斯看到走不脱了，只好答应。两个人像被迫结婚的新人，发了誓，我成了他们的和事佬。如果两人分道扬镳，我有责任把他们拉回来。这是脆弱的婚姻，大家都没有一点儿感情。不过，我们还是慢慢开始一起工作了。

第二个大转折出现在1986年。一个由知名物理学家组成的专家委员会——包括我们需要的所有技术方面的专家和科学大项目的组织管理专家——来我们这儿一个星期，检查了我们的进展和计划，然后向NSF报告。我们的成绩和计划都获得了高度评价；我们成功发现并解译引力波的前景也被认为是大有希望的。但是，给NSF的报告说，我们的组织很糟，还是原来那种松散自由的结合形式，照这样是永远也不可能成功的。委员会认为，应该用一个领导者来代替德雷维尔-外斯-索恩的三足鼎立——他能将单个的人组织成一个紧密团结的能干的小组，能组织项目并能在每一个紧要关头做出果断明智的决定。

390

压力又来了。NSF的伊萨克逊告诉我们，如果想项目继续下去，就必须找那样一个人来，像足球队员跟一个伟大的教练和乐队跟一个伟大的指挥那样跟他一起工作。

在寻找中，我们幸运地发现了福格特（Robbie Vogt）。

福格特是一个才华横溢、意志坚强的实验物理学家，曾领导宇391 宙飞船科学仪器的制造和试验，领导过巨型毫米波天文干涉仪的研制，还组织过美国宇航局喷气实验室[1]（大多数美国行星探测计划都是在这儿执行的）的科学研究——后来，他成为加州理工学院的教务长。虽然福格特是一个特别能干的教务长，但他与院长戈尔德贝格（Marvin Goldberger）在如何领导管理学院问题上有过激烈争吵——吵了几年，戈尔德贝格便将他解聘了。福格特的个性不适合在别人手下工作，特别是当他与他们的观点有重大分歧的时候；不过他会是一个很好的头儿。他就是我们需要的那个领导者，那个指挥，那个教练。如果说有人能让我们紧密团结起来，那就是他了。

"跟罗比工作是很痛苦的。"他原来毫米波小组的人告诉我们，"你们将留下创伤，不过那也值。你们的计划会成功的。"

德雷维尔、外斯、我和其他一些人同福格特谈了几个月，请他来做我们的领导。最后他答应了。真像说的那样，我们原来的加州-麻省小组终于在6年后被打破了，但新的小组更紧密、更有力、更有效，很快壮大到约50位科学家和工程师，都是成功所需要的人。然而，成功不是靠我们一家就够了。在福格特计划下，别的科学家也为我们的中心研究做出了重要贡献。[2] 他们松散地与我们联系，还能保持我们留下的独立和自由。

---

1. 这个实验室就在帕萨迪纳的西北，是美国宇航局委托加州理工学院管理的。——译者注
2. 以1993年为例，包括莫斯科的布拉金斯基小组、斯坦福大学BobByers领导的小组、科罗拉多大学的JimFaller小组、锡拉丘兹大学的DeterSaulson小组，以及西北大学的SamFinn小组。

1991年下半年LIGO计划加州-麻省小组的部分科学家。左：组内的部分加州成员，左上起反时针方向：Aaron Gillespie，Fred Raab，Maggie Taylor，Seiji Kawamura，福格特，德雷维尔，Lisa Sievers，Alex Abramovici，Bob Spero，Mike Zuckero右：组内部分麻省成员，左上起反时针方向：Joe Kovalik，Yaron Hefetz。Nergis Mavalvala，外斯，David Schumaker，Joe Giaime。[左图由Ken Rogers / Black Star提供；右图由ErikL. Simmons提供。]

在我们的努力中，成功的关键是建立并启用一套全国性的科学装置，叫作*激光干涉仪引力波天文台*，或LIGO。[14] LIGO由“**L**”形真空系统构成，一个在华盛顿汉福德附近，另一个在路易斯安娜利文斯顿附近。物理学家要在这儿开发和运行一系列的不断改进的干涉仪，见图10.8。

为什么要两个实验基地，而不是一个呢？因为地球上的引力波探测器总会将噪声误会成引力波的爆发。例如，悬挂物体的绳子会无故轻微摆动，像引力波潮汐力那样摇动物体。然而，这样的噪声几乎不可能同时发生在两个远离的独立探测器。因此，为了保证明显的信号来自引力波而不是噪声，必须确认它在两个探测器上都出现。一个探测器是不可能发现并监测引力波的。

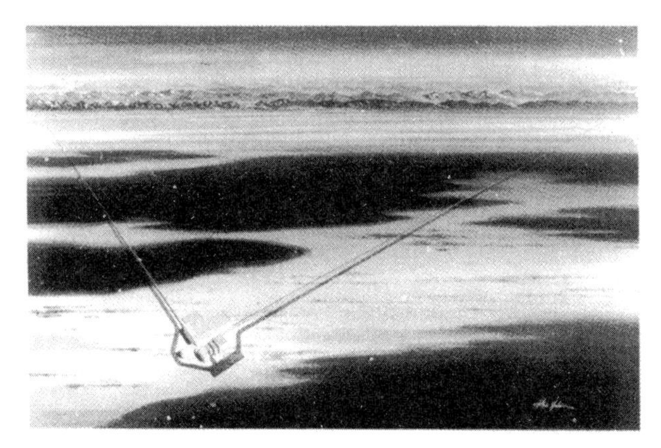

图10.8 艺术家心目中的LIGO“L”形真空系统和在华盛顿汉福德附近“L”中心的实验基地。[加利福尼亚理工学院LIGO计划提供。]

虽然两个探测器就足以探测到引力波了，但我们实际需要三个，四个更好。这些远远分开的探测器可以完全解译交响的引力波，也就是将波所携带的信息完全析取出来。一个法国-意大利联合小组将在意大利比萨附近建立第三个基地，名叫VIRGO。[1] VIRGO和LIGO将形成一个全息的国际探测网。英国、德国、日本和澳大利亚正在筹资准备为这一网络建立另外的基地。

为一种谁也不曾见过的波建立那么庞大的网络，似乎胆子也太大了。实际上那完全不是胆大，引力波已经被天文学观测证实存在了，普林斯顿大学的泰勒（Joseph Taylor）和赫塞（Russel Hulse）为此获得1993年度诺贝尔奖奖金。他们用射电望远镜发现了两颗中子星，其中一颗为脉冲星，它们每8小时互相绕着旋转一周。通过极精确的射电测量，他们证明两颗星以爱因斯坦定律所预言的速率（每年十亿分

1. 名字来自室女（Virgo）星系团，有可能探测到它的引力波。

之二点七）螺旋式地靠近，原因是它们向宇宙中发出的引力波所持续 393 产生的反冲作用。除了引力波的小小反冲作用，没有别的原因能解释这两颗星的螺旋靠近。

21世纪初的引力波天文学会是什么样子呢？我们可以想象下面的景象：

2007年，8个几千米长的干涉仪在全天候地运行，扫描天空，寻找到来的引力波。这八个干涉仪，两个运行在意大利比萨的真空装置里，两个在美国东南路易斯安娜州的利文斯顿，两个在美国西北华盛顿的汉福德，还有两个在日本。每个地方的两个干涉仪，有一个是“服劳役的”机器，监测振荡频率在每秒10到1000周范围内的波；另一个才新近研制安装，是先进的“做研究的”干涉仪，瞄准每秒1000到3000周的振荡。

一列引力波从宇宙遥远的源头掠过太空来到太阳系。一个波峰首先落在日本的探测器上，然后穿过地球到达华盛顿，接着到路易斯安娜，最后到达意大利。大约1分钟，波谷跟着波峰来，波峰又跟着波谷来。每个探测器的悬挂物体轻轻转动，干扰了激光束，从而也干扰了进入探测器光电二极管的光。8个光电二极管的输出信号通过卫星网传到中心计算机，计算机提醒科学家，另一列1分钟的引力波已经来到地球，是本周的第三波。计算机结合8个探测器的结果，要完成四件事情：引力波爆发源在天空的最佳位置估计；位置估计的误差区间；两个*波形*——即两条振荡曲线，类似于检测声波时在示波器上看到的振荡曲线。波源的历史就藏在这些波形曲线里（图10.9）。

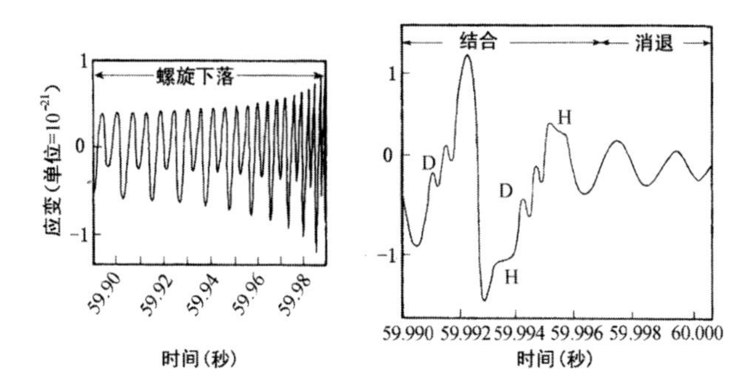

图10.9 黑洞结合所产生的两个波形之一。竖直方向是以10^{-21}为单位的应变；水平方向是以秒为单位的时间。第一幅图只画了波的螺旋下落过程的最后0.1秒；波形在前1分钟很简单，只是振幅与频率逐渐增大。第二幅图夸张地画了最后0.01秒的波形。1993年，根据爱因斯坦场方程的解，已经很好地认识了波形的螺旋和衰落（消退）阶段。结合阶段还完全不了解（图中的曲线是我个人的想象），未来的超大计算机将对它进行计算模拟。在正文中，我假定这些模拟在21世纪初已经成功了

394 之所以有两个波形，原因是引力波有两个极化。如果波垂直通过干涉仪，则一个极化描述了沿东西向和南北向振荡的潮汐力；另一个极化描述了在东北-西南方向和西北-东南方向振荡的潮汐力。因为每个探测器都有自己的定向，所以它们收到的是这两个极化的某种组合。计算机要从8个探测结果中重新找出那两个极化波形。

然后，计算机将得到的波形与一个大波谱表里的波形进行对比，395 这很像鸟类观察者通过与图谱的比较来识别一只鸟。经过5年对来自碰撞、结合的黑洞、中子星、旋转中子星（脉冲星）和超新星爆发的引力波的监测经验和计算机对波源的模拟，这样的波谱表已经做出来了。引力波的爆发是很好确认的（另外一些波，如来自超新星的，就困难得多）。波形确定无疑地显示了两个黑洞结合的惟一信号，它包括如下三段：

• 1分钟长的第一段（图10.9只画了最后0.1秒）具有振幅和频率都逐渐增大的振荡应变，正是我们预料的来自双星轨道上两个螺旋靠近的天体的波形。波的大小交错变化说明轨道像椭圆，不是正圆。

• 0.01秒长的中间段几乎完全符合超大计算机最近（21世纪初）对两个黑洞结合过程模拟的预言。根据模拟，标记“H”的峰表示两个黑洞的视界的接触与融合。然而，标记“D”的两个摆动却是新设计的那个“做研究的”干涉仪的第一个新发现，那些老的“服劳役的”干涉仪从来没能探测到这些摆动，因为它们频率太高了；而且它们在超大计算机模拟中也从没出现过。这是理论家需要解释的难题。也许它们第一次提供了某些线索，能帮助我们认识碰撞黑洞的时空曲率非线性振动中我们不曾料想的奇异行为。为这种景象所迷惑的理论家该回到他们的模拟中去寻找这对摆动的信号。

• 0.03秒长的第三段（图10.9只画了它的开头）由频率固定而振幅衰减的振荡构成。我们预料变形的黑洞在为摆脱形变而脉动时就会产生这样的波动，就是说，这样的波像落幕的铃响，慢慢衰落下去。脉动的是两个哑铃型的突起，它们绕着黑洞赤道一圈圈地旋转，随着能量逐渐被曲率波带走，它们也将消失（图10.2上）。

根据这些波形的细节，计算机不但能解析黑洞碰撞、结合和衰落的历史，还能计算初始黑洞和终结黑洞的质量和旋转速度。每个初始黑洞有25个太阳那么重，旋转很慢；终结黑洞有46个太阳那么重，以最大允许转速的97%旋转。与4个太阳（2 × 25 – 46 = 4）质量相当的能量转化为曲率波，随波飘散了。初始黑洞的总表面积是136 000

396 平方千米，终结黑洞的表面积更大，有144 000平方千米，这是黑洞力学的第二定律要求的（第12章）。波形还揭示了黑洞距地球的距离：10亿光年，这个结果大约有20%的精度。波形还告诉我们，以前的视线近似垂直于轨道平面，现在我们从旋转黑洞的北极看下去，两者比较说明，黑洞的轨道有30%的偏心率（长圆形的）。

根据波峰到达日本、华盛顿、路易斯安娜和意大利的时间，计算机确定了黑洞在天空的位置。因为波先到日本，所以它多少在日本的头上，而在美洲和欧洲脚下。详细分析到达时间，可以为波源确定一个误差区间为1度的最佳猜测位置。如果黑洞更小，波形振荡会更快，误差区间将更小，但对这些大黑洞，探测网只能做到1度的水平。再过10年，在月亮上运行干涉仪探测器时，误差区间将在某些方面减小100倍。

因为黑洞轨道被拉长了，计算机判断两个黑洞从互相捕获到绕对方旋转的轨道到结合和发射引力波，只有几个小时。（如果它们在轨道上旋转的时间超过几个小时，离开它们的引力波的反冲作用将使轨道成为圆形的。）那么快的捕获说明黑洞可能在某星系中心的一个致密的由黑洞和大质量恒星组成的集团之中。

于是，计算机接着检查光学星系、射电星系和X射线星系表，寻找那些距地球8亿到12亿光年、在1度误差区间内的有特殊核的星系。它为天文学家找到了40个候选者。在接下来的几年里，射电的、毫米波的、红外的、光学的、紫外的、X射线以及γ射线的望远镜将对这40个候选者进行详细的研究。我们会逐步认识到，在某一个候选星系的核心聚集着大量的气体和恒星，当我们现在看到的光离开它时，那里正在展开一幕百万年的剧烈演化——巨黑洞将在演化中诞生，类星体也将随演化而形成。感谢引力波的爆发，它为这个特别的星系带来了意义，天文学家现在可以去揭示巨黑洞是怎样诞生的了。

第 11 章
实在是什么

时空，
在星期天弯曲，在星期一平直；
视界，
在星期天是真空，在星期一是电荷；
而实验，
在星期天和星期一都是一样的。

时空*真*是弯曲的吗？能不能这样想，时空本来是平直的，但我们用来测量它的钟和尺——我们认为*理想的*（什么是理想的，请看卡片 11.1）钟和尺，实际上却是“橡皮的”？当我们从一点走到另一点改变它们方向的时候，即使最完美的钟也可能慢或者快，即使最完美的尺也可能缩或者长，不是吗？我们的钟和尺的这些变化，是不是会让一个平直的时空显得弯曲呢？

是的，完全可以那么想。

图11.1举了一个具体的例子：测量非旋转黑洞的周长和半径。左边是黑洞弯曲空间的嵌入图，在这个图中，空间是弯曲的，因为我们已经假定我们的尺子*不是*橡皮的，不论把它放在什么地方，让它指向什么方向，它都会保持自己的长度——距离就是照这样定义的。尺子测量的黑洞视界的周长是100千米。洞外还画了一个两倍周长，即200千米的圆，从视界到这个圆的径向距离也用理想的尺子来量，结果是37千米。假如空间是平的，那么径向距离应该是外圆的半径，[398] 200 / 2π千米，减去视界的半径，即100 / 2π千米；也就是，200 / 2π−100 / 2π=16千米（近似）。为了满足那个大得多的径向距离37千米，表面必然表现为像图中那样弯曲的喇叭形。

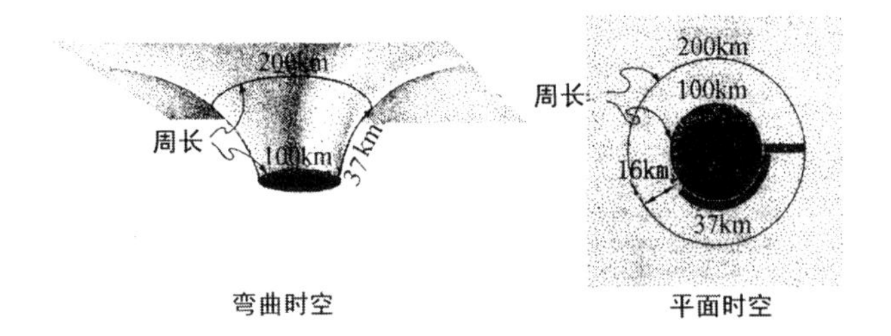

图11.1 两种观点下黑洞附近的长度测量。左：认为时空真是弯曲的，理想的尺子精确测量时空的长度。右：认为时空实际是平直的，而理想的尺子是橡皮的，它能精确测量真实的平直时空的长度。然而，在指向径向时，它会发生收缩，离黑洞越近，收缩量越大，因此它测得的径向长度比真实的大（在图示的情况下，它测的是37千米，而不是真正的16千米）

卡片11.1

理想的钟与尺

在这本书里，我说“理想的钟”和“理想的尺”，全世界最好的钟表和量尺制造者都明白它的意思：理想需要通过与原子和分子的行为进行对比来认定。

更具体地说，理想的钟在与原子或分子振荡对比时，必须均匀地“嘀嗒”。世界上最好的原子钟就是设计来做这个的。因为原子和分子的振荡是由我以前说的“时间流的速率”决定的，这就意味着，理想的钟测量爱因斯坦弯曲时空的“时间”部分。

理想尺子的刻度与原子或分子发出的光的波长比，必须有均匀而标准的间隔。例如，相对于氢分子发出的21厘米波长的光的均匀间隔。这相当于要求，在某一固定标准温度（如0℃）下，尺子在两个刻度之间总是包含同样固定数目的原子；这也反过来确保了理想尺子测量爱因斯坦弯曲时空的“空间”长度。

这一章引进了“真”时间和“真”长度的概念，它们并不一定是理想的钟和尺所测量的时间和长度，也就是说，不一定是原子和分子标准的时间和长度，也不一定是嵌入爱因斯坦弯曲时空的时间和长度。

399 假如黑洞周围的空间本是平直的，而我们因理想尺子是橡皮的而误认为空间是弯曲的，那么真正的空间几何一定像图11.1右图那样，视界和圆之间的真实距离应该是平直的欧几里得几何定律所要求的16千米。然而，广义相对论认为，我们的理想尺子没有测量这一真实距离。拿一把尺子沿着黑洞周长放在视界上（如图11.1右边的带刻度的弯黑宽带），尺子像这样沿着周长方向，的确在测量真实距离。从尺子切出37千米长的一段，它覆盖黑洞周边的37%。然后，将尺子转到半径方向（图上带刻度的直黑宽带）。转向时，广义相对论要求它发生收缩，指到径向时，它的真实长度一定已经收缩到16千米了，刚好从视界到达外面的圆。但是，收缩表面的尺度还是认为它的长是37千米，从而视界与圆之间的距离是37千米。这样，像爱因斯坦那样不知道尺子是橡皮的人会相信这个不准确的测量，认为空间是弯曲的。而像你我这样认识了橡皮特性的人却知道，尺子收缩了，空间还是平直的。

什么东西能让尺子在改变方向时发生收缩呢？当然是引力。在图11.1右边的平直空间里，存在着决定一切事物（包括基本粒子、原子核、原子、分子等）大小的引力场，它迫使所有事物在径向上收缩。离黑洞越近，收缩量越大；离黑洞越远，收缩量越小，因为决定收缩的引力场是黑洞产生的，它的影响随离开黑洞的距离而减弱。

决定收缩的引力场还有其他效应。如果光子或其他粒子飞过黑洞，引力场作用将使它的轨迹发生偏转，在黑洞周围，轨迹是弯的；在黑洞真实的平直时空几何中测量，它是曲线。但像爱因斯坦那样看重他们的橡皮尺钟测量的人，认为光子是在弯曲时空里沿直线运动。

哪个是真正的事实呢？时空是像上面说的那样平直呢，或者还真是弯曲的？对物理学家（如我）来说，这个问题很无聊，因为它没有物理意义。无论弯曲的还是平直的，两种时空观对任何理想尺钟所进行的测量都做出完全相同的预言，而且我们会看到，它对任何类型的物理仪器所进行的测量，也做出相同的预言。例如，两个观点都同意，图11.1中视界与图之间的径向距离*正是理想尺子所测量的*37千米。他们的争论在于这个测量距离是否“真实”，但这属于哲学争论，不是 400

物理学的。因为两者在任何实验的结果上都一致，所以它们在物理学上是等价的。至于哪个观点告诉了“真正的事实”，是与实验无关的，那是哲学家而不是物理学家要讨论的问题。另外，物理学家在推导广义相对论预言时，可以而且确实交换地运用这两个观点。

401 库恩（ThomasKuhn）的规范概念，[1] 很好地描述了理论物理学家工作的智力活动。1949年，库恩在哈佛大学获得物理学博士学位，后来成为著名的科学哲学家。在1962年的《科学革命的结构》一书里，[1] 他提出了规范的概念——那是我读过的最有见识的一本书。

一个规范就是科学家群体在研究某个问题和与别人交流研究结果时所用的一整套工具。在广义相对论上，弯曲时空观是一个规范，平直时空观是另一个规范。每个规范包括三个基本因素：一组数学化的物理学定律；一组供我们洞察定律和帮我们与人交流的图像（头脑里的、口头上的和画在纸上的）；一组典型事例——即过去的计算和已经解决的问题，可以是教科书上的，也可以是科学论文里的。它们都是相对论专家们认为做得很好、很有意义的，我们拿来作为未来计算的样本。

弯曲时空规范以三组已经建立的数学化定律为基础：爱因斯坦场方程，它描述物质如何产生时空曲率；告诉我们理想尺钟测量爱因斯坦弯曲时空的长度和时间的定律；告诉我们物质和场如何在弯曲时空中运动，例如，自由运动的物体沿直线（测地线）运动的定律。平直

---

1. 库恩的“规范”（paradigm），在一些哲学译著里译为“范式”。（汉译本《科学革命的结构》，李宝恒、纪树立译，上海科学技术出版社，1980。）—— 译者注

时空规范也以三组定律为基础：描述平直时空中的物质如何产生引力场的定律；描述场如何决定理想尺寸的收缩和理想的时钟流如何膨胀的定律；描述引力场如何决定粒子和场在平直时空中运动的定律。

弯曲时空规范的图像包括本书画过的嵌入图（如图11.1左边）和对黑洞周围时空曲率的语言描述（例如，“旋转黑洞周围的龙卷风式的旋涡”）。平直时空规范里的图像包括图11.1的右边，一把在从周长方向转到半径方向发生收缩的尺子，以及对“决定尺子收缩的引力场”的语言描述。

弯曲时空规范的典型事例包括能在大多数相对论教科书里看到的计算，可以用这些计算导出爱因斯坦场方程的史瓦西解，还包括伊斯雷尔、卡特尔和霍金等人推演黑洞“无毛”的计算。平直时空规范的典型事例包括教科书里关于黑洞和其他物体在捕获引力波后质量如何变化的计算和韦尔（Clifford Will）、达莫尔（Thibault Damour）等人关于相互围绕转动的中子星如何产生引力波（收缩产生的场的波动）的计算。 402

我在做研究时，规范的每一部分——定律、图像和范例——对我的思想过程都是很重要的。图像（头脑中的、口头上的和纸上的）像指南针，为我带来对宇宙行为的直觉；凭它们和一些数学的草算，我可能找到一些有趣的想法。如果找到了值得追求的东西（如第7章的环猜想），我会在规范的数学化物理定律的基础上做进一步计算，证明或否决它。详细计算可向规范中的范例学习，它们将告诉我，可靠的结果需要多高的精度。（如果精度太低，结果可能是错的；如果精度太高，计算将浪费不少时间。）范例还会告诉我，哪样的计算能帮我通过数学符号的泥潭达到我的目标。图像也能指导计算，帮我发现捷径，避开死胡同。假如计算证实了我的新想法，或者至少说明它似乎是合理的，我会通过图像和计算与相对论专家们交流，也用图像——口头的和书面的，与其他人交流，比如这本书的读者。

平直时空规范的物理定律可以从数学上根据弯曲时空规范的定律推导出来，反过来也行。这就是说，两组定律是同一物理现象的不同*数学表示*，有点像用0.001和1/1000来表示同一个数。不过，定律的数学公式在两种表示中看起来是很不一样的，相应于两组定律的图像和范例也大不相同。

403　举一个例子。在弯曲时空规范里，爱因斯坦场方程在口头上可以说"质量产生时空曲率"。用平直时空规范的语言，场方程被说成"质量产生决定尺子收缩和时钟膨胀的引力场"。虽然爱因斯坦场方程的这两个说法在数学上等价，在语言上却大不相同。

在相对论研究中，学会两种规范是极有好处的。有些问题在弯曲时空规范里容易很快解决，另一些问题则需要平直的规范。黑洞问题（如黑洞无毛的发现）最适合用弯曲时空的技巧；引力波问题（如计算两颗中子星相互围绕转动时发出的波）则适合用平直时空的技巧。理论物理学家在成熟中会逐渐觉悟在哪种情形该用哪种规范，他们知道根据需要将问题从一个规范转移到另一个规范来考虑。星期天他们考虑黑洞时，可能认为时空是弯曲的，而在星期一他们考虑引力波时，可能又认为时空是平直的。这样的思路转移，我们在看埃舍尔

(M.C.Escher)的画时会同样经历。例如图11.2。[1]

404

图11.2 埃舍尔的一幅画。先从一点看(例如,从瀑布顶的流水看),然后从另一点看(例如,从瀑布底的流水看),我们会经历一次思路转移,多少有点儿像物理学家从弯曲时空规范转到平直时空规范的经历。[©1961 M. C. Escher Foulndation-Baarn-Holland,版权所有。]

1. 埃舍尔(Maurits Cornelis Escher,1898~1972)喜欢以图画表现"不可能存在的世界",从这点说,他大概是世界上最特殊的画家。他的画都充满了浓厚的数学趣味,用他的话说,"是为了传达思维的一条特殊线索…… 最终使艺术步入数学领域。"荷兰数学家恩斯特(BrunoEmst)为他的这位同胞写了一本有名的《M. C. 埃舍尔的魔镜》,带我们用数学眼光去欣赏他那些神奇的图画(这里看到的是他1961年的石版画《瀑布》)。—— 译者注因为两个规范的基础定律在数学上是等价的，我们可以确信，在相同物理条件下，两个规范所给的对实验结果的预言将是完全相同的。这样，我们可以在任何给定条件下自由运用最适合的规范。

自由带来力量，[2] 这就是为什么物理学家不满足于爱因斯坦的弯曲时空规范，而还要发展平直时空规范来作为补充。[3]

牛顿的引力描述今天仍然还是一种规范。它认为空间和时间是绝对的，引力是同时作用在两个物体间的一种力（“超距作用”，第1，第2章）。

牛顿的引力规范当然不会和爱因斯坦的弯曲时空规范等价，两家所做的实验结果的预言是不同的。库恩说这场理性的斗争是*科学的革命*，爱因斯坦通过革命提出了他的规范，令他的同事们相信，新规范比牛顿的规范更准确地描述了引力（第2章）。在库恩的这个意义上，物理学家后来提出的平直时空规范*不是*科学革命，因为它与弯曲时空规范做出的预言是完全一样的。

405

引力较弱时，牛顿规范的预言与爱因斯坦弯曲时空规范的预言几乎是一样的，相应地，两个规范在数学上也是近似等价的。实际上就是这样：在研究太阳系的引力时，物理学家常在牛顿规范、弯曲时空规范和平直时空规范之间游移，哪个规范满足他的想象，哪个规范显得更具洞察，他们就用哪一个，而且不会出现问题。[1]

1. 比较第1章最后一节，“物理学定律的本质”。

在一个研究领域中，新人的思想总是比老手更加开放，20世纪70年代就出现过一个例子，一些新人的觉悟产生了一个新的黑洞规范：膜规范。

1971年，普林斯顿大学的学生汉尼（Richard Hanni）和博士后鲁菲尼（Remo Ruffini）注意到，黑洞行为多少有些像一个导电球。为理解这种奇特行为，我们想象一个带正电的金属小球，它携带的电场排斥质子而吸引电子。小球的电场可以用类似于磁力线的电力线来刻画。电力线指向场作用在质子上的力的方向（也就是与场作用在电子上的力的方向相反），线密度正比于力的强度。假如小球独立于时空中，它的电力线将径向向外［图11.3（a）］。相应地，作用在质子上的电力也沿径向离开小球。又因为力线的密度随离开小球的距离的平方反比例地减小，所以作用在质子上的电力也随距离的平方而反比例地减弱。

现在，将小球拿近一个金属球［图11.3（b）］，球的金属表面带有可以在表面上自由移动的电子和不能移动的带正电的离子。小球的电场将球面上的大量电子吸引到附近，而把多余的离子留在球面各处，406 换句话说，小球极化了金属球。[1]

1971年，汉尼和鲁菲尼，另外还有普林斯顿大学的瓦尔德（Robert Wald）和普林斯顿高等研究院的科恩（Jeff Cohen）[4] 分别独立计算了非旋转黑洞附近带电小球产生的电力线的形状。他们的计算以标准的弯曲时空规范为基础，结果表明时空曲率像图11.3（c）那 407

1.“极化”在这里的意思与“极化引力波”和“极化光子”（第10章）有所不同。

样使电力线发生形变。汉尼和鲁菲尼注意到，它与图11.3（b）中的电力线是相似的［从图（c）下面看，与图（b）近似相同］，这令他们想到，我们可以用与考虑金属球相同的方式来考虑黑洞的视界，就是说，将视界看作一张由正负带电粒子组成的与金属的球面相似的薄膜。通常情况下，膜上的正负电荷粒子数相等，即膜上任何区域都没有净电荷。然而，当小球靠近视界时，多余的负电粒子会移到小球下面的区域，膜上将到处留下多余的正电粒子，视界膜就这样被极化了。最后，小球电荷和视界电荷所产生的总的电力线就像图（c）的样子。

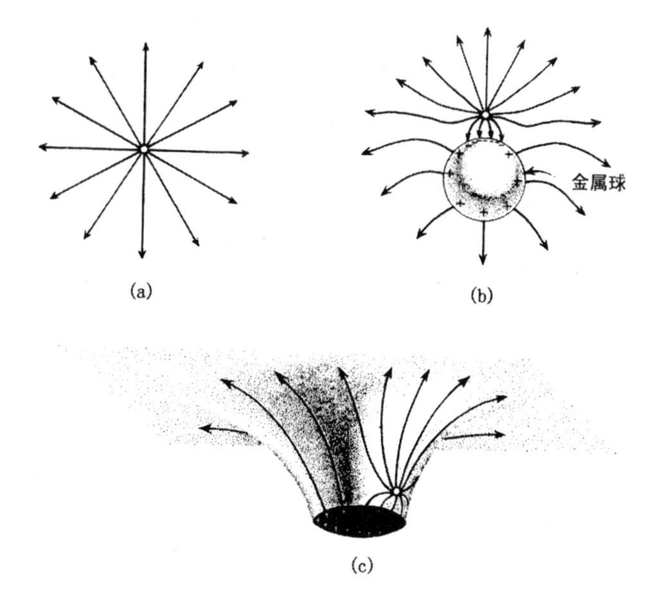

图11.3（a）独立静止在平直时空的带正电金属小球产生的电力线。
（b）平直时空中，小球静止在导电金属球上方时的电力线。小球的电场极化了金属球。
（c）小球在黑洞视界上方时的电力线。看起来就像小球电场极化了视界

我算相对论的老人了，听到这些事情时我认为很荒唐。广义相对论主张，如果谁落进黑洞，他在视界那儿除了时空曲率外什么也碰不

到。他既看不到膜，也看不到带电的粒子。这样，汉尼-鲁菲尼关于小球电力线为什么会偏折的描述就没有现实基础，纯粹是想象。我确信力线弯曲的原因不是别的而只能是时空曲率：力线向下偏向图（c）中的视界，完全是因为潮汐引力在拉它，而不是因为它被视界的某些极化电荷所吸引。视界不可能有任何这样的极化电荷。我确信这一点，然而我错了。

5年后，剑桥大学的布兰福德和研究生茨纳耶克发现，磁场可从黑洞中汲取旋转能并用来驱动喷流［即布兰福德-茨纳耶克过程，第9章和图11.4（a）］。[5] 他们还通过弯曲时空的计算发现，在提取能量时，电流从黑洞极点附近流入视界（表现为正电荷粒子落进去），而从赤道附近流出（表现为负电荷粒子落进去）。黑洞仿佛是一个电路的一部分。

计算还说明，黑洞似乎也是电路中的电压发生器［图11.4（b）］。这台电压发生器驱使电流从视界赤道流出，又将磁力线驱赶到远离黑洞的地方，然后将等离子体（导电热气体）驱赶到黑洞旋转轴附近的其他电力线上，最后又将这些电力线赶下来进入视界。这些磁力线是电路的导线，等离子体是从电路提取能量的负载，能源则是旋转的黑洞。 408

照这点看［图11.4（b）］，使等离子体加速并形成喷流的动力是由电路带来的。根据第9章的观点［图11.4（a）］，动力则来自飘来飘去的旋转磁力线。两个观点不过是对同一件事情的不同考虑方式。在两种情况下，动力最终来源都是黑洞的旋转。人们可以凭自己的兴趣认 409

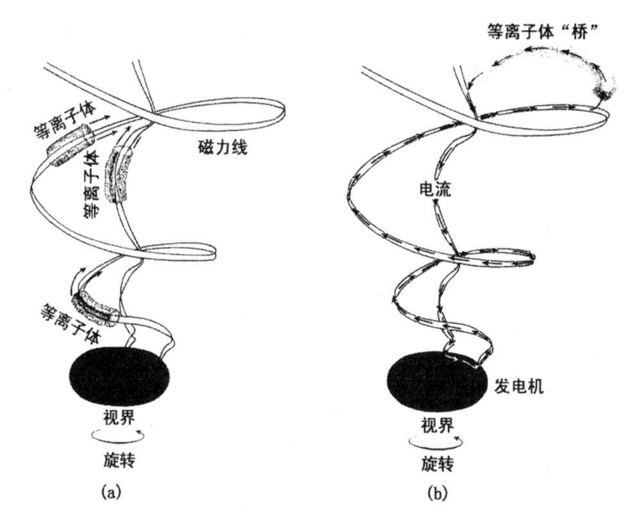

图11.4 旋转磁化黑洞赖以产生喷流的布兰福德－茨纳耶克过程的两种观点。

（a）黑洞的旋转产生空间旋涡，迫使穿过黑洞的磁场旋转，旋转磁场的离心力将等离子体加速到很高的速度［与图9.7（d）对比］。

（b）磁场和空间旋涡一起在黑洞极点和赤道间产生巨大电压，结果黑洞成为电压发生器和发动机。电压驱动回路产生电流，回路将黑洞能量带给等离子体并将它们加速到很高的速度

为动力来自电路还是来自旋转的磁力线。

电路的观点，虽然以标准的弯曲时空的物理学定律为基础，却完全是不曾料想过的，而通过黑洞的电流——从极点附近流入，从赤道附近流出——似乎也太奇怪了。1977年和1978年间，茨纳耶克和达莫尔（也是一个研究生，但不在剑桥，而在巴黎）都在考虑这件怪事。在认识过程中，他们独立地将描述旋转黑洞和它的等离子体和磁场的弯曲时空方程转化为一种陌生的形式，得到一个生动诱人的解释：[6] 电流到达视界时并没流进黑洞，而是落在视界表面，由汉尼和鲁菲尼以前想象的那种视界电荷携带着。视界的电流从极点流向赤道，

在那儿沿磁力线流出来。另外，茨纳耶克和达莫尔还发现，关于黑洞电荷和电流的定律是平直时空中电磁定律（高斯定律、安培定律、欧姆定律和电荷守恒定律）的一种优美表达形式（图11.5）。

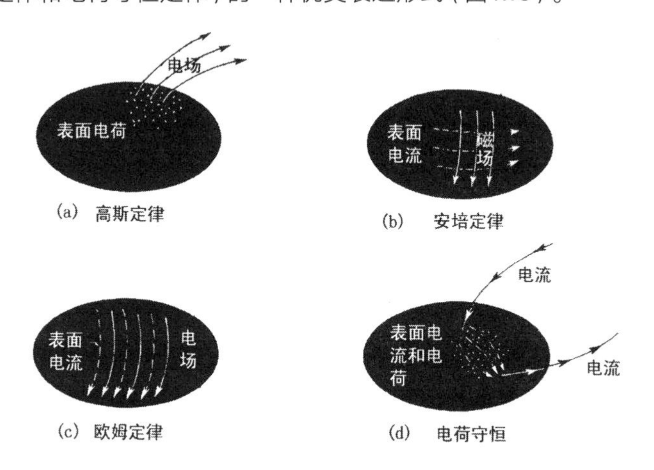

图11.5 黑洞膜状视界上电荷和电流的有关定律：

（a）高斯定律——视界表面电荷的数量正好能终结所有与视界相交的电力线，所以它们不能延伸进入黑洞内部；对比图11.3。

（b）安培定律——视界表面电流的总量正好能终结磁场平行于视界的那一部分；因此视界以下不存在平行磁场。

（c）欧姆定律——表面电流正比于与表面相切的那部分电场，比例常数是377欧姆的电阻。

（d）电荷守恒定律——没有电荷消失或产生。所有从外部宇宙进入视界的正电荷都落在视界上，在表面流动，然后离开它又回到宇宙（表现为负电荷落下来中和这些正电荷）

茨纳耶克和达莫尔并不是说落进黑洞的生命会遇到带电荷和电流的膜状视界；他们只不过认为，假如谁想弄清电、磁和等离子体在黑洞外面的行为，他可以把视界看成一张带电和电流的膜。

我读了茨纳耶克和达莫尔的论文后，才恍然大悟：他们和他们之前的汉尼和鲁菲尼在发现一个黑洞新规范的基础。这个规范很有意思，把我迷住了。我挡不住它的诱惑，在20世纪80年代用了很多时间与普赖斯、麦克唐纳（Douglas Macdonald）、雷德蒙特（Ian Redmount）、孙为默［音］、克罗里（Ronald Crowley）等人把它修饰了一下，写成一本书：《黑洞：膜规范》。[7]

写进膜规范的黑洞物理学定律完全等价于对应的弯曲时空规范的定律——只要我们将注意力局限在黑洞的外面。从而，对一切可能在黑洞外面进行的实验和观测——包括地球上的一切天文观测，这两个规范的预言是完全相同的。我发现，同时把握两个规范（膜的和弯曲时空的），在两者之间经历埃舍尔式的思路转移，对思考天文学和天体物理学问题是很有好处的。当我星期天考虑黑洞脉动时，弯曲时空规范可能更适用，因为它的视界是由弯曲虚空的时空构成的。当我星期一考虑黑洞喷流时，膜规范也许更适用，因为它的视界是一张带电的膜。由于两个规范的预言保证是一样的，不管星期几，哪个规范能适合我的需要，我就可以用哪个。[1]

410

411

在黑洞里面就不像这样了。落进黑洞的人会发现，视界*不是*一张带电的膜，在黑洞内部，膜规范完全无能为力了。然而，发现这一点的下落者付出了很大的代价：他们不可能在外面宇宙的科学杂志上公布他们的发现。

1.“星期天”“星期一”的说法，在西方是有传统的。英国诗人布拉斯韦特（Richard Brathwait，1588？～1673）在拉丁文诗《巴拿马日记》（1638）中写道：“我看见一个清教徒，星期一吊起他的猫，等着星期天逮老鼠。”更有趣而且与物理学关系更密切的是布拉格（W. L. Bragg）对玻尔的量子化概念的笑话：“在这个理论中我们似乎该在每周一、三、五用经典定律，在二、四、六用量子定律。”M. Banusiak还有一本天文学科普书名叫《星期四的宇宙》（1986）。——译者注

第 12 章 黑洞蒸发

视界裹在
慢慢消失的
辐射和热粒子的大气里，
黑洞在收缩然后爆炸

1970年11月的一个晚上，霍金正准备睡觉，忽然有了一个想法，它来得那么急，令他差点儿喘不过气来，他还从没遇到过一个思想来得这么快的。[1]

睡觉对霍金来说也真不容易。他患了肌萎缩性脊髓侧索硬化（ALS），支配肌肉的神经逐渐被破坏，一块块肌肉失去了活力。他两腿战栗着慢慢地移动，刷牙时还得用一只手撑着桌台；他紧紧抓着床柱，脱去衣服，然后艰难地套进睡衣，爬上床。那天晚上，他比平常动作还慢，因为满脑子都是那个思想。这思想令他狂喜，但他没告诉妻子简，那会挨骂的，因为她满以为他会专心去睡觉。

413　那一夜，他醒着躺了好几个小时，睡不着。他的思维还徜徉在那个思想的枝枝叶叶上，还在寻找它与其他事物的联系。

这个思想是一个简单问题引发的。当两个黑洞碰撞结合成一个黑洞时，会产生多少引力辐射（时空曲率波）？霍金已经大概知道，最后那个黑洞从某种意义说比原来两个黑洞之“和”更大，但那是什么意义呢？关于产生了多少引力辐射，它又告诉他什么呢？

于是，在准备睡觉时，他想到了。突然，一系列的图景在他头脑里合成，产生了那个思想：更大的是黑洞视界的面积。他确信这一点，景象和图画已经形成了一个不容置疑的数学证明。不论原来两个黑洞质量多大（相同或大不相同），不论黑洞如何旋转（同向、反向或是根本不转动），也不论它们如何碰撞（正碰还是斜碰），*最终黑洞视界的面积一定总是大于原来黑洞视界面积之和*。那又怎么样呢？霍金的头脑还在这个*面积增加定理*中徜徉时就已经认识到，那太了不起了。

首先，最后的黑洞为了有更大的视界面积，一定要有很大的质量（或等价地说，很大的能量），这意味着作为引力辐射喷射出去的能量不太多。但“不太多”也不是太少。霍金通过把他新的面积增加定理与用面积和自旋表达的描述黑洞质量的方程结合，计算出原来两个黑洞质量的50%可以转化为引力波能量，只为最后那个黑洞留下50%的质量。[1]

---

1. 霍金的面积增加定理允许任何黑洞质量都能以引力波形式发射出去，这似乎与我们的直觉矛盾。熟悉代数的读者可以从下面这个例子找到满意的答案：两个无旋转黑洞结合成一个更大的无旋转黑洞。无旋转黑洞的表面积正比于视界周长的平方，从而也就正比于黑洞质量的平方。这样，霍金的定理认为，初始黑洞质量的平方和一定大于*最后黑洞质量的平方。简单的代数计算可以说明，这个质量约束条件允许最后黑洞的质量小于原来两个黑洞质量之和，这样也就允许一定的初始质量作为引力波发射出去。（*显然是“小于”的笔误。即使$M^2>M_1^2+M_2^2$，仍然可能有$M<M_1+M_2$，这两个条件可以确定最多能有多少质量转化成为引力波。——译者注）

在那个11月的不眠之夜后的几个月里，霍金又发现了他那思想的另一些枝叶。最重要的也许是他为下面这个问题找到了一个新答案：414 当黑洞是“动态”的时候，也就是，当它大幅度振动时（在碰撞中这是一定会发生的），或者当它快速增长时（当它最初由坍缩恒星产生时，这也是可能的），该如何*定义*黑洞视界的概念？

准确而成功的定义是物理学研究的基础。闵可夫斯基只是在*定义*了两个事件的绝对间隔后（卡片2.1）才发现，虽然空间和时间是“相对的”，但可以统一为一个“绝对的”时空。爱因斯坦只是在*定义*了自由下落粒子的轨迹是直线后（卡片2.2），才发现时空是弯曲的（图2.5），从而才创立了他的广义相对论。霍金也是在*定义*了动态黑洞的视界概念后，才能和别人去探索当黑洞受碰撞或下落碎屑的打击时，它会如何改变？

1970年11月以前，大多数物理学家都跟着彭罗斯，[2] 认为黑洞视界是“试图逃逸黑洞的光子最后被引力拉下来的地方”。霍金在这几个月间认识到，这个旧的视界的定义钻进了理性的死胡同。他照它本来的意思，为它取了一个略带轻蔑的名字，这个名字留下来了。他称它为*显视界*。[1]

霍金小看它是有根据的。首先，显视界是相对概念，而不是绝对的。它的位置依赖于观测者的参照系；下落的观测者与静止在黑洞外的观测者可能会看到它处在不同的位置。第二，当有物质落进黑洞时，

---

1. 显视界更精确的定义见下面的卡片12.1。

显视界将突然无任何征兆地从一个位置跳到另一个位置——这种奇异的行为，是不容易认识的。第三，也是最重要的一点，显视界同为霍金带来新思想的那些凝结在一起的智力图景，没有任何联系。

相比之下，霍金关于视界的新定义是绝对的（在所有参照系中都相同），不是相对的，所以他称它为*绝对视界*。霍金认为，绝对视界很优美。它有一个优美的定义：它是“时空中能否向遥远宇宙发送信号的事件之间的分界（视界外的事件能发送，而视界内的事件不能）”[1]。它还有一个优美的演化：当黑洞吞噬物质或与另一黑洞或其他事物碰撞时，绝对视界将以一种光滑、连续而不是突然、跳跃的方式发生形状和大小的改变（卡片12.1）。

415

卡片12.1

新生黑洞的绝对视界和显视界[3]

下面的时空图描绘了球状恒星形成球状黑洞的坍缩，请与图6.7比较。点线是外出的光线，换句话说，它们是光子的世界线（通过时空的轨迹）——这种最快的信号可以径向向外发送到遥远的宇宙。对于“理想的逃逸”，我们理想化地认为光子不被任何恒星物质吸收和散射。

显视界（左图）是想逃脱黑洞的外出光线（如向外的QQ′和RR′）被拉向奇点的最外边界。显视界是恒星表

1. 在《时空的大尺度结构》里，霍金就称它是“事件视界”。—— 译者注

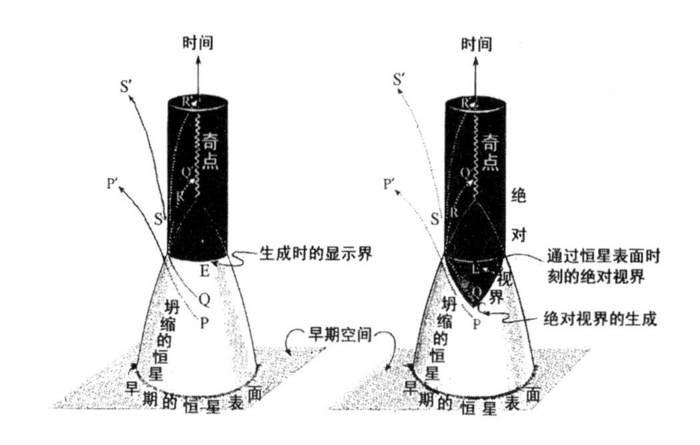

面收缩经过临界周长时在E处突然完全生成的。绝对视界（右图）是能向遥远宇宙发送信号的事件（如事件P和S，沿光线PP′和SS′发送信号）和不能向遥远宇宙发送信号的事件（如Q和R）之间的分界。绝对视界在事件C的恒星中心生成，比恒星收缩到临界周长早一些。绝对视界生成时只是一点，然后像吹气的气球那样逐渐膨胀。当恒星收缩到临界周长（圆E）时，它也完全出现在恒星表面，这时不再扩张，以后就与突然形成的显视界一致。

更重要的是，绝对视界完全符合霍金的新思想：　416

霍金从凝结在他头脑中的图景看到，绝对视界（而不一定是显视界）的面积不仅在黑洞碰撞和结合时增大，而且在黑洞诞生时，在物质或引力波落下来时，在宇宙的其他事物的引力掀起潮汐时，在从它外面的空间旋涡中提取旋转能量时，都会增大。实际上，绝对视界的面积几乎总是增大，而永远不会减小。物理原因很简单：黑洞遭遇的任何事物都穿过它的绝对视界向内发送能量，任何能量都无法回到外面来。由于所有形式的能量都产生引力，这意味着黑洞引力在不断加强，因而相应地它的表面积也不断地增加。

更准确地说，霍金的结论是：（在任何人的参照系中），在任何空间区域和时刻测量所有黑洞的绝对视界的面积，并把这些面积加到一起得一个总面积。然后，你可以等任意长的时间再测量这些绝对视界的面积并把它们加起来，假如在两次测量间没有黑洞从这一空间区域的“围墙”转移出去，那么视界的总面积不会减少，而几乎总会增加，至少增加一点儿。

霍金很清楚地知道，不论选择哪种视界的定义，是绝对的，或者明显的，都不会以任何方式影响对人类或其他生物可能进行的任何实验结果的预言。例如，它不会影响对在黑洞碰撞中产生的引力波（第10章）的预言，也不会影响对落进黑洞视界的热气体发出的X射线数量（第8章）的预言。但是，定义的选择却关乎理论物理学家从爱因斯坦广义相对论方程演绎黑洞行为特征是费力还是轻松。在理论家用以指导研究的规范里，他所选择的定义将成为决定性的工具。它影响他们的思维图景，影响他们在与别人交流时说的话，也影响他们直觉的飞跃。在这一点上，霍金相信，新的绝对视界因它连续增长的面积，比旧的不连续跳跃的显视界更优越。

417

思考绝对视界并发现它们面积增加的物理学家，史蒂芬·霍金不是第一个。牛津大学的彭罗斯和加拿大艾伯塔大学的伊斯雷尔在霍金那个11月的不眠之夜以前就已经做过了。[4] 霍金的发现实际也在很大程度上靠了彭罗斯打下的基础（第13章）。然而，不论彭罗斯还是伊斯雷尔，都没认识到面积增加定理的意义和力量，他们也没发表这个结果。为什么呢？他们的思想死抱着显视界作为黑洞表面，而把绝对视界当作某个无关紧要的辅助性概念，从而也不认为绝对视界面积的增加有多大意思。跟着我们这一章，你会看到他们犯了一个多么可怕的错误。

为什么彭罗斯和伊斯雷尔那么喜欢显视界呢？因为它曾在一个惊人发现里充当主角。那是彭罗斯1964年的一个发现：广义相对论定律迫使每个黑洞在中心有一个奇点。[5] 我将在下一章讨论彭罗斯的发现和奇点的本质。我现在主要说的是，显视界显示了威力，而彭罗斯和伊斯雷尔被这威力蒙蔽了，没能想到要放弃它作为黑洞表面的定义。

他们特别不能想象放弃显视界而赞同绝对视界。为什么呢？因为绝对视界似乎自相矛盾地违背了我们信奉的结果不得先于原因的观念。当物质向黑洞落下时，绝对视界就开始增长（“结果”），而这时物体还没有到达它（“原因”）呢。视界在期待中增长，物质马上会被吞没，黑洞引力也将随之而增强（卡片12.2）。

彭罗斯和伊斯雷尔知道这个表面的矛盾是从哪儿来的。正是那个绝对视界的定义依赖于未来发生的事情：信号最终能否逃向遥远的宇宙。用哲学名词来说，这是一个*目的论*的定义（依赖于“最终原因”的定义），它使视界演化也是目的论的。由于现代物理学中极少出现目的论观点，所以彭罗斯和伊斯雷尔会怀疑绝对视界的价值。

418

卡片12.2

吸积黑洞显视界和绝对视界的演化[6]

下面的时空图说明了显视界的跳跃性演化和绝对视界的目的性演化。在某一初始时刻（近图底的一张水平面上），一个非旋转老黑洞为薄层球状物质外壳所包围。外壳像橡皮气球，而黑洞像气球中心的一个陷坑。黑洞引力

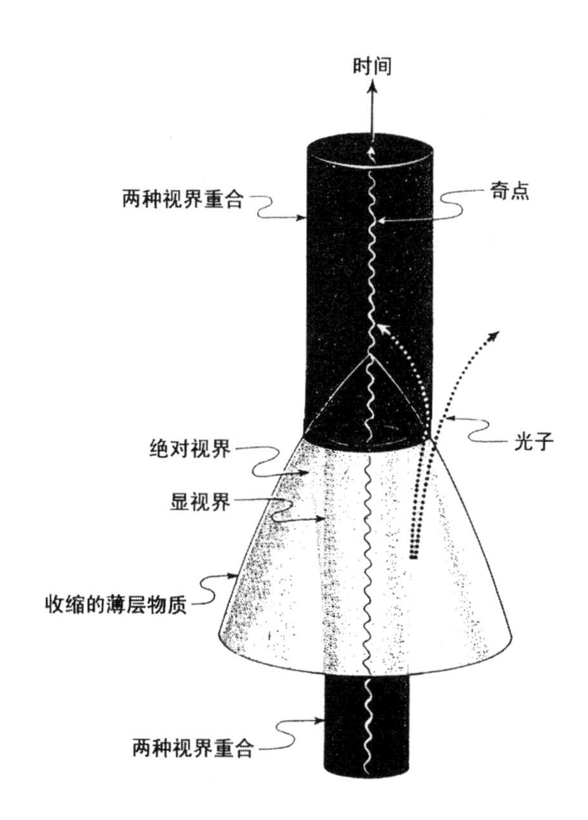

作用在外壳（气球），使它收缩并最终将它吞没（就像气球落进陷坑）。显视界（向外的光线——图中点线——的最后一道屏障）在收缩外壳到达最后黑洞临界周长位置的瞬间突然发生不连续的跳跃，绝对视界（能否向遥远宇宙发送光线的事件的分界）在黑洞吞没外壳前开始扩张，在扩张中等待吞噬，然后，当黑洞吞没外壳时，它也停在跳跃的显视界的位置。

霍金是大胆的思想家，假如他感觉那些激进的新方向是对的，他会比大多数物理学家更乐意走上那些方向。对他来说，绝对视界的"滋味"不错，尽管有点儿"烈"，他还是喜欢，而且有了回报。在几个月里，他和哈特尔根据爱因斯坦广义相对论定律导出了一系列美妙的方程，描绘在吞没下落的物质碎片和引力波之前，在受其他物体引力作用之前，绝对视界是如何连续而光滑地扩张和改变形状的。[7] 419

1970年11月，霍金作为物理学家才刚迈出满意的一步，他已经有过一些重大发现，但还没成为主角。随着这一章的脚步，我们会看着他成为一名主角。

失去活动能力的霍金怎么能在思想和直觉上超越像彭罗斯、伊斯雷尔和泽尔多维奇那样的走在他前头的同行和竞争者呢？他们能用自己的双手，能画图，能做很长的计算——那些计算记录着过程中相互关联的一些结果，他们可以追溯这计算过程，检查一个个结果，然后综合成一个最终结果；我不敢想象谁能在头脑中完成这些计算。到20世纪70年代初，霍金的手差不多已经废了，画不了图，也写不了方程。他的研究只能完全在头脑里进行。

手的能力是慢慢丧失的，所以霍金有时间来适应。他逐渐练就一种与其他物理学家不同的思维方式：为了自己的思考，他以新的直觉的思维图像和方程取代了纸上的图画和方程。霍金的思维图景和方程，在某些问题上比旧的书面的东西更有力量，但对另外的问题就要差一些。他还慢慢学会了将精力集中在他的新方式更能显示力量的问题，那力量是别人无法赶得上的。

420　霍金的瘫痪在其他方面帮了他的忙。他自己常说，它让他从为大学生讲课的义务中解脱了出来，从而能比健康的同事们有更多的自由时间来做研究。更重要的也许是，疾病改变了他的生活态度。

1980年，霍金与妻子简和儿子Timothy在英国剑桥。［K. 索恩摄］

1963年，霍金上剑桥大学研究生院不久就患了ALS。ALS是一类运动神经元疾病的总称，大多数患者很快就会死去。想到只有几年的生命，霍金首先失去了对生活和物理学的热情。然而，1964～1965年冬，发现他患的是一种罕见的ALS病例，它逐渐破坏中枢神经系统对肌肉的支配能力，需要很多年，而不是几年。生活突然精彩了，霍金像一个健康快乐的研究生一样，带着从未有过的巨大活力和热情又回到物理学来了。生活重新开始，他和简（Jane Wilde）结婚了。简是他患ALS后不久认识的，得病初期就爱上了她。

与简的结合，是霍金在20世纪60、70和80年代成功和幸福的基础。她在他身体遭遇的不幸中为他带来了正常的家庭和生活。

我一生中见过的最幸福的笑是在史蒂芬的脸上。那是1972年8月的一天晚上，在法国阿尔卑斯山下。那天，简、我和他们的两个大孩子罗伯特和露西游了一天下山回来。因为太笨，我们错过了最后一趟下山的雪橇，只好步行1000米下山。当简、罗伯特和露西走进饭厅时，霍金正在摆弄他的晚餐。他先还在替我们着急，看到他们进来时，却忍不住大笑起来，眼泪都流出来了，饭也吃不下了。

421

霍金的手脚都动不了，然后又逐渐失去了声音。1965年6月，我们第一次见面时，他拄着根手杖走路，声音只是略有颤抖。1970年，他得靠四腿的架子才能走路。到1972年，他只能坐在自动轮椅上，而且基本上不能写字了，但还能较轻松地自己进食，大多数地道说英语的人还能听懂他说话，当然有点儿困难。1975年，他不能自己进食了，也只有习惯了他讲话的人才能听懂他说什么。1981年，除非在绝对安静的屋子里，不然，他的话，我听起来也很费劲；只有长期同他在一起的人才会觉得容易些。到1985年，他的肺不能自动排气，需要切开气管，通过有规则的吸气清除气流障碍。手术的代价太高了：他完全失去了声音。他只得靠为他设计的一台计算机语音合成器来说话，抱歉的是说话迟钝，而且带着美国口音。他通过握在手上的简单开关控制计算机，在屏幕上打出一串串单词，然后用开关选出他需要的词组成句子。这是一个痛苦缓慢的过程，却很有效。他一分钟最多能造一个简单句子，但他的句子从合成器读来还是清楚的，而且很优美。

说话能力退化了，霍金学会了把每个句子都存起来。他找到了一种比他患病初期更清楚、更简洁的思想表达方式。随着清楚而简洁的表达，他的思想也更清晰，对同事们的影响也更大——但似乎也越来越费解了：有时，当他提出对某个深刻问题的判断时，我们这些同行要在想很久、做许多计算之后才能确定他是在猜想，还是已经有了强有力的证据。有时候他不告诉我们，而我们偶尔也怀疑他是不是在拿他绝对独特的思想跟我们开玩笑。毕竟，他还保留着在牛津读大学时那种讨人喜欢的顽皮和即使在患难时也没离开过他的幽默。（在支气管手术前，我已经开始难得听懂他的话了，有时得反反复复对他说："史蒂芬，我还是没听懂；请再说一遍。"他有点儿泄气，但还是不断重复，直到我恍然大悟：原来他在给我讲一个精彩的异乎寻常的小笑话，当我终于笑了，他也愉快地笑了。）

422

熵

我在上面称赞了霍金在思想和直觉上超越同行竞争者的能力，但我现在应该承认，他并不*总是*在赢，也有输的时候。他最大的一次失败可能是败在惠勒的研究生贝肯斯坦（Jacob Bekenstein）手下。但我们将看到，在那次失败中，霍金获得了一个更大的胜利：发现黑洞蒸发。本章剩下的篇幅，就是讲这一发现的曲折经过。

霍金失败的战场在*黑洞热力学*。热力学是一组关于大量原子的随机的统计行为的定律，如组成房间里的空气的原子或组成整个太阳的原子。原子的众多统计行为中，包括由热引起的随机跳跃，相应地，热力学定律也包括关于热的定律，因此才有热力学这个名称。

在霍金发现面积定理的前一年，普林斯顿惠勒小组里的19岁研究生克里斯托多罗（Demetrios Christodoulou）注意到，描述黑洞性质缓慢变化（如它缓慢吸积气体）的方程很像某些热力学方程。[8] 它们之间的相似是很明显的，但除了认为巧合外，找不到更多的理由。

霍金的面积定理又加强了这种相似：面积定理很像*热力学第二定律*。实际上，在本章前面的表述中，只要把"视界面积"换成"熵"，面积定理就变成了热力学第二定律：*（在任何人的参照系中），在任何空间区域和时刻测量区域内所有事物的总熵。然后，你可以等任意长的时间再来测量，假如在两次测量间没有事物从你的空间区域的"围墙"跑出去，那么总熵不会减少，而几乎总会增加，至少增加一点儿。*

423

那个增加的"熵"说的是什么东西呢？它是一定空间区域的"随机性"的总量。熵增加意味着事物在不断地变得越来越随机。

更准确些说（卡片12.3），熵是一定空间区域内所有原子和分子在不改变区域宏观表现情况下的分布方式的数目的对数。[1] 如果原子和分子可能的分布方式多，微观的随机性就大，熵也就大。

熵增加定律（热力学第二定律）力量很大。举例说，假定一间屋子里有空气和几张皱巴巴的报纸，它们包含的熵小于报纸在空气中燃烧形成二氧化碳、水蒸气和一点儿灰后所包含的熵。换句话说，当屋子里原来是空气和报纸时，分子和原子的随机分布方式比最后在空气、二氧化碳、水蒸气和灰的情况下少。这也是为什么纸很容易点着而自然燃烧，而燃烧却不容易自然地倒过来从二氧化碳、水、灰和空气还原成纸。熵在燃烧中增加，在还原中减小，所以燃烧会发生，而还原却不能。

1970年11月，霍金立即就注意到了热力学第二定律和他的面积增加定理之间的相似性，但他显然认为这只是一种巧合。他想，谁要是说黑洞视界就是某种意义的黑洞的熵，那他一定是疯了，至少是昏了头。是的，毕竟黑洞没什么随机的东西。黑洞倒是随机的对头，是简单性的化身。一旦黑洞处于一种宁静状态（通过发出引力波，图7.4），它就完全“无毛”了：一切性质都由三个数决定：质量、角动量和电荷。黑洞无论如何没有随机性。

425

---

1. 量子力学定律保证了原子和分子的分布状态数总是有限而不会是无限的，物理学家在定义熵时常以它的对数乘以一个与我们无关的常数，$\ln 10 \times k$，这里ln10是10的“自然对数”，2.30258 ⋯，k 是“玻尔兹曼常数”，1.38062×10^{-16}尔格每摄氏度。我在全书都将忽略这个常数。

卡片12.3

玩具屋的熵

一间正方形的玩具屋里有20个玩具。屋子的地板铺着100块大瓷砖（每边10块）。爸爸打扫完屋子，把玩具放在最北的那行地砖上。他不在乎哪个玩具放在哪块砖，所以玩具完全是随机堆在一起的。随机性的一种度量是它们有多少种堆放方式（不论哪种方式，爸爸都一样满意），也就是，20个玩具放在北边那行的10块地砖上所能有的分布方式的数目，它是$10\times10\times\cdots\times10$，也就是$10^{20}$，因为每个玩具都有10种方式。

这个10^{20}就是对玩具的随机性的一种描述。然而这是一个很难把握的描述，因为10^{20}太大了。更容易把握的是它的对数，也就是多少个10的因子乘起来能得10^{20}，那就是20。玩具在地砖上堆放方式的数目的对数，就是玩具的熵。

这时候，孩子进屋来玩，把玩具扔得到处都是，然后他又走了。爸爸回来看见一团糟。现在的玩具比先前更混乱了，它们的熵增加了。爸爸不管哪个玩具在哪儿，他看到的是玩具随意地分散在整个屋子里。它们有多少种不同的分布方式呢？20个玩具分散在100块地砖上，有多少种方法？$100\times100\times\cdots\times100$，每个玩具100种，那么总数就是$100^{20}=10^{40}$，它的对数是40，于是孩子将玩具的熵从20增加到了40。

“那有什么，他爸爸接着会整理房间的，于是玩具的熵又减到20，”你大概会说，“这不就违反了热力学第二定律吗？”根本没有。爸爸可以通过整理将玩具熵减回来，但他的身体和屋子里的空气的熵却增加了：为把玩具放回原来的地方，爸爸得“燃烧”一些体内脂肪来获得能量。燃烧将有机的脂肪转化为无机的废物，如他在屋子里随机呼出的二氧化碳。结果，爸爸和屋子的熵的增加（原子和分子的可能分布数的增加）远远抵消了玩具熵的减小。

贝肯斯坦不服，[9]在他看来，黑洞的面积在某种深层意义上就是它的熵——或者更准确些说，是它的乘了某个常数的熵。贝肯斯坦论证说，假如不是这样，假如黑洞像霍金说的那样没有熵（没有任何随机性），那么黑洞就可用来减少宇宙的熵，这样就违背了热力学第二定律。我们只需要将从某个空间来的所有空气分子装进一个小口袋然后扔进黑洞就行了。口袋落进黑洞时，这些气体分子和它们携带的熵便从宇宙中消失了；假如黑洞不增加熵来补偿这些损失，那么宇宙的熵就减少了。贝肯斯坦认为，这样违背热力学第二定律是很不令人满意的。为了保住第二定律，黑洞必须拥有熵，在气体落进视界时它会增大；而在贝肯斯坦眼里，最有希望成为熵的候选者就是黑洞表面的面积。

根本不是那样的，霍金答话了。我们能通过把气体分子扔进黑洞而失去它们，当然也可以失去熵。霍金认为，这正是黑洞的本质，我们只能接受违反热力学第二定律的事实，那是黑洞性质要求的——除此而外，它也没有任何严重的后果。例如，在通常情形，违反热力学第二定律可能允许制造永动机，但即使黑洞破坏了第二定律，永动机也是不可能的。这种破坏只是物理学定律的一个小小特例，有这些特例，物理学定律还是可以很好地存在下去。

贝肯斯坦还是不服。

全世界所有的黑洞专家都站在霍金一边 —— 只有一个例外，那就是贝肯斯坦的导师，约翰·惠勒。他告诉贝肯斯坦，“你的思想够疯狂了，它可能是对的。”在导师的鼓励下，贝肯斯坦奋勇向前，加强了他的猜想。他估算了为保留热力学第二定律，在气体包落入黑洞时，[426] 黑洞的熵应正好增加多少；他还估算了，落进来的气体能增大多少黑洞的面积。根据这些粗略估计，他导出了熵和面积之间的一个关系，他认为这个关系可能总会满足热力学第二定律；熵近似地等于视界面积除以一个与量子引力定律（那时还没有呢）相关的著名面积，普朗克—惠勒面积，2.61×10^{-66}平方厘米[1]（在以下两章我们将学习普朗克-惠勒面积的意义）。对10个太阳质量的黑洞来说，熵是黑洞面积，11000平方千米，除以普朗克-惠勒面积，2.61×10^{-66}平方厘米，结果大概是10^{79}。

这是一个巨大的熵，代表着大量的随机性。这些随机性在哪儿呢？贝肯斯坦猜测在黑洞里。黑洞内部一定包含着大量的原子、分子或别的东西，所有这些东西都随机分布，可能分布方式的总数一定是

---

1. 普朗克-惠勒面积公式为$G\hbar/c^3$，这里，$G=6.670\times10^{-8}$达因·厘米^2/克^{2}是牛顿引力常数，$\hbar=1.055\times10^{-27}$尔格·秒是普朗克量子力学常数，$c=2.998\times10^{10}$厘米/秒是光速。相关问题见第13，14章的有关脚注和这些章节的讨论。

$10^{10^{79}}$。[1]

废话！大多数前沿黑洞物理学家，也包括霍金和我都这样反应。黑洞内包含着一个奇点，没有原子，也没有分子。

然而，不管怎么说，热力学定律和黑洞性质之间的相似总是令人惊讶的。

1972年8月，黑洞研究的黄金年代正活跃的时候，全世界的主要黑洞专家和约50名学生相聚在法国阿尔卑斯山上，紧张地做一个月的讲习和联合研究。地方还是9年前（1963）我学广义相对论的那个莱苏什暑期学校，还是面对勃朗峰那绿油油的山坡（第10章）。[10] 1963年我还是学生，现在，1972年，人家说我是专家了。早上，我们427 这些“专家们”互相交流，也向学生们讲过去5年的发现和我们现在努力的新方向。大多数下午的时间我们都在不断讨论新问题：诺维科夫和我关在小木屋里，想发现吸积到黑洞的气体发射X射线的规律（第8章）；而在学校休息室的长椅上，我的学生普雷斯和特奥科尔斯基在探讨旋转黑洞对小干扰是否稳定（第7章）；在我们上面50米的山坡上，巴丁、卡特尔和霍金在全神贯注地用爱因斯坦的广义相对论方程推导一组完整的黑洞演化定律。那真是难忘的田园诗，醉人的物理学。

月底，巴丁、卡特尔和霍金对*黑洞力学定律*的认识更牢了，这

1. $10^{10^{79}}$ 的对数是 10^{79}（贝肯斯坦猜想的熵）。注意，$10^{10^{79}}$ 是1后面跟 10^{79} 个0，就是说，0的数目与宇宙的原子一样多。

些定律与热力学定律有着惊人的相似。[11] 实际上，只要以“熵”替代“视界面积”，以“温度”替代“视界表面引力”，我们就会发现，每一个黑洞定律都等同于一个热力学定律。[1]（所谓表面引力，粗略地说就是静止在视界上的人所感受的引力作用强度。）

当贝肯斯坦（他是讲习班的50名学生之一）看到两组定律有那么完美的对应时，比以前更加相信视界面积就是黑洞的熵。相反，巴丁、卡特尔、霍金、我和其他专家却从这些对应中看出它严格证明了视界面积*不可能*充当黑洞的熵。假如是的话，表面引力就该充当黑洞的温度了，而温度不能是零。然而，热力学定律主张一切非零温度的事物都一定产生辐射（至少一点儿，家用取暖器就是这么工作的），而每个人都知道，黑洞不会发出任何东西。辐射会落进黑洞，但没有辐射能从黑洞跑出来。

假如贝肯斯坦能从他的直觉得到其逻辑结果，他会认定黑洞一*定*以某种方式具有有限的温度而且一定*产生*辐射，那么我们今天会把他看成了不起的先知。但贝肯斯坦不过是在瞎忙。他承认黑洞显然是不能辐射的，但仍然顽固地相信他的黑洞熵。

---

1. 我们知道，热力学有四个定律，现在将这四个定律与相应的黑洞力学定律并列在下面：第零定律：系统平衡时，温度处处相同；视界在平衡状态下，表面引力处处相同。第一定律：能量守恒定律（当然都是满足的）。第二定律：熵永不减少；视界面积永不减少。第三定律：不可能通过有限步骤达到绝对零度（－273.15℃）；不可能通过有限步骤将黑洞表面引力减小到零。在不同场合，这些定律有不同的表述方式，但本质是相同的。—— 译者注

黑洞辐射

428 事实上，黑洞能辐射的第一个线索来自泽尔多维奇，那是1971年6月，在莱苏什讲习班的14个月以前。然而，没人注意它。为此我感到惭愧，因为在他向根本性的新思想摸索着前进时，我是他的朋友，还跟他争论过。

那时，泽尔多维奇第二次请我到莫斯科在他的小组里做几个星期的研究。[12] 两年前，我第一次去时，莫斯科住房正紧，泽尔多维奇为我在十月广场附近的夏伯罗夫卡街弄了一套宽敞的私宅。当我一些朋友正与他们的妻儿和父母挤在一间屋——是一间屋，而不是带一间卧室的套房——时，我却在独自享受着一间卧室，一间起居室，一间厨房，一台电视，还有精制的瓷器。而这一次我住得简陋多了，住在以前那所房子下一家苏联科学院旅店的单人房间里。

一天早晨6点半，我被泽尔多维奇的电话吵醒了。"快来我家，基普！我有了旋转黑洞的新想法！"我知道早点是吃不了了，咖啡、茶和馅饼（用牛肉末、鱼、白菜、果酱和鸡蛋做的一种酥油饼）都得等。我往脸上泼点儿凉水，套上衣服，抓起公文包，冲下五段楼梯来到街上，挤上一辆拥挤的无轨电车，然后又转车，在列宁墓的沃罗别夫斯科耶·绍瑟街2B号下了车，这是在克里姆林宫以南10千米的地方。紧邻的4号住着柯锡金（Alexei Kosygin），前苏联总理。[1]

---

1. 绍瑟街从那时起改名为柯锡金街，建筑物也重新编了号。80年代末，戈尔巴乔夫曾住10号，在泽尔多维奇西边，隔着几道门。

我走进八尺高铁栅栏的一扇打开的门，来到一个四亩大的绿树荫荫的园子，周围绕着巨大的矮墩墩的房子，2B和连在一起的2A。墙上的黄色图画已经有些脱落。因为泽尔多维奇对前苏联核力量所做出的贡献（第6章），他得到2B的8间房，即二楼西南角的四分之一。在莫斯科，这套房子是很大的，有1500平方英尺。他跟夫人帕夫洛娃 429 （Varara Pavlova）、一个女儿和女婿住在一起。

泽尔多维奇在门口等我，带着热情的笑容，后面房间里传出一家人忙碌的声音。我脱了鞋，套上门边堆着的拖鞋，跟他走进陈旧而舒适的起居室兼饭厅，屋里的沙发和椅子上堆满了东西；一面墙上挂着世界地图，泽尔多维奇去过的地方（伦敦、普林斯顿、北京、孟买、东京，还有很多）和前苏联政府因为害怕泄露核机密而不让他去的地方，都钉着彩色大头钉。

他两眼闪着光，[13] 等我坐在屋子中央长长的饭桌旁，他宣布，“旋转的黑洞一定会辐射。离开的辐射将反作用在黑洞上，逐渐使旋转变慢，然后停下来。旋转没有了，辐射也就停止，而黑洞此后将永远处于无旋转的理想球形状态。”

我坚决地说：“这是我所听过的最疯狂的事情。”（我不喜欢和别人公开对抗，但泽尔多维奇却是在对抗中成熟起来的，他需要它，期待它；他把我带到莫斯科来，部分就是想让我充当他的争论对手，通过与我争论来检验他的思想）。我问，“你怎么会说出这么疯的话来？谁都知道，辐射能流进黑洞，但没有什么东西，也没有辐射能从那儿出来。”

泽尔多维奇解释了他的理由:"旋转的金属球会发出电磁辐射,所以同样的,旋转的黑洞应该发射引力波。"

我想,这是典型的泽尔多维奇式的证明。纯粹的物理直觉,没有任何基础,不过靠一些类比罢了。泽尔多维奇不太懂广义相对论,不会计算黑洞该做什么,所以他去计算旋转金属球的行为,然后断言黑洞会有类似行为,然后,大清早6点半把我叫来,检验他的论断。

不过,我已经见识过泽尔多维奇在比这更没有基础的情况下的发现了。例如,他1965年宣称,有山隆起的恒星在坍缩时会产生完全球状的黑洞(第7章),后来证明这个论断是对的,还预言了黑洞是无毛的。于是,我小心地问,"我不知道旋转的金属球会发出辐射。它是怎么辐射的呢?"

"这种辐射很弱,"泽尔多维奇解释,"没人注意过,以前也没人预言。但是,它一定会发生。当电磁真空涨落刺激金属球时,它会辐射的。同样,当引力真空涨落擦过视界时,黑洞也会辐射。"

430

我在1971年真是太笨了,没能认识到这个论断的深刻意义,不过几年后它就清楚了。以前所有的黑洞理论研究都以爱因斯坦的广义相对论定律为基础,那些"黑洞不能辐射"的研究当然是不容置疑的。然而,我们理论家知道,广义相对论只是某个真正的引力定律的近似——它处理黑洞问题我们认为应该是很好的,但近似终归是近似。[1]

1. 见第1章最后一节,"物理学定律的本质"。

我们确信，真正的定律一定是量子力学的，所以我们称它们是*量子引力*的定律。尽管这些量子引力的定律还只有些模糊认识，惠勒在20世纪50年代就得出了它们必然存在着*引力真空涨落*，一种小小的不可预料的时空曲率波动，即使时空完全没有物质，即使有人设法将引力波都从时空中拿走了，就是说，时空成了理想真空时，它仍然存在（卡片12.4）。泽尔多维奇说的，是他根据电磁学的类比预见了这些引力真空涨落会导致旋转黑洞辐射。"但是怎么辐射呢？"我还是很迷惑地问他。 431

卡片12.4 430

真空涨落

电磁波和引力波的真空涨落，相当于电子的"幽闭简并运动"。

回想一下（第4章），如果把电子限在一个小空间区域里，不论费多大气力让它慢慢停下来，量子力学定律都强迫它继续随机地不可预测地运动。这就是产生白矮星赖以抵抗引力挤压的压力的幽闭简并运动。

同样，如果有人想把电磁和引力振荡完全从某个空间区域拿走，他也是永远不会成功的。量子力学定律认为总还存在一些随机的不可预测的振荡，也就是随机的不可预测的电磁波和引力波。这就是（照泽尔多维奇的观点）"刺激"旋转金属球和黑洞并导致辐射的真空涨落。

真空涨落不能通过拿走它们的能量而让它们停下来，

因为总体说来它们本没有能量。在某些位置和某些时刻，它们可能有从别的地方“借来的”正能量，结果那些地方出现负能量。就像银行不会让债欠得太久，物理学定律迫使负能区域很快从正能的邻居那儿吸引能量，从而还原到零或得到些正能量。这样持续不断的随机的能量借还过程就驱动着真空涨落。

431

电子所限区域越小，它的简并运动越强（第4章）；同样，电磁波和引力波的真空涨落在小区域比在大区域更强，也就是，短波比长波的涨落强。在13章我们会看到，这对黑洞中心的奇点的性质有深刻意义。

在日常的物理中，电磁真空涨落是很普遍的，我们有良好的认识。例如，在荧光灯管的运行中，它们起着关键的作用。电荷激发灯管里的水银蒸气原子，然后随机的电磁真空涨落又刺激每个被激发的原子，使它在某一随机时刻以电磁波（光子）*形式释放出它的激发能量。由于最初认识这种发射时，物理学家还不知道它是真空涨落诱发的，所以称它是自发的发射。又比如，在激光器里，随机电磁真空涨落与相干的激光发生干涉（卡片10.3意义上的干涉），从而以一种不可预知的方式调节激光频率。这样，光子将在随机的不可预料的时刻从激光器发出来，而不像原来那样均匀地一个接着一个地出来——这种现象叫作光子闪动噪声。

与电磁波不同，引力的真空涨落还从来没有在实验上看到。凭20世纪90年代的技术和努力，应该能从黑洞碰撞中探测到高能的引力波（第10章），但不一定能发现微弱

> 得多的真空涨落。
>
> *涂在管壁的磷光吸收这个“初级”光子，然后发出“次级”光子，就是我们看到的光。

泽尔多维奇站起来，快步走到地图对面墙上1平方米的黑板前，一边画草图一边解释。他画的（图12.1）是一列流向一个旋转物体的 432 波，从表面滑过，很快流走了。泽尔多维奇说，波可以是电磁的，旋转体是金属球；波也可以是引力的，旋转体为黑洞。

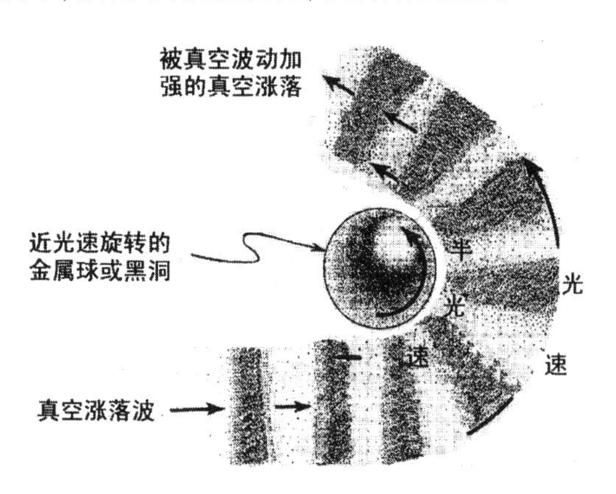

图12.1 真空涨落导致旋转物体辐射的泽尔多维奇机制

泽尔多维奇解释，流过来的波并不是“真正的”波，而是真空涨落。涨落的波从旋转体周围扫过时，就像一队溜冰者转弯，在外面的人转弯速度大，里面的人慢得多；同样，波的外面部分以很高的速度（光速）运动，而里面的部分比光慢得多，实际上比物体表面旋转还慢。[1] 泽尔多维奇称，在这样的情况下，就像小孩子快速甩动绳子

1. 用专业术语说，外面部分在“辐射带”，而里面部分在“邻近带”。

为投石器加速那样，快速旋转的物体将抓着引力波，令它加速。加速过程中，波会从物体的旋转能中汲取一部分，将自己放大。长大的那部分波是带正能量的“真”波，而原来的没有长大的部分还是总能量为零的真空涨落（卡片12.4）。这样，旋转物体把真空涨落当成一种产生真实波动的催化剂，当成真实波动形态的模板。泽尔多维奇指出，真空涨落导致振动分子“自发地”发出光，也是类似的行为（卡片12.4）。

泽尔多维奇告诉我，他已经用这种方法证明了旋转金属球会辐射，证明的基础是*量子电动力学*的定律——从量子力学与麦克斯韦电磁定律的结合产生出的一套成熟的定律。虽然他还没有同样地证明旋转黑洞的辐射，但通过类比，他确信那是一定的。实际上他断言，旋转黑洞不但辐射引力波，也辐射电磁波（光子）、[1] 中微子以及可能在自然界存在的所有其他形式的辐射。

我确信，泽尔多维奇错了。谈了几个小时，我还是不同意他的观点。泽尔多维奇和我打赌。他曾在海明威（Emest Hemingway）小说里读到过“白马”威士忌，那是很讲究、很地道的名牌威士忌。如果物理学定律的详细计算证明旋转黑洞要辐射，那么我从美国给他带一瓶“白马”来；如果计算表明没有这样的辐射，他就给我一瓶乔治时代的优质白兰地。

我愿跟他赌，但我也知道不会很快分出输赢，还得等更深刻地认

1. 回想一下，光子和电磁波是同一事物的不同方面；见卡片4.1中关于波粒二象性的讨论。

识广义相对论和量子力学的结合，1971年还没有人做得到。

打赌的事情我很快就忘了。我记性不好，而且在研究别的东西。但泽尔多维奇没忘。在和我那次讨论的几星期后，他把论证写出来拿去发表。假如是别人写的，审稿人一定会拒绝的；他的论证试探性太强，不会让人接受的。但泽尔多维奇的名头太响，文章还是发了——几乎没人注意它。[14] 黑洞辐射根本就是难以置信的。

一年后，在莱苏什讨论班上，我们"专家"依然没重视泽尔多维奇的思想。我想甚至没有谁提过一次。[1]

1973年9月，我又来到莫斯科，这次是陪霍金和他的夫人简。这是霍金上学以来第一次来莫斯科。他、简和泽尔多维奇（我们的前苏联主人）对霍金在莫斯科的特殊需要感到难办，就想到最好由既熟悉莫斯科，又是霍金和简的朋友的我来做伴，既做物理学会谈的翻译，又做导游。 434

我们住在罗西娅宾馆，离克里姆林宫附近的红场不远。虽然几乎每天都去各学校演讲或者参观博物馆，听歌剧，看芭蕾，我们还是在霍金的宾馆套房里，伴着窗外的圣巴西勒教堂，同许多主要的苏联物理学家进行了交流。他们一个个来到宾馆，向霍金表示敬意，与他交谈。

---

1. 同时，米斯纳在美国证明，真实的波（与泽尔多维奇的真空涨落相反）能被旋转黑洞以类似于图12.2的方式放大，这种放大过程——米斯纳称它为"超辐射"——激起了很大兴趣。照此看来，人们对泽尔多维奇的辐射缺乏兴趣就更令人深思了。

泽尔多维奇和他的研究生斯塔罗宾斯基（AlexiStarobinsky）是霍金宾馆的常客。霍金发觉他们也跟他一样吸引人。一次，斯塔罗宾斯 435 基向他讲述了泽尔多维奇的旋转黑洞应该辐射的猜想，还讲了他和泽尔多维奇（以德维特、帕克等人以前的开拓性研究为基础）建立的量子力学与广义相对论的部分结合，然后说，这种部分结合证明了旋转黑洞的确会辐射。[15] 泽尔多维奇很可能要赢我了。

左：1972年夏，S. 霍金在莱苏什讲习班上听课。右：1971年夏，Y. B. 泽尔多维奇在家中的黑板前。［K. 索恩摄］

在莫斯科从别人的谈话了解的东西中，这一点是最令霍金感兴趣的。不过，他也怀疑泽尔多维奇和斯塔罗宾斯基结合广义相对论定律和量子力学定律的方式，所以，一回到剑桥，他就开始自己去结合，并用它来检验泽尔多维奇的旋转黑洞会辐射的论断。

同时，有几个美国物理学家也正做着同样的事情，其中有昂鲁什（WilliamUnmh，惠勒最近的学生）和帕奇（DonPage，我的学生），他们在1974年分别以自己的方式初步证实了泽尔多维奇的预言：旋转的黑洞将发出辐射，直到所有旋转能耗尽，辐射才会停止。看来，我得承认自己输了。

黑洞的收缩和爆炸

接着发生了一件爆炸性事件。[16] 霍金先在英国的一个会上，然后又在《自然》杂志的一篇短文里宣布了一个惊人的预言，一个与泽尔多维奇、斯塔罗宾斯基、帕奇和昂鲁什矛盾的预言。霍金的计算证明，旋转的黑洞必然会辐射并减慢旋转。然而，计算还预言，当黑洞停止旋转时，辐射还不会停止。没有旋转，没有旋转能量，黑洞继续发出各类辐射（引力的、电磁的、中微子的），而在辐射时继续失去能量。我们知道，旋转的能量贮藏在视界外面空间的旋涡里，而现在失去的能量只能来自一个地方，那就是黑洞的内部。

同样令人惊奇的还有，霍金的计算预言，辐射谱（即每一波长的辐射总能量）完全像高温物体的热辐射谱。换句话讲，黑洞的行为仿佛在说它的视界具有一个有限的温度，而霍金算出这个温度正比于黑洞表面的引力。（假如霍金是对的）这确凿无疑地证明了巴丁-卡特尔-霍金的黑洞力学定律实际上*就是*另一形式的热力学定律，而且，正如贝肯斯坦两年前宣布的，黑洞具有正比于其表面积的熵。 436

霍金的计算还说明，一旦黑洞旋转慢下来，它的熵和视界的面积正比于质量的平方，而温度和表面引力正比于质量除以面积，也就是与质量成反比。因此，当黑洞持续辐射，将质量转化为外流能量时，它的质量下降，熵和面积下降，而温度和表面引力升高，黑洞收缩而变热，从结果看，它在蒸发。

一个刚从星体坍缩形成的黑洞（于是质量比2个太阳大）的温度很低，不超过绝对零度3×10^{-8}度（0.03微开尔文）。因此，开始时蒸发很慢，要等10^{67}年（宇宙现在年龄的10^{57}倍）才会出现可以觉察的收缩。然而，随着黑洞收缩和加热，它的辐射会越来越强，蒸发也将加快。最后，黑洞质量减小到几千到1亿吨之间的某个量（我们还不知道确切的数量），视界收缩到原子核大小的若干分之一时，它将达到极高的温度（1万亿到10万万亿度），从而在几分之一秒内发生猛烈的爆炸。

在广义相对论与量子论的结合上，霍金与别人不同。世界上的十几位专家都确信霍金犯了错误。他的计算违反了那时所知的关于黑洞的一切事情。也许他的结合错了；也许他的结合对了，但计算错了。

接下来的几年里，专家们常检验霍金和他们自己的结合形式，检验霍金和他们自己关于来自黑洞的波的计算。他们一个个逐渐走近霍金的结果；在这个过程中巩固了广义相对论与量子论的部分结合，形成了一组新的物理学定律，被称为*弯曲时空的量子场的定律*，因为在产生这些定律的结合中，黑洞被认为是非量子力学的、广义相对论的弯曲时空物体，而引力波、电磁波和其他类型的辐射被认为是*量子场*——也就是遵从量子力学的波，行为有时像波，有时像粒子（见卡片4.1）。（广义相对论与量子论的完全结合，即完全正确的量子引力定律将把包括黑洞的弯曲时空在内的一切事物都看成是量子力学的，也就是服从测不准原理（卡片10.2）、波粒二象性（卡片4.1）和真空涨落（卡片12.4）。下一章我们会看到这样的完全结合和它的某些应用。）

437

没有任何实验指导我们去选择，我们如何能够同意弯曲时空的量子场的基本定律呢？没有实验检验，专家们又如何能够几乎肯定地宣称霍金是对的呢？他们的根据是，量子场的定律与弯曲时空的定律应该完全一致地融合在一起。（假如融合不完全一致，那么在某种运用中，物理学定律可能做出一种预言，例如黑洞永不辐射；而在另一种运用中，它可能做出不同的预言，例如，黑洞必然总是在辐射。可怜的物理学家不知道该相信哪个，不知道该怎么做。）

新的综合的定律必须与没有量子场的弯曲时空的广义相对论定律和没有时空曲率的量子场定律一致。这一点与完美结合的要求，类似于纵横字谜的行与列必须完全一致，[17] 它们几乎完全决定了新定律的形式。[1] 如果定律确实可以一致地融合起来（如果物理学家认识宇宙的方法是合理的，那是一定能做到的），它们也只能以新的和谐的弯曲时空的量子场定律所描述的方式进行。

物理学定律应一致融合的要求，通常是寻找新定律的工具。不过，[438] 这种一致性要求很少像在弯曲时空的量子场的场合下显示出那么大的威力。例如，在爱因斯坦建立他的广义相对论定律时（第2章），一致性的考虑不能也没有告诉他从哪儿起步，没有告诉他引力来自时空的曲率；这个出发点主要来自他的直觉。然而，有了这个基础，广义相对论定律在弱引力条件下与牛顿引力定律相容的要求和在无引力条件下与狭义相对论相容的要求，几乎惟一决定了新定律的形式；实

1. 我们说“几乎”，是考虑了用来计算真空涨落能量的所谓“重整化”过程有一定的模糊性，这些由瓦尔德（惠勒以前的学生）发现和分析过的不确定性不影响黑洞的蒸发，不过也可能只有在掌握了引力的完全的量子理论后才会得到解决。[18]

际上，它是爱因斯坦发现场方程的关键。

1975年9月，我第五次访问莫斯科，为泽尔多维奇带了一瓶“白马”威士忌。现在，西方的专家们都同意霍金是对的，相信黑洞会蒸发，而我却惊讶地发现，莫斯科没人相信霍金的计算和结论。虽然在1974年和1975年间，发表了几个以新的完全不同的方法导出的对霍金论断的证明，但它们在苏联并没有产生什么影响，为什么？因为泽尔多维奇和斯塔罗宾斯基这两位大专家不相信：他们还在认为，辐射黑洞失去旋转后，辐射也就停止了，从而不可能完全蒸发。我同泽尔多维奇和斯塔罗宾斯基争论过，但没有结果；他们对弯曲时空的量子场远比我懂得多，尽管（像通常那样）我确信真理在我这边，却无法反驳他们。

我计划9月23日星期二飞回美国。星期一晚上，我正在大学招待所的小屋里收拾行李，电话铃响了，是泽尔多维奇的：“到我这儿来，基普！我想和你谈谈黑洞的蒸发！”时间很紧，我想在门口找辆的士，但一辆也没有。于是我像地道的莫斯科人那样，拦了辆摩托，给他5卢布，让他送我到绍瑟街2B号。他答应了。摩托开上一条我从没走过的偏僻街道，我真怕走丢了。等转弯上了绍瑟街，我才放下心来。说声“谢谢”，我在2B门口下了车，轻轻穿过铁门和树荫，走进一座楼，登上楼梯，走向二楼西南角。

439 泽尔多维奇和斯塔罗宾斯基在门口等我，满脸带笑，双手举过头。“我们投降了。霍金是对的，我们错了！”在接下来的几个小时里，他们对我说，他们的黑洞弯曲时空的量子场，虽然在形式上看起来与霍金的不同，但实际上是完全等价的。他们原来讲黑洞不能蒸发是因为计算出了错，不是定律的问题。现在错误纠正了，他们也同意，定律要求黑洞蒸发，没有什么例外。

可以用几种不同的方式来描绘黑洞的蒸发，它们相应于以不同的方法建立黑洞弯曲时空的量子场定律。然而，所有方法都认为真空涨落是向外辐射的最终源泉。最简单的描绘也许是建立在粒子（而不是波动）基础上的：[19]

真空涨落跟“真”的正能量波一样服从波粒二象性定律（卡片4.1)，也就是，它们有波的一面，也有粒子的二面。波的那一面我们已经见过了（卡片12.4)：波随机而不可预测地涨落，一会儿在这里是正能量，一会儿在那里是负能量，平均起来却没有能量。粒子的一面体现在*虚粒子*的概念上，就是说粒子凭着从邻近空间区域借来的涨落能量成对地闪现（同时出现两个粒子)，然后湮灭而消失，把能量还给邻近的区域。对电磁真空涨落来说，虚粒子是*虚光子*；对引力真空涨落来说，是*虚引力子*。[1]

图12.2描绘了真空涨落是如何导致黑洞蒸发的。左边画的是某个落向黑洞的参照系所看到的黑洞视界附近的一对虚光子。虚光子对很容易分开，只要它们所在区域的电磁场瞬间获得正能量。那个区域可以很小，也可以很大，因为真空涨落在一切波长尺度上都可能发生。 440

1. 可能有些读者已经在物质和反物质背景下熟悉这些概念了，例如，一个电子（物质粒子）和一个正电子（反粒子）。像电磁场是光子的场一样，也存在电子和正电子的场，即电子场。在电子场真空涨落瞬时巨大的地方，虚电子和虚正电子很可能成对出现，当场衰落时，电子和正电子也很容易湮灭而消失。光子是自身的反粒子，所以虚光子也成对地出现和消失，引力子也一样。

但区域大小总是大致和它涨落的电磁波的波长相同，所以虚光子只能分开约一个波长。如果波长正巧和黑洞的周长一样，那么虚光子很容易像图上那样分开四分之一周长。

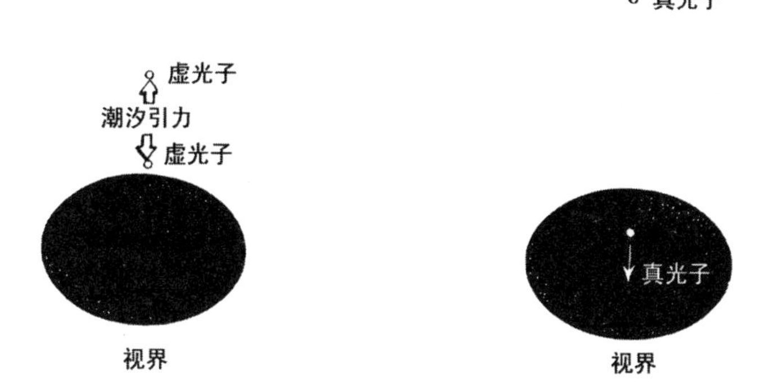

图12.2　落向黑洞的观察者所看到的黑洞蒸发机制。左：黑洞潮汐引力将一对虚光子分开，从而向它们提供能量。右：虚光子从潮汐引力获得足够能量而暂时物质化为真实光子，一个离开黑洞，而另一个落进黑洞中心

视界附近的潮汐引力很强；在光子之间下落的观察者看来，强大的力量将虚光子分开，从而也向它注入巨大能量。虚光子因能量的增加，到它们分离四分之一视界周长时，就足以转化为实在的长寿命光子（图12.2右），也有足够能量留下来还给相邻的负能的空间区域。现在的实光子相互解脱了，一个在视界内部，从外面的宇宙中永远消失；另一个脱离黑洞，带走了潮汐引力给它的能量（也就是物质[1]）。黑洞因失去质量而有一点收缩。

441

1. 回想一下，由于质量和能量完全可以相互转化，所以它们实际上只是同一概念的不同名称。

这种粒子发射机制并不依赖于粒子是否是光子，相关的波是否是电磁波。它对所有其他形式的粒子和波（也就是对所有其他类型的辐射——引力的、中微子的等等）也同样适用，因此黑洞会产生所有类型的辐射。

虚粒子在物质化为实粒子前必然靠得较近，距离大概小于它们的波长。然而，为了从黑洞潮汐引力得到足够物质化的能量，它们必须分离约黑洞周长的四分之一。这意味着，黑洞发射的波或粒子的波长约为黑洞周长的四分之一，或者更大。

两个太阳质量的黑洞周长约为35千米，所以它发射的粒子或波的波长约为9千米或更大。同光或普通无线电波相比，这是巨大的波长，但与两个黑洞碰撞时可能发射的引力波的波长相比，它并没有多大差别。

霍金在刚从事研究的那些年，总是想做到非常仔细、非常严格。在事情没有得到几乎无懈可击的证明前，他从来不说它是对的。然而，到1974年，他的态度变了："我更愿意正确，而不是严格。"他曾这么坚决地告诉我。达到高度的严密需要花费很多时间。这一年，霍金为自己定下了两个目标：认识广义相对论与量子力学的完全结合，认识宇宙的起源——实现这些目标，需要大量的时间和精力。也许因为自己那要命的病，霍金比别人更能体会生命的有限。他觉得他不可能为了达到高度严密而长时间地停在他的发现上，也没有精力去探索那些发现的所有重要特征。他必须尽快向前赶。 442

于是，我们看到，霍金在1974年严格证明了黑洞像一个具有正比于其表面引力的温度的热物体那样辐射后，在没有真正证明的情况下又接着宣称，黑洞力学定律与热力学定律的所有其他相似也都不是简单的巧合：黑洞定律与热力学定律是*同样的东西*，不过外表不同罢了。根据这一论断和他严格证明的温度和表面引力之间的关系，霍金猜测了黑洞的熵和它的表面积之间的精确关系：熵是0.10857 ⋯ 乘以表面积，除以普朗克－惠勒面积。[1] 换句话说，10个太阳质量的非旋转黑洞具有的熵是4.6×10^{78}，近似于贝肯斯坦的猜想。

贝肯斯坦当然相信霍金是正确的，他感觉很满意。1975年底，泽尔多维奇、斯塔罗宾斯基、我和霍金的其他同事也非常愿意同意他的观点。然而我们并不完全感到满意，因为还没认识到黑洞的巨大随机性的本质。黑洞内部的某些东西一定有$10^{4.6 \times 10^{78}}$种分布方式，而这些分布却不会改变它的外在表现（质量、角动量和电荷），它们是些什么东西呢？另外，我们如何能够通过简单的物理学关系来认识黑洞的热行为——也就是黑洞行为像一个具有一定温度的普通物体这一事实呢？霍金继续向前去研究量子引力和宇宙起源，戴维斯（PaulDavies）、昂鲁什、瓦尔德、约克、我和他的许多同事则瞄准了这些问题。在未来的10年里，我们逐步获得了一些新认识，表现在图12.3中。[20]

图12.3（a）表现的是下落经过视界的观察者所看到的黑洞的真空涨落。真空涨落由一对对虚粒子构成。潮汐引力偶尔给这么多粒子

1. 这个特别因子0.10857 ⋯ 实际上是1 /（4ln10），这里ln10=2.30258 ⋯ 来自我选择的熵的“正规化”。

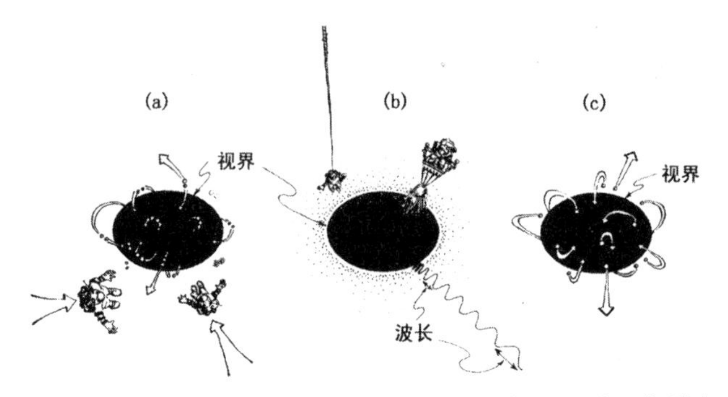

图12.3（a）落进黑洞的观察者（穿太空服的两个小人）看到黑洞视界附近的真空涨落由虚粒子对构成。

（b）在视界上方相对静止的观察者（绳子吊着的小人和点燃火箭的小人）看来，真空涨落由真实粒子的热大气组成，这是“加速的观点”。

（c）以加速的观点看，大气粒子似乎是从热的膜状视界发出来的。它们向上飞过一小段距离，然后多数被拉回视界，然而还有少数粒子设法逃脱了黑洞的掌握，蒸发进入外面的空间

对中的某一对以充足的能量，使它的两个虚粒子成为实在的，然后其中一个脱离黑洞。这是图12.2讨论过的真空涨落和黑洞蒸发的观点。 443

图12.3（b）描述了一个不同的黑洞真空涨落的观点，停在视界上方并永远相对于它静止的观察者的观点。这样的观察者相对于下落的观察者一定要艰难地加速向上，才不致被黑洞吞没——他靠火箭的反冲或者用绳子吊起来。因为这个理由，这些观察者的观点叫作“加速的观点”，它也是“膜规范”的观点（第11章）。

奇怪的是，从加速的观点看，真空涨落不是飘忽出没的虚粒子，而是具有正能量和长寿命的真粒子，见卡片12.5。真粒子在黑洞周围形成像太阳大气那样的热气。与这些真粒子相联系的是真实的波。当粒子向上运动穿过大气时，引力的作用将减小它的动能；相应地，当波向外传播时，会因引力作用而红移到越来越长的波长［图12.3（b）］。 445

图12.3（c）表现了加速观点下黑洞大气中几个粒子的运动。这些粒子看来是从视界发出的，多数向上飞过一小段距离后又被黑洞的强大引力拉回到视界，但有少数设法摆脱了黑洞的掌握。逃逸的粒子与下落的观察者看到的从虚粒子对物质化产生的粒子是一样的［图12.3（a）］，它们就是霍金的蒸发粒子。

444

卡片12.5

加速辐射[21]

1975年，惠勒的新学生昂鲁什和伦敦国王学院的戴维斯（用弯曲时空的量子场定律）独立发现，黑洞视界上方的加速观察者一定会看到那里的真空涨落不是虚粒子对，而是真实粒子的大气。昂鲁什把这种大气叫“加速辐射”。

这个惊人的发现揭示了真粒子的概念是相对的，而不是绝对的；就是说，它依赖于观察者的参照系。在自由下落的参照系中进入黑洞视界的观察者看不到视界外的真粒子，只能看到虚粒子。加速参照系中的观察者靠自己的加速度而总留在视界上方，能看到许许多多真实的粒子。

这怎么可能呢？一个观察者称视界被真实粒子的大气包围着，而另一个观察者却说不是那样的，能有这样的事吗？答案在于这样一个事实：虚粒子的真空涨落波并不严格限于视界外的某个区域，每一涨落波都是部分在视界内，部分在视界外。

- 自由下落穿过视界的观察者能看到真空涨落波的两

个部分，即在视界外的和在视界内的；所以，这样的观察者很清楚（凭他们的测量），波只是真空涨落，它相应的粒子是虚的，而不是实的。

- 留在视界外面的加速观察者只能看到真空涨落波的外面部分，看不到它在视界内的部分；这样，根据他们的测量，他们不能判别波只是伴随虚粒子的真空涨落。因为只看到了涨落波的一部分，他们就误认为它是“真实的东西”——伴随真实粒子的真实波动，结果，他们的测量表明视界周围是一片真实粒子的大气。这种真实粒子的大气会逐渐蒸发，飞向外面的宇宙［图12.3（c）］，

这个事实表明，加速观察者的观点与自由下落观察者的观点实际上是一样的，一样正确，也一样有效：自由下落的观察者看到的是，虚粒子对在潮汐引力作用下转化为真粒子，然后其中一个粒子蒸发；而加速观察者看到的更简单，总是在黑洞大气中的永远真实的粒子蒸发了。两种观点都是对的；它们是不同参照系看到的同一物理景象。

从加速的观点看，视界就像高温的膜状表面，这里的膜就是第11章所说的“膜规范”的膜。正如太阳表面发出粒子（如照亮地球白昼的光子），视界的热膜也会发射粒子，这些粒子形成黑洞的大气，少数粒子将被蒸发。在粒子飞离膜时引力红移会减少它的能量，所以虽然膜很热，蒸发的辐射却很冷。

加速观点不仅解释了黑洞在什么意义上是热的，而且还说明了黑洞巨大的随机性。下面［由我和我的博士后朱里克（Wojciech

Zurek)]设计的思想实验解释了那是怎么回事。

向黑洞大气投入少量能量(或质量)、角动量(旋转)和电荷。这些东西将从大气向下穿过视界进入黑洞。一旦注入物质进去了，就不可能从黑洞外面了解它们的性质(是物质的，还是反物质的；是没有质量的光子还是有质量的原子；是电子还是正电子)，也不可能知道它们是从哪儿来的。因为黑洞无“毛”，我们通过黑洞外的考察所能了解的，只是进入大气的总的质量、角动量和电荷。

那么，这些质量、角动量和电荷能以多少种方式注入黑洞的热大气呢？这个问题类似于问在卡片12.3中的玩具屋里，孩子的玩具能有多少种方法堆放在地砖上。相应地，注入方式的总数的对数，如标准热力学定律所说的，必然就是黑洞大气熵的增量。朱里克和我通过很简单的计算就证明了，这个增加的热力学熵正好等于增加的视界面积的1/4，除以普朗克-惠勒面积；也就是说，它实际上是另一种形式的面积增加，与霍金在1974年根据黑洞力学定律与热力学定律的数学相似性所猜测的一样。

446

这个思想实验的结果还可以像下面这样说得更简洁些：*黑洞的熵是能形成它的方式的数目的对数*。这意味着，有$10^{4.6\times10^{78}}$种不同方法可以形成一个熵为4.6×10^{78}的10个太阳质量的黑洞。这个熵的解释原来是贝肯斯坦在1972年猜想的，霍金和他以前的学生吉本斯(Gary Gibbons)1977年给出了一种高度抽象的证明。[22]

这个思想实验也证明热力学第二定律仍然发挥着作用。投进黑洞大气的能量、角动量和电荷可以是任意形式的，例如，可以把满屋的空气装进一个袋子，前面我们考虑第二定律时已经见过了。当袋子投入黑洞大气时，外面宇宙的熵将减少袋子所具有的熵（随机性）。然而，黑洞大气的熵，从而黑洞的熵，却增加得更多，所以黑洞的熵加上外面宇宙的熵的总和还是增加了，服从热力学第二定律。

同样，我们会看到，黑洞在蒸发了一些粒子后，自己的表面积和熵通常会下降，但粒子在外面宇宙的随机分布增加了宇宙的熵，大大超过了黑洞失去的熵。这样，第二定律仍然是满足的。

黑洞蒸发和消失需经历多长时间呢？答案依赖于黑洞的质量。黑洞越大，温度越低，于是发射粒子越弱，蒸发也就越慢。1975年，当帕奇还是我和霍金的学生时，曾做过计算，[23] 假如黑洞质量是太阳的两倍，那么它的寿命是1.2×10^{67}年。黑洞寿命正比于质量的立方，所以，20个太阳质量的黑洞的寿命为1.2×10^{70}年。这些年龄同宇宙目前1×10^{10}年的年龄相比，真是太大了，所以蒸发不会影响天体物理学。不过，对我们认识广义相对论与量子力学的结合来说，蒸发还是很重要的。我们从认识蒸发的努力中学会了弯曲时空的量子场。

447

质量远小于2个太阳的黑洞如果存在的话，蒸发起来远远不会像10^{67}年那么漫长。这样的小黑洞在今天的宇宙中是不会形成的，因为物质的简并压力和核压力很强，即使当今宇宙的一切力量都来挤压它们，这些物质也不会坍缩（第4章，第5章）。然而，在宇宙大爆炸时可能会产生这样的黑洞，[1] 那时物质所经历的密度、压力和引力挤压都远远高过现在的恒星。

霍金、泽尔多维奇、诺维科夫和其他一些人的详细计算表明，从大爆炸出来的物质小集团可以产生小黑洞，[24] 只要这些成团物质的状态方程是“软”的（也就是在挤压时只增加很小的压力）。在极早期的宇宙中，相邻物质像把强力砧板上的碳挤压成金刚石那样，也把那些小集团挤压成小黑洞。

寻找那些*原生小黑洞*的一个有希望的办法，是寻找它们蒸发产生的粒子。质量小于5000亿千克（5×10^{14}克，一座不太大的山的重量）的黑洞到现在可能刚蒸发完，比它重几倍的黑洞现在应该在剧烈蒸发中。这些黑洞的视界大约是一个原子核的大小。

从这些黑洞的蒸发中发出的能量现在大部分应该表现为在宇宙中随机穿行的γ射线（高能光子）。这样的γ射线确实存在，但它的数量和性质很容易用别的方式来解释（根据霍金和帕奇的计算）。没有多余的γ射线的事实告诉我们，现在在每立方光年的空间里，强烈蒸发的小黑洞不会多于300个，这也就告诉我们，大爆炸时的物质不可能有特别软的状态方程。[25]

448 怀疑者会说，为什么没有多余的γ射线，可能有另一种解释：也许大爆炸中形成过许多小黑洞，但我们物理学家对弯曲时空量子场的

---

1. 粗略地说，黑洞的质量是宇宙形成的时间（秒）乘以10^{38}（克），例如，在普朗克-惠勒时间，原生小黑洞质量约为10毫克，而在万分之一（10^{-4}）秒时，黑洞就有太阳那么重了。—— 译者注

认识远不像我们想象的那么好，所以，当我们相信黑洞蒸发时，正在走向错误的方向。我和我的同事不同意这种怀疑，因为我们看到，标准的弯曲时空定律和标准的量子场定律完美地融合在一起了，为我们带来了几乎惟一的一组弯曲时空的量子场论定律。不过，如果天文学家能找到黑洞蒸发的观测证据，我们会更满意的。

第 13 章
洞里

同爱因斯坦场方程搏斗的物理学家
寻找黑洞里的秘密：
一条通向其他宇宙的道路？
一个无限潮汐引力的奇点？
是空间和时间的终结，还是量子泡沫的源泉？

奇点和其他宇宙

黑洞里面是什么？

我们如何去认识，我们为什么关心？没有信号能从洞里出来告诉我们答案。没有哪个勇敢的探险家在走进黑洞弄清楚后还能走出来告诉我们，他甚至向我们发回答案也做不到。不论黑洞中心是些什么，它们都不可能出来以任何方式影响我们的宇宙。

人的好奇心是不会满意这种回答的。何况，我们还有可以告诉我们答案的工具：物理学定律。

惠勒曾向我们讲过认识黑洞中心的重要性。他在20世纪50年代提出引力坍缩的“最终状态的问题”，说这是理论物理学家们的圣杯，[1] 它可能为我们彻底揭示广义相对论与量子力学的“火热结合”。在奥本海默认为最终状态隐藏在视界的背后时，惠勒就反对（第6章）——我想，主要原因还是他为不能从视界外面看到那火热结合的场面而感到痛苦。[1]

惠勒承认有那么一个视界，不过他还是坚持认为黑洞的中心是值得追求的圣杯。[2] 对黑洞蒸发的理解曾帮助我们实现了量子力学与广义相对论的部分结合（第12章），那么对黑洞中心的认识也许会让我们发现它们完全的结合，为我们带来一套完全的量子引力定律。中心也许还藏着打开宇宙其他奥秘的钥匙：在亿万年后我们宇宙死亡时可能的“大挤压”坍缩与恒星生成黑洞时的坍缩之间存在着一种相似，我们把握了一个，就能认识另一个。 450

惠勒的圣杯，物理学家已追寻了35年，成绩却很小。我们还不知道黑洞中心有什么，认识的努力还没能带来清晰的量子引力。不过，我们也学会了不少——特别是，不论黑洞里的东西是什么，都与量子引力定律紧密联系着。

这一章要讲的是我们在追寻惠勒圣杯的路上的一些更有趣的崎

1. 圣杯（Holy Grail）是耶稣基督在最后的晚餐上用的酒杯，“这杯是用我血所立的新约，那血是为你们流的”（《新约·路加福音》）。现在多用来比喻一个人终生追求的目标。——译者注岖经历和转折以及我们目前所到达的地方。

“黑洞里有什么？”第一个答案来自奥本海默和斯尼德1939年关于球状恒星坍缩的经典计算（第6章）。[3] 虽然答案包含在他们发表的方程里，但他们并没有讨论。也许，他们害怕火上浇油，因为人们正在争论他们关于坍缩恒星“把自己同宇宙隔绝开来”（也就是形成一个黑洞）的预言；也许因为奥本海默天生的科学保守态度，他不愿猜想，所以保持沉默。[4] 不管怎样，他们什么也没说，但那方程把什么都说了。

他们的方程说，球状恒星生成包围自己的黑洞视界后会继续无情地坍缩下去，直到没有体积却有无限大的密度，它在这里产生时空奇点，也在奇点处消失。

依照广义相对论，奇点是时空曲率无限大因而时空不再存在的区域。由于潮汐引力是时空曲率的表现（第2章），所以，奇点也是潮汐引力无限大的区域。就是说，那里的引力将在某些方向无限拉伸，而在其他方向无限挤压所有的物体。

451

我们可以想象不同种类的时空奇点，各自具有特别的潮汐涨落特征，在这一章里我们会遇到几种。

奥本海默-斯尼德计算所预言的奇点是最简单的一类。[5] 它的潮汐引力基本上与地球、月亮和太阳的相似，也就是与在地球上产生海洋潮汐的力一样（卡片2.5）：奇点在径向上（朝向或背离它的方向）

拉伸所有物体，在横向上挤压所有物体。

假设有个落向奥本海默和斯尼德的方程所描绘的那类黑洞的宇航员。黑洞越大，他活得越久，为让他多活些时候，假定黑洞是类星体中最大的那种（第9章）：100亿个太阳那么重。下落的宇航员通过视界，在临死前20小时进入黑洞。不过他刚进来时还离奇点太远，感觉不到它的潮汐引力。随着越落越快，离奇点越来越近，潮汐引力变得越来越强，在离奇点1秒前，他开始觉得它在将他的头和脚分开，而且从两肋将他挤压（图13.1底）。起初，他对这样的拉挤还不感到很痛，但力量继续增大，在他到奇点的一百分之几秒前（中图），他的骨肉就抵抗不住了，身体分离，死了。在最后百分之一秒内，拉伸和挤压还在增强，当他到达奇点时，那些力量已经无限大了。先作用在他脚上，然后作用到躯干和头颅，身体被无限拉长，最后，根据广义

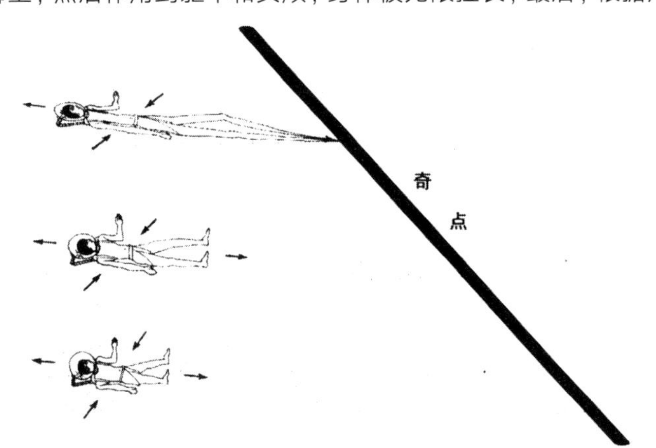

图13.1 根据奥本海默–斯尼德计算，一个宇航员（脚先着地）落进黑洞中心奇点的时空图。像以前所有的时空图一样（例如，图6.7），少画了一个空间维，所以宇航员看起来是2维的而不是3维的。奇点在本图中是斜的。而不像在图6.7和卡片12.1中那样是垂直的，这是因为在这里向上的时间和水平的空间与别处不同，它们是宇航员自己的时间和空间，而在其他地方则是芬克尔斯坦的[6]

相对论，他成为奇点的一部分，消失了。

宇航员绝对不可能继续穿过奇点而从另一边出来，因为广义相对论认为没有“另一边”。在奇点处，空间、时间和时空都不存在。奇点是一个分明的边缘，像一张纸的边缘一样。纸的边缘外没有纸，奇点外也没有时空。不同的是，纸上的蚂蚁可以爬到边缘，然后退回来，但任何东西都不可能离开奇点；根据爱因斯坦的广义相对论定律，不管是宇航员、粒子、波还是别的什么，只要碰到奇点，都会在瞬间毁灭。

452　图13.1并没有将破坏机制完全表达清楚，因为它忽略了空间的曲率。事实上，宇航员在到达奇点时身体被拉得无限长，而在横向上被压得没影儿了。奇点附近的这种极端空间曲率能令他无限伸长却不能将头钻出黑洞视界。他的头和脚都被拉进了奇点，却分离无限远。

照奥本海默和斯尼德的方程，受无限拉伸和挤压的不仅只有宇航员，还包括所有形式的物质——单个的原子、组成原子的电子、质子和中子，甚至构成质子和中子的夸克。

宇航员有什么办法摆脱这种无限的灾难吗？没有。他经过视界后就逃不脱了。照奥本海默-斯尼德方程，在视界内部引力到处都很强453　大（时空强烈卷曲），时间本身（每个人的时间）也流进了奇点。[1] 由于宇航员跟任何人一样也是在时间里永不停歇地向前运动，他也与时间

1. 用专业术语，我们说奇点是“类空的”。

流一起被赶入奇点。不论他做什么，不论他如何发动他的火箭，都逃不脱奇点的无情摧残。

物理学家每当看到我们的方程预言了某些无限的东西时，总会怀疑这些方程。现实宇宙中几乎没有什么东西真是无限的（我们想），因此，无限几乎总是错误的信号。

奇点的无限拉伸和挤压作用也不会例外。20世纪50年代和60年代初研究过奥本海默和斯尼德论文的那些物理学家都一致认为，一定在哪儿出了错，但分歧也跟着来了。

在惠勒强有力的领导下的一个研究小组，认定这种无限作用确凿说明广义相对论在黑洞内部星体坍缩的终点失败了。[7] 惠勒断言量子力学能阻止那里的潮汐引力变得真正无限大；但是它怎么做呢？惠勒说，为得到答案，我们需要把量子力学的定律与潮汐引力的定律，也就是爱因斯坦广义相对论的弯曲时空定律结合起来。惠勒宣称，结合的产儿量子引力定律，一定会征服奇点；而且新定律还可能产生黑洞内部的一些新物理现象，与我们以前遇见的都不一样。

卡拉特尼科夫（Isaac Markovich Khalatnikov）和栗弗席兹（Ergeny Michailovich Lifshitz，朗道的莫斯科小组成员）领导的另一组则认为，无限的作用警告我们，奥本海默和斯尼德的理想化坍缩恒星模型是不可信的。[8] 回想一下，奥本海默和斯尼德的计算所依赖的基础是：恒星是完全球状的，密度均匀的，没有旋转，没有压力，没有激波，没有喷射的物质，没有外流的辐射（图13.2）。卡拉特尼科夫和栗弗席兹认为，这些极端的理想化是产生奇点的根源。他们称，每一颗真实的恒星都有小小的随机的形变（形状、速度、密度和压力的随机的微弱不均匀变化），恒星坍缩时，这些形变会增长，并在奇点形成之前使坍缩停止。同样，他们断言，随机形变也将阻止我们的宇宙在亿万年后发生大挤压的坍缩，从而将宇宙从奇点的毁灭中拯救出来。

454

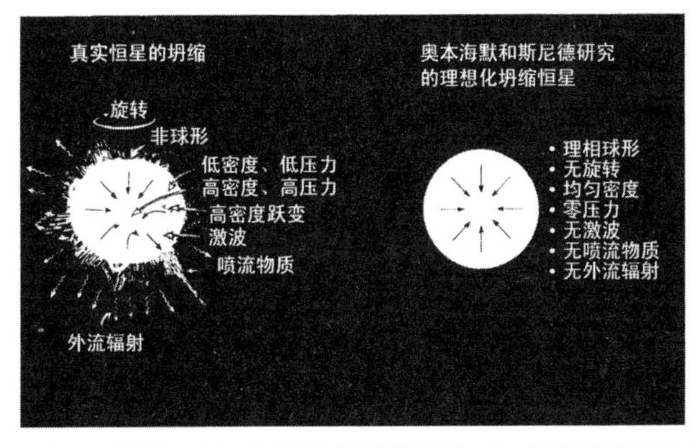

图13.2（同图6.3）左：现实的坍缩恒星的物理现象。右：奥本海默和斯尼德为计算星体坍缩而做的理想化。具体讨论见第6章

卡拉特尼科夫和栗弗席兹的这些观点来自他们1961年向自己提出的一个问题：照爱因斯坦的广义相对论定律，奇点对小的扰动是否是稳定的？[9] 换句话讲，他们针对奇点提的问题，与我们在第7章里遇到的一个关于黑洞的问题是一样的：假如在解爱因斯坦场方程时我们以微小但随机的方式改变坍缩恒星或宇宙的形状，改变物质的速度、密度和压力，并向这些物质注入少量随机的引力辐射，那么，这些改变（微扰）会给预言的坍缩结果带来什么影响呢？

我们在第7章已经看到，对黑洞视界而言，这些扰动不会带来什么影响。被扰动的坍缩的恒星仍然形成视界，尽管视界开始有些变形，但所有变形很快会辐射开去，留下一个完全“无毛”的黑洞。也就是说，视界对小扰动是*稳定的*。

但是，对黑洞中心或宇宙最后挤压的奇点来说，卡拉特尼科夫和栗弗席兹得到了与别人不同的结论。他们的计算似乎说明，在坍缩物质形成奇点的过程中，小小的随机扰动会长大，多大呢？实际上可以大到阻止奇点的形成。大概（尽管计算还不能说肯定）这些扰动将阻止坍缩而使它爆炸。 455

微扰怎么可能扭转坍缩呢？在卡拉特尼科夫-栗弗席兹计算中，物理机制还一点儿没弄清楚。不过，用牛顿引力定律所做的（比用爱因斯坦定律所做的）简单得多的其他计算似乎提供了一些线索。例如（见图13.3），假如一颗坍缩恒星内部的引力很弱，这样牛顿定律就能

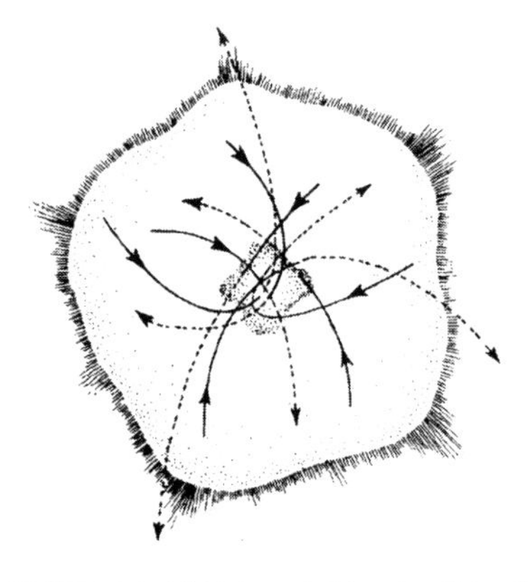

图13.3 在引力微弱、牛顿定律精确适用和内部压力无关紧要的条件下，恒星坍缩转变为爆炸的一种机制。假如坍缩的恒星有一点变形（“扰动”），它的原子会落到不同的位置，绕着中心摆动，然后飞出去

准确应用；又假如恒星的压力小得无足轻重，那么小扰动将使不同原子落向恒星中心附近不同的地方。大多数坍缩的原子将偏离中心一定的距离，并且绕着中心摆动，然后飞出去，这样坍缩就转变成了爆炸。可以想象，即使牛顿引力定律不适用于黑洞内部，某个类似的机制也可能将坍缩逆转为爆炸。

我是1962年作为研究生加入惠勒的研究小组的，那时卡拉特尼科夫和栗弗席兹刚发表他们的计算，栗弗席兹和朗道也刚把计算和“无奇点”的结论写进一本有名的教科书[10]《经典场论》。[1] 我清楚记得，惠勒鼓励大家去研究这些计算，他告诉我们，如果它们对了，结果是深刻的。不幸的是，计算又长又复杂，而发表的细节又太简略，我们很难检验——而卡拉特尼科夫和栗弗席兹正被罩在苏联的铁幕下，我们不能坐到一起来详细讨论。

456

不过，我们还是开始考虑这样一种可能：坍缩的宇宙在到达某个很小的尺度时，也许会“反弹”，再发生新一次“大爆炸”；同样，坍缩的恒星收缩到视界内部后，也可能反弹并再次爆炸。

但是，假如恒星再爆炸了，它会成什么呢？它当然不可能爆出黑洞的视界。爱因斯坦的引力定律严禁任何事物（虚粒子例外）飞出视界。不过还有别的可能，恒星爆炸后，可能进入我们宇宙的某些其他区域，甚至进入别的宇宙。

1. 这本书的汉译《场论》是根据1948年版俄文本翻译的，没有这里和后面谈到的内容。——译者注

图13.4用一个嵌入图序列描绘了这样一个从坍缩到再爆炸的过程。(嵌入图与时空图大不一样，是我们在图3.2和3.3引入的。)

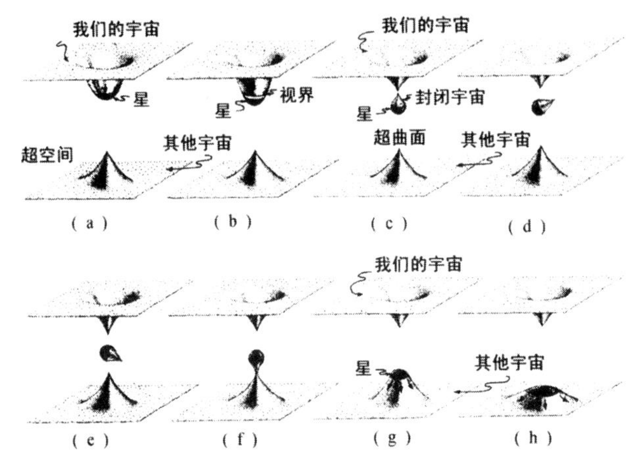

图13.4 坍缩成黑洞的恒星的一种可能的命运(不过，在本章后面会看到，那是很不可能的)的嵌入示意图。这8幅图(a)到(h)是表现恒星和空间几何演化的一个快照序列。恒星在我们宇宙中坍缩(a)，形成包围它的黑洞视界(b)。然后，黑洞深处的空间区域内包含着一个脱离我们宇宙的一小团星体，形成一个与任何事物都没有联系的封闭小宇宙(c)。接着，封闭小宇宙在超空间中运动(d，e)，将自己同另一个宇宙相联(f)；然后星体爆炸，进入那个宇宙(g，h)[11]

每一幅图都将我们宇宙的弯曲空间和别的宇宙的弯曲空间画成嵌在高维超空间里的二维曲面。[回想一下，超空间是物理学家想象的东西：人类生活总是被限制在我们的宇宙空间(或别的宇宙空间，如果我们能去的话)；我们永远不可能走出这个空间而进入周围更高维的超空间，也不可能收到来自超空间的信号或信息。超空间不过是形象化的工具，例如，它帮助我们形象地表现坍缩恒星和它的黑洞周围的空间如何弯曲，恒星如何在我们的宇宙中坍缩，然后又爆炸而进入别的宇宙。]

在图13.4中，两个宇宙像海洋里两个分开的岛，超空间就像海洋457 的水。岛是没有大陆联结的，两个宇宙也不存在空间联系。

图13.4的序列描绘了恒星的演化。在我们的宇宙中，恒星开始坍缩［图（a）］，在图（b）它已经形成了包围自己的视界，而且继续坍缩。在图（c）和（d），恒星被高度压缩的物质使周围空间强烈弯曲，形成一个封闭的像气球表面的小宇宙；这个新的小宇宙从我们的宇宙中挤458 落下来，孤单地进入超空间。（这有点儿像一个岛上的居民造一只小船，划着它过海。）在图（d）和图（e），小宇宙带着恒星内部从我们的大宇宙穿越超空间到达另一个大宇宙（小船从一个岛划到另一个岛）。在图（f），小宇宙同那个大宇宙连起来（小船登岸），继续膨胀，吐出恒星。在图（g）和图（h），恒星爆炸，进入那个宇宙。

这样听来纯乎是科幻小说的画外音，是不能令我满意的。然而，正如黑洞是爱因斯坦场方程的史瓦西解的自然结果（第3章），这幅图景也是爱因斯坦方程另一个解的自然产物，那是雷斯纳和诺德斯特勒姆在1916～1918年间发现的，但他们并没完全理解。1960年，惠勒的两个学生布雷尔和格雷弗斯（John Graves）找到了雷斯纳－诺德斯特勒姆解的物理意义[12]，很快大家就明白，不必太多的改变，这个解就能描绘图13.4的恒星坍缩和爆炸。这颗恒星与奥本海默和斯尼德的恒星正好存在一个根本性的差别：它自身携带的电荷足以在高度致密时产生很大电场，这个电场似乎以某种方式影响着恒星再次爆炸进入另一个宇宙。

让我们来看看，1964年在追寻惠勒的圣杯——也就是认识坍缩成黑洞的恒星的最终命运——的过程中，我们发现了些什么。

1. 我们知道，爱因斯坦方程有一个解（奥本海默-斯尼德解）预言，假如恒星具有高度理想的形态（包括理想的球形），则它会在黑洞中心产生一个有无限潮汐引力的奇点——一个捕获、破坏并吞噬一切进入黑洞的事物的奇点。

2. 我们知道，爱因斯坦方程还有一个解（雷斯纳-诺德斯特勒姆解的推广）预言，假如恒星有某些不同的高度理想化形态（包括球形和电荷），则在黑洞内部深处，恒星将从我们的宇宙脱落，与别的宇宙相连（或者到一个远离我们宇宙的区域），并在那儿再发生爆炸。

459

3. 我们还远没弄清楚，这些解中哪个"对小的随机扰动是稳定的"，从而可能在真实宇宙中发生。

4. 然而，卡拉特尼科夫和栗弗席兹声称他们证明了奇点对小的随机扰动总是不稳定的，所以永远不可能出现，从而奥本海默-斯尼德奇点也永不可能出现在我们真实的宇宙中。

5.至少，普林斯顿有人怀疑卡拉特尼科夫和栗弗席兹的证明。这些怀疑可能部分是由于惠勒对奇点的需要引起的，因为奇点可能是广义相对论和量子力学"结合的殿堂"。

1964年是转折的一年。在这一年，彭罗斯为我们带来了革命性的用以分析时空性质的数学工具。他的革命太重要了，极大地影响着我们对惠勒圣杯的追求。所以，我要拿出几页来讲他的革命和他这个人。

彭罗斯的革命

罗杰·彭罗斯出生在一个医学家庭，[13] 母亲是医生，父亲是伦敦大学学院[1] 的知名人类遗传学教授。父母希望四个孩子中至少有一个跟他们一样从医。罗杰的哥哥奥利弗（Oliver）是不会学医的，他很小就想学物理（后来真成了世界有名的统计物理学家——研究大量相互作用的原子的行为）。弟弟约拿坦（Jonathan）也不会，他只想下棋（后来连续6年成为英国的象棋冠军）。妹妹雪莱（Shirley）还小，在罗杰选择职业的时候，她还没有什么倾向的表现（她长大后终于成了医生，满足了父母的心愿）。剩下罗杰是父母最大的希望了。

460 16岁时，罗杰和班上别的同学一样，被校长找去谈话。他现在该决定上大学前下两年的学习科目。他告诉校长，“我想学数学、化学和生物学。”校长声明，“不行，那不可能。生物和数学不能联在一起，你只能选一门。”罗杰更喜欢数学，不太喜欢生物学。“那好，我学数学、化学和物理。”他说。那天晚上罗杰回家后，父母很生气。他们训斥罗杰跟伙伴学坏了。要做医生，生物学是最基本的，他怎么能放弃呢？

---

1. 1828年，伦敦大学建立时，也叫伦敦大学学院；1898年，大学学院成为伦敦大学众多学院的一个。——译者注

两年后，该决定上大学学什么了。罗杰回忆说，“我提出到伦敦大学学院学数学，父亲完全不同意。他说，对做不了其他事情的人来说，数学也许是恰当的，但把它作为实际的职业，就不对了。”罗杰一定要学，父亲于是请学院的一个数学家来特别考考他。数学家要罗杰用一整天来考试，警告他说，可能只解得了一两个问题。罗杰只用了几个小时就答对了全部12道题，父亲同意了，罗杰可以学数学。

罗杰原来没想过要把数学用到物理上来，他只对纯数学有兴趣，但他经不住诱惑。

诱惑是从1952年开始来的。[14] 那时罗杰是伦敦的大学四年级学生，在广播里听了霍伊尔（Fred Hoyle）的一系列宇宙学讲座。讲座有趣、动人——也有一点儿难以理解。霍伊尔说的某些东西简直没有意义。一天，罗杰坐火车到剑桥去看在那儿学物理的哥哥奥利弗。晚餐时，在金斯伍德餐厅，罗杰发现跟奥利弗一个办公室的席艾玛正在研究邦迪-戈尔德-霍伊尔（Bondi-Gold-Hoyle）稳恒态宇宙理论。真是太好了！罗杰想，也许席艾玛能解决自己的疑惑。“霍伊尔说，按照稳恒态理论，宇宙的膨胀将把一些遥远星系赶出我们的视线；星系将运动到我们看不见的地方。但我不明白这是如何发生的。”罗杰拿出笔来开始在餐巾纸上画时空图，“根据这个图，我想星系会越来越暗，越来越红，但永远不会完全消失。我哪儿错了吗？”

席艾玛大吃一惊，他从没见过一幅图能有那么大的威力。彭罗斯是对的，霍伊尔一定错了。更重要的是，奥利弗的弟弟真了不起。 461

罗杰·彭罗斯，约1964年。[Godfrey Argent为英国国家肖像画廊和伦敦皇家学会摄。Argent提供。]

于是，席艾玛和罗杰开始研究这种图，后来在20世纪60年代，他还将和他自己的学生（霍金、埃里斯、卡特尔、里斯等，见第7章）继续研究。他拉着彭罗斯讨论了好几个小时，谈一些发生在物理学中激动人心的事情。正在发生的事情，席艾玛都知道，他自己的热情和兴奋也感染了彭罗斯。很快，彭罗斯就被钩住了。他要完成他的数学博士，不过对宇宙的追求从此也成为他向前的动力。在未来的10年里，他一只脚牢牢地扎根在数学，另一只脚则踏进了物理学。

新思想常出现在一些奇怪的时刻，出现在人们最意想不到的时候。462 我想，这是因为新思想来自人的潜意识，在意识不太活跃的时候，潜意识最有力量。一个好的例子是，霍金1970年在正准备睡觉时，发现了黑洞视界的面积必然总是增大的（第12章）。另一个例子就是彭罗斯改变我们对黑洞内部认识的发现。

1964年晚秋的一天，[15] 伦敦伯克贝克学院教授彭罗斯和朋友罗宾逊（IvorRobinson）正向办公室走去。在过去的一年里，类星体发现了，天文学家开始猜测它们的能源来自星体坍缩（第9章）。自那时起，彭罗斯也试图弄清楚，奇点是否是由真实的随机形变的坍缩恒星产生的。当他和罗宾逊边走边谈时，潜意识正在思考令他疑惑的那些问题——他的思想已跟它们搏斗好久好久了。

彭罗斯回忆说："过一条马路时，我和罗宾逊停止了说话。过去以后，又接着谈。显然，在过马路那会儿，我忽然想到了什么东西，但后来的谈话又把它从脑子里赶走了！那天晚些时候，罗宾逊走了，我回到办公室。我记得有过一种奇怪的欣喜，但说不清那是什么。我开始在脑子里搜寻那天想过的事情，想找出令我欣喜的那样东西。排出许许多多不太可能的事情后，我终于发现了过街时产生的思想。"[16]

这思想很美，和以前在相对论物理学中见过的任何事物都不一样。在接下来的几个星期里，彭罗斯认真清理了他的思想，从不同方向去审视它，完成它的细节，尽可能使它具体，在数学上精确。一切理顺后，他为《物理学评论通讯》写了一篇短文，[17] 描述了星体坍缩中的奇点问题，然后证明了一个数学定理。

彭罗斯的定理*大意说*，假定一颗恒星——不论什么样的恒星——发生了剧烈坍缩，使引力变得足够强大从而形成一个*显视界*，就是说，强大的引力足以将外出的光线拉回来（卡片12.1）。显视界形成以后，不可能有什么东西能阻挡引力进一步增强而产生奇点。结果（由于黑洞总有显视界），*每个黑洞在它内部都必然有一个奇点*。

463

这个*奇点定理*最令人惊讶的地方在于它巨大的普适能力。它不仅适用于具有特殊理想化性质的（如完全球状的或没有压力的）坍缩恒星，也不仅适用于初始随机形变很小的恒星，而且适用于一切可以想象的坍缩恒星，这样，它无疑也适用于我们现实宇宙中存在的真实的坍缩恒星。

彭罗斯奇点定理的惊人力量来自他在证明中使用的一种新的数学工具，以前还没有物理学家在弯曲时空的计算（也就是广义相对论的计算）中用过，那就是*拓扑学*。

拓扑学是研究事物间或事物自身的定性联系方式的数学分支。举例说，咖啡杯和炸圈饼“有相同的拓扑”，因为（假如它们都是用泥做的）我们可以光滑而连续地将一个变形为另一个，而不会撕裂它，即不会改变任何联系［图13.5（a）］。相反，球与炸圈饼有不同的拓扑，为把球变成饼，我们必须在球上挖一个洞，从而改变了它自己的联结方式［图13.5（b）］。

拓扑学*只*关心联结，*不*关心形状、大小和曲率。例如，炸圈饼和咖啡杯的形状和曲率是大不相同的，但它们有相同的拓扑。[1]

我们物理学家在彭罗斯奇点定理之前忽略了拓扑学，因为我们固执地认为，时空曲率是广义相对论的中心概念，而拓扑学不能告诉我们任何有关曲率的事情。（实际上，因为彭罗斯的定理对拓扑学的依赖太强，它没有为我们带来关于奇点曲率的东西，就是说，没有关于奇点的潮汐引力的细节的东西。定理只告诉我们，在黑洞内的某个地方，时空到达了终点，到达那个终点的任何事物都会被破坏。如何破坏是曲率的事；它们必然遭到破坏，时空总会遇到终点——这个事实是拓扑学关心的。）

如果我们物理学家能在彭罗斯之前看得远一点，超越时空曲率的思想，我们大概也已经认识到了相对论确实存在一些拓扑学的问题，例如，“时空会走到尽头吗（时空有一个存在的边缘吗）？”［图13.5（c）］，“时空的哪些区域能互传信号？哪些不能？”［图13.5（d）］。第一个拓扑学问题是奇点的中心问题；第二个是黑洞形成和存在，从而也是宇宙学（关于宇宙的大尺度结构和演化）的中心问题。 465

这些拓扑学问题很重要，拓扑学的数学方法对处理这些问题也很有威力，于是，彭罗斯为我们带来了拓扑学，也就在我们的研究中引发了革命。

从彭罗斯影响深远的思想出发，在60年代中期和晚期，彭罗斯、

1. 拓扑或拓扑学（topology）是音译名词；英语词源来自希腊语的tópos，意思是“位置”，的确反映了这个学科的特征。——译者注

464

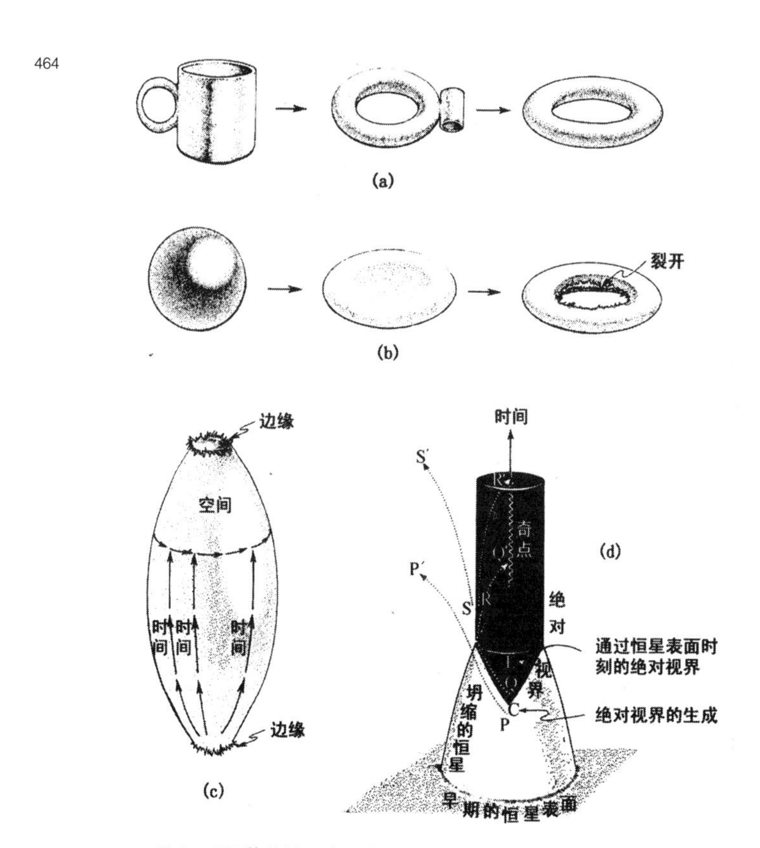

图13.5 下面的所有问题都是关于点的联络性质的，即它们是拓扑学的问题。

(a) 咖啡杯(左)和炸圈饼(右)能光滑连续地互相变形为对方而不会出现破裂，就是说，不会改变任意两点联系的定性特征。这样，它们具有相同的拓扑。

(b) 为把球(左)变形为饼(右)，必须在球上打一个洞。

(c) 这里画的时空有两个尖锐边缘[类似于(b)的裂口]，一个是时间的起点(我们宇宙大爆炸的开端)，另一个是时间的终点(类似于大挤压)。我们也可以想象一个在所有时间里存在而且总会继续存在的宇宙，这样宇宙的时空没有边缘。

(d) 黑色的空间区域是黑洞的内部；白色区域是黑洞的外部(见卡片12.1)。内部的点不可能向外面的点传送信号

霍金、格罗赫(Robert Geroch)、埃里斯和其他物理学家创立了一套有力的结合拓扑学和几何学的广义相对论计算工具，现在我们称这套工具为*整体方法*。[18] 1970年，霍金和彭罗斯用这种方法在没有任何

理想化假设条件下证明，我们的宇宙在它大爆炸膨胀的开端有一个时空奇点；如果它有一天会再次坍缩，那么必然还会在大挤压中产生奇点。[19] 同年，霍金用这个整体方法创造了黑洞绝对视界的概念，证明绝对视界的表面积总是增大的（第12章）。

现在，让我们转到1965年，来看一场重要的论战。卡拉特尼科夫和栗弗席兹在莫斯科证明（他们是这样想的），在内部随机变形的扰动下，真实恒星坍缩成黑洞时不可能在黑洞中心产生奇点；而彭罗斯在英国证明，每个黑洞在中心都必然有奇点。

演讲厅有250个座位，卡拉特尼科夫站起来讲话时，人已经坐不下了。那是在1965年夏的一个大热天，全世界重要的相对论研究者聚集在伦敦召开第三届国际广义相对论和引力论会议。卡拉特尼科夫和栗弗席兹第一次有机会在这样一个世界范围的集会中报告他们关于黑洞没有奇点的证明。 466

从斯大林死后到戈尔巴乔夫时代的几十年间的苏联，出国申请能否得到批准是很难说的。栗弗席兹虽然是犹太人，但在50年代是相当自由的，然而，现在他上了旅行者黑名单，解除得等到1976年。[20] 卡拉特尼科夫有两个不利因素，他是犹太人，而且从来没有出过国。（第一次申请出国是很难获准的。）不过，经过努力争取，加上科学院副院长谢苗诺夫（Nikolai Nikolaievich Semenov）为他给苏联共产党中央委员会打了电话，卡拉特尼科夫总算被批准来伦敦了。[21]

面对拥挤的伦敦演讲厅，卡拉特尼科夫拿着麦克风，一边讲，一边在占了一面墙的15米宽的黑板上写满了方程。他的方法不是拓扑学的，而是物理学家在分析时空曲率时用了几十年的标准的满是方程的方法。卡拉特尼科夫从数学上说明随机扰动一定会随恒星坍缩而增大。他说，这意味着，如果坍缩会形成奇点，那么奇点的时空曲率必然遭受了彻底的随机形变。接着他讲述了他和栗弗席兹怎样在广义相对论定律所允许的各种类型的奇点中寻找那种经过了彻底的随机曲率形变的奇点。他从数学上列举了一个个奇点类型，几乎令人厌烦地为这些奇点编了目。其中，没有一个是经过了完全随机变形的。于是他得到结论——也结束了他40分钟的讲话——随机扰动下的坍缩恒星不可能产生奇点。扰动一定能将恒星从毁灭中救出来。

掌声响过，惠勒最有才能的学生米斯纳站起来，奋力提出反驳。他很激动，又精力旺盛，用连珠炮似的英语讲述了彭罗斯几个月前证明的定理。如果彭罗斯的定理是对的，那么卡拉特尼科夫和栗弗席兹就一定错了。

467

这位苏联代表愣了，激动了。米斯纳的英语说得太快，他没跟上。又由于彭罗斯的定理靠的是相对论专家们都很陌生的拓扑学论证，所以苏联人认为那是可疑的。相反，卡拉特尼科夫-栗弗席兹分析的基础很牢固，他们断言，彭罗斯可能错了。[22]

接下来的几年里，东西方的相对论专家彻底考察了彭罗斯和卡拉特尼科夫-栗弗席兹的分析，乍看起来，两家都可疑，都有可怕的潜在裂痕。不过，随着专家们逐步掌握和发展彭罗斯的拓扑学技术，他们相信彭罗斯是对的。

1971年6月，在莫斯科卡拉特尼科夫家里的晚餐聚会。左起顺时针方向：索恩、惠勒、栗弗席兹、卡拉特尼科夫、卡拉特尼科夫的夫人Valentina Nikolaievna，别林斯基和卡拉特尼科夫的女儿Eleanora。［C. W. 米斯纳提供。］

1969年9月，我在莫斯科泽尔多维奇研究小组访问，栗弗席兹给 468 我拿来一份他和卡拉特尼科夫刚写好的手稿。“基普，请为我把这份稿子带到美国，交给《物理学评论通讯》。”[23] 他解释说，在苏联写的稿子，不论什么内容，都自动划为机密，等解密以后才能拿出来，而那得等三个月。照苏联可笑的体制，我们这些外国访问者可以在莫斯科阅读这些手稿，但不经审查不得将稿子带出国。这篇稿子太可贵了，需要尽快发表，不能让那种荒唐的审查给耽误了。栗弗席兹告诉我，他们在文章里认输了，为错误而遗憾：彭罗斯是对的，他们错了。1961年，他们没能在爱因斯坦场方程的解中找到任何带有完全随机形变的奇点；但现在，受彭罗斯定理激发，他们和研究生别林斯基（VladimirBelinsky）设法找到了一个。他们认为，这个新奇点可能终结随机形变恒星的坍缩，也可能最终在大挤压的终点毁灭我们的宇宙。实际上，我在1993年想，他们可能是对的。在本章临近结束的时候，我还会来谈1993年的观点和他们新的BKL（“Belinsky-Khalatnikov-

Lifshitz ”）奇点的性质。

我自己有过体会，对一个理论物理学家来说，承认发表的结果犯有重大错误，不仅仅是难堪的事情，那差不多是自我毁灭了。1966年，我的白矮星脉动计算错了，两年后，我的错误计算害得天文学家们把新发现的脉冲星当成白矮星。错误发现以后，因为意义重大，所以在英国的《自然》杂志的编者按里特别指出来。那真是一粒难咽的药丸。

像这样的错误，在美国和欧洲能损害一个物理学家，在苏联就严重得多了。在苏联，科学家在这一群体中的社会地位是特别重要的，它关系着能否出国，关系着科学院的院士选举，这些又可能带来特权，如比别人高近一倍的工资，专用小轿车等。在这样的一些诱惑下，苏联科学家比西方的科学家更容易隐瞒和逃避错误。所以我才被栗弗席兹的请求所感动。他不愿意真理的传播受到阻碍，他的手稿也写得很469 坦诚：承认错了，并宣布未来的一版《经典场论》（朗道-栗弗席兹的广义相对论教程）将修正黑洞不产生奇点的结果。

我把手稿藏在我个人的论文中间带回美国，把它发表了。[24] 苏联的当权者们从未发觉。

为什么把拓扑学方法带进相对论研究的是一个英国物理学家（彭罗斯），而不是美国、法国或苏联的哪个物理学家？为什么整个60年代中拓扑学方法在英国相对论物理学家中间如火如荼，而在美国、法国、苏联和其他地方却举步维艰呢？

我想，原因在于英国理论物理学家在大学所受的教育。他们在大学时主要学数学，然后在应用数学系或应用数学和理论物理学系做博士研究。在美国却不同，大物理学家们在大学时一般都以学物理为主，然后在物理系做博士研究。这样，年轻的英国理论物理学家会很熟悉那些还没在物理学中应用过的艰深的数学分支，但对像关于分子、原子和原子核行为的那些“大胆的”课题，他们也可能缺乏良好的基础。反过来，年轻的美国物理学家在数学上不比他们的物理学教授知道更多，但在分子、原子和原子核的特殊问题上，他们是游刃有余的。

二战以来，美国在很大程度上成了理论物理学的主角，但我们也向全世界的物理学同行们暴露出令人惭愧的数学水平。我们多数还在用50年前的数学；没有能力和现代数学家交流。由于没受过多少数学训练，我们美国人很难在彭罗斯引进拓扑学方法时学会运用它们。

法国物理学家所受的数学教育甚至比英国还好。然而，在六七十年代，法国的相对论专家们被数学的严格（也就是完美）所纠缠，不太重视物理直觉，所以他们没能为坍缩恒星和黑洞的认识做多少事情。对严格数学的追求拖住了他们向前的脚步，尽管他们很熟悉拓扑学，但也无法同英国人竞争。他们甚至没有一点儿这方面的尝试，精力都被吸引到别的地方去了。

从30年代到60年代，朗道在很大程度上代表着苏联的理论物理学，他也是苏联抵制拓扑学的主要根源：30年代，他把理论物理学从西欧带回苏联（第5章）。他的一个传播工具是他创立的一套理论物理学考试，叫“理论须知”，想进他的研究小组的人都得通过这个考 470

栗弗席兹（左）和朗道（右），1954年在莫斯科绍瑟街2号物理问题研究所的朗道家里。［栗弗席兹夫人Zinaida Ivanorna提供。］

试。任何人，不论原来学什么，都可以来参加考试，但很少有人通过。在“理论须知”实行的29年（1933～1962）里，只有43人过了，他们的很大一部分后来都有重大的物理学发现。[25]

471 “理论须知”中的数学问题来自所有朗道认为对理论物理学重要的数学分支，覆盖了微积分、复变函数、微分方程定性理论、群论和微分几何，都是物理学家一生所需要的。其中没有拓扑学，不是朗道反对它，而是忽略了它，认为它没有关系，用不着它——他的观点也就几乎成了40年代到60年代大多数理论物理学家信奉的真理：拓扑学与理论物理毫不相干。

这种观点，通过朗道和栗弗席兹写的一套《理论物理学教程》传给了全世界的理论物理学家。那是20世纪在世界范围内最有影响的物理学教科书，不过也跟朗道的理论须知考试一样，忽略了拓扑学[1]。

奇怪的是，早在彭罗斯定理之前，列宁格勒的两个苏联数学家亚历山大洛夫（Aleksander Danilovich Aleksandrov）和皮苗诺夫（Revol't Ivanovich Pimenov），就在相对论研究中应用拓扑技术了。[26] 1950～1959年，亚历山大洛夫用拓扑学探求时空的"因果结构"，也就是研究能相互通讯和不能相互通讯的时空区域之间的关系，[27] 这就是后来在黑洞理论中大获丰收的那种拓扑分析方法。他建立了一个优美而有力的拓扑学框架，50年代中期，他的年轻同事皮苗诺夫又接着把它向前推进。[28]

但他们的研究没有结果。在与亚历山大洛夫和皮苗诺夫往来的物理学家中，几乎没有引力方面的专家。本来，这样的专家会知道哪些计算有用，哪些没有用，他们会告诉亚历山大洛夫和皮苗诺夫，大爆炸奇点和恒星的引力坍缩正需要用他们的方法去探索。但是，在列宁格勒听不到这样的忠告；他们需要的物理学家远在东南600千米的莫斯科，而那些人从没想过拓扑学和拓扑学家。亚历山大洛夫-皮苗诺夫拓扑结构，刚开花就凋落了。

1.朗道的"理论须知"（后来叫"朗道位垒"）包括，数学：解常微分方程（任选一题），用初等函数表示不定积分（任选一题）；物理：理论力学，热力学和统计物理，场论（狭义和广义相对论），非相对论量子力学，相对论量子力学、场论、基本粒子，连续介质电动力学，连续介质力学（流体力学、弹性力学）。必须的数学都包括在物理学题目中。通过了这个"位垒"的人也有永远离开物理学的，可见那是多么痛苦的考试。由朗道设计，主要由栗弗席兹执笔的那套教程计划八卷（现在我们看到的有10卷），即须知的那些物理内容，几乎都有中译本（但多数都是根据早期版本翻译的）。——译者注

花的命运是和两个主人的命运联系在一起的。亚历山大洛夫成为列宁格勒大学校长，没有更多的时间做进一步研究；皮苗诺夫因为建立“反苏组织”在1957年被捕，坐了6年牢，出来7年后又被捕了，流放5年，去了列宁格勒以东1200千米外的科密共和国。

472

我没见过亚历山大洛夫和皮苗诺夫，但我1971年（皮苗诺夫第二次被捕后一年）访问列宁格勒时，皮苗诺夫的故事还在物理学家中流传。据说，皮苗诺夫认为苏联政府道德败坏，像美国许多年轻人在越南战争时期的思想一样，他觉得与政府合作就是同流合污。保持自己道德纯洁的惟一办法是非暴力对抗。在美国，非暴力对抗意味着拒绝登记当兵；皮苗诺夫的非暴力对抗则是“萨密兹达”（Samizdat），也就是“地下出版”禁止的手稿。有人说，皮苗诺夫常从朋友那儿收到禁止在苏联出版的一些稿子，他用复写纸抄几份，然后把它们寄给别的朋友，他们也如法炮制，继续扩散。皮苗诺夫被捕了，被判有罪，流放到科密，在那儿做伐木工人和伐木机厂的电机技师。后来，科密科学院发现了他，让他做数学部主任。

终于又能做数学了，皮苗诺夫继续研究他的时空拓扑学。那个时候，拓扑学作为物理学家的引力研究工具已经生根了，而他却孤独地远离他祖国的前沿物理学家。他没有产生影响；假如换个环境，他是应该能够产生影响的。

与亚历山大洛夫和皮苗诺夫相比，彭罗斯要幸运多了。他一只脚牢牢扎根在数学，另一只脚牢牢扎根在物理，这是他成功的重要原因。

最佳猜想

也许有人以为，彭罗斯的奇点定理将一劳永逸地解决黑洞内部的问题。事情没那么简单，它反倒引出了一些新问题——从60年代中期以来，物理学家一直在同这些问题斗争，但成绩不大。关于这些问题，我们现在（1993年）的回答（更好的说法是，我们的“最佳猜想”）是：

1. 进入黑洞的一切事物都必然会被奇点吞没吗？我们认为是的，[473] 但还不能肯定。

2. 存在从黑洞内部到其他宇宙或我们宇宙的其他部分的道路吗？很可能没有，但我们没有绝对把握。

3. 落进奇点的事物的命运是什么？我们认为，在黑洞很年轻时下落的事物在量子引力发生重要作用之前会被潮汐引力任意猛烈地撕裂。然而，落向老黑洞的事物可能会幸免于难，而最终能够面对量子引力定律。

在这一章剩下的篇幅里，我将更详细地解释这些答案。

回想一下，对上面三个问题，奥本海默和斯尼德曾有过明确的回答：如果黑洞是由高度理想化的球状坍缩恒星产生的，那么，（1）进入黑洞的一切事物都会被奇点吞没；（2）没有到其他宇宙或我们宇宙的其他部分去的事物；（3）接近奇点时，一切事物都将遭受无限增大的径向拉伸和横向挤压（图13.1上）从而被毁灭。

这些答案是很有启发作用的，它激发了能带来更深刻认识的计算。不过，（科拉特尼科夫和栗弗席兹得到的）更深刻的认识却表明，奥本海默-斯尼德答案与我们生存的真实宇宙无关，因为发生在所有真实恒星的随机变形会彻底改变黑洞的内部。奥本海默-斯尼德黑洞的内部"对小扰动是不稳定的"。[29]

爱因斯坦场方程的雷斯纳-诺德斯特勒姆解也提出了明白而确凿的答案：假如黑洞是由特殊的高度理想化的球状带电恒星产生的，那么，坍缩的恒星和落进黑洞的其他事物可以经过一个"封闭小宇宙"，从黑洞内部旅行到另一个大宇宙去（图13.4）。[30]

这个答案也有启发意义（它已经为科幻小说家们提供了好多想象的素材）。然而，它跟奥本海默-斯尼德预言一样，与我们生存的真实宇宙无关，因为它对小扰动是不稳定的。说得具体一些，在我们的现实宇宙中，黑洞不断遭受微弱电磁真空涨落和少量辐射的轰击。这些涨落和辐射落进黑洞，在黑洞引力作用下加速，增大能量，然后猛烈地打击并摧毁还没来得及启程的封闭小宇宙。这个猜想是彭罗斯1968年提出的，自那时起，得到了许多物理学家不同计算的证明。[31]

474

另外，别林斯基、卡拉特尼科夫和栗弗席兹还为我们的问题提出了一个答案，它对小扰动是完全稳定的，也许就是适用于我们宇宙中真实黑洞的"正确"答案：*形成黑洞的恒星和在黑洞年轻时落进洞里*

的一切事物都会被BKL奇点的潮汐引力撕裂。(这是别林斯基、卡拉特尼科夫和栗弗席兹相信彭罗斯说的黑洞内一定存在奇点后，从爱因斯坦方程的解中发现的一类奇点。)[32]

BKL奇点的潮汐引力与奥本海默-斯尼德奇点根本不同。奥本海默-斯尼德奇点越来越强地作用在下落的宇航员(或其他任何事物)上，总是径向拉伸，横向挤压，而且拉伸和挤压的强度持续光滑地增大(图13.1)。BKL奇点不一样，它有点像我们在糖果店和博览会上见过的制糖机，先在一个方向挤压，然后又在另一个方向挤压；一会这儿，一会那儿(在下落宇航员看来)，拉伸与挤压总在随机地不可捉摸地变换方向，平均说来，作用强度也越来越大，当宇航员离奇点越来越近时，他会感觉振荡也越来越快。米斯纳(他独立于别林斯基、卡拉特尼科夫和栗弗席兹，也发现了这种混沌振荡的奇点)称这种行为是*搅拌振荡*。[33] 我们可以想象，它像打蛋器搅拌蛋黄蛋白那样将宇航员身体的各部分搅在一起。图13.6表现了潮汐引力如何振荡的一个具体例子，但精确的振荡序列是混沌而难以预料的。

米斯纳的搅拌型奇点的振荡在(从宇航员看来)某个特别时刻在空间各处都是一样的。BKL奇点却不像这样，它的振荡在空间和时间上都是混沌的，就像破碎的海浪的前锋在时空中的湍流运动。例如，当宇航员的头在南-北方向遭受轮番拉伸和挤压时，它的右脚可能正在东北-西南方向受罪，而左脚却在南-东南和北-西北方向遭殃。他的头、左脚和右脚“挨打”的频率可能会大不相同。

476

爱因斯坦方程预言，宇航员到达奇点时，潮汐力长到无限大，混

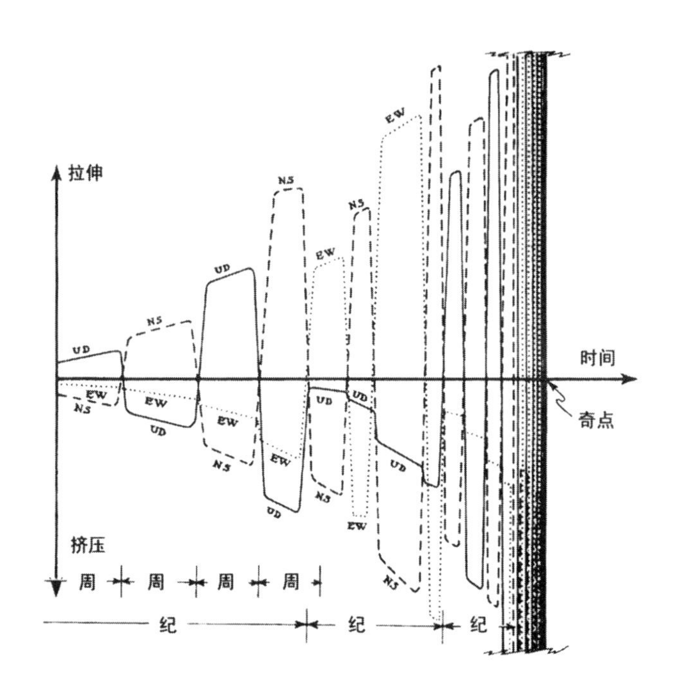

图13.6 BKL奇点的潮汐引力随时间振荡的例子。潮汐力以不同方式作用在三个互相垂直的方向。为明确起见，我们称三个方向为UD（上-下）、NS（南-北）和EW（东-西），三条曲线分别描述三个方向的潮汐引力作用。时间为水平方向。UD曲线在水平时间轴上方时，潮汐力沿UD方向拉伸，UD曲线在时间轴下方时，潮汐力产生挤压。曲线在轴上越高，拉伸作用越强；在轴下越低，挤压作用越强。注意以下几点：(i)在任何时刻，挤压发生在两个方向，而拉伸在一个方向。(ii)潮汐力在拉伸与挤压间振荡，每次振荡叫"周"。(iii)周合成"纪"。在每一纪里，一个方向只有完全持续的挤压，另外两个方向在拉伸与挤压间振荡。(iv)纪改变时，持续挤压方向也发生改变。(v)临近奇点时，振荡无限快，潮汐力无限大。周划归为纪的细节和振荡模式在每一纪开始时的改变，可以用所谓的"混沌图"来描述

沌振荡变得无限快。宇航员死了，构成他身体的原子遭到了无限的破坏，混沌地搅在一起——这时，一切事物（潮汐力、振荡频率、破坏、混合）都成为无限，时空也不复存在。

然而，量子力学定律不同意，它们严禁无限。就我们现在（1993年）的认识，在邻近奇点处，量子力学的定律和爱因斯坦广义相对论的定律会融合在一起，将彻底改变“游戏规则”。新定律叫*量子引力*。

量子引力发生作用的时候，宇航员死了，他身体的各部分完全混合了，原子被彻底破坏，不能识别了。但没有一样是无限的，“游戏”还可以继续。

那么，量子引力到底什么时候发生作用，它能做什么呢？据我们现在的认识（很可怜的一点认识），当振荡的潮汐引力（时空曲率）大得能在10^{-43}秒或更短时间内彻底改变所有物体的时候，[1] 量子引力就出现了。[34] 接着，它将根本改变时空的特性：它分裂空间和时间统一而成的时空；它分开胶结在一起的空间和时间；它毁灭时间的概念，也破坏空间的确定性。时间不在了，我们不能再谈什么“这件事情发生在那件事情以前”，因为没有时间，就没有“以前”和“以后”的概念。统一时空惟一遗留下来的空间，成了像肥皂泡一样随机的概率的泡沫。[36] 477

分裂前（也就是在奇点外）的时空，可以比喻为一块饱含水的木头，木块是空间，水是时间。两样东西（木头和水；空间和时间）是紧紧交织在一起的、统一的。时空走近奇点和量子引力，就像木块投进烈火。火把木块里的水蒸发出去，只留下脆弱的干木块；在奇点，量子引力毁灭了时间，只留下脆弱的空间。接着，木块燃烧了，成为一堆烟灰；而量子引力则把空间变成一团随机的概率的泡沫。

---

1. 10^{-43}秒是普朗克-惠勒时间。它由公式 $\sqrt{G\hbar/c^5}$ 近似给出。注意，这个时间是普朗克-惠勒面积（12章）的平方根除以光速。（公式中的符号和数值在普朗克-惠勒面积的脚注中已经说明了。）[35]

这些随机的概率的泡沫就是在量子引力定律作用下构成奇点的东西。泡沫的空间没有任何确定的形状（也就是没有确定的曲率，甚至没有一定的拓扑），它只有这样那样形状（即这样那样曲率和拓扑）的概率。例如，在奇点内，空间具有如图13.7（a）那样的曲率和拓扑的概率可能是0.1%，图13.7（b）的概率是0.4%，图13.7（c）的概率是0.02%，等等。这并不是说，空间用它时间的0.1%处于形状（a），用时间的0.4%处在（b），用时间的0.02%处在（c），因为*在奇点内没有时间这种东西*。同样，因为没有时间，像空间形状（b）处于（c）“以前”还是“以后”那样的问题也完全是没有意义的。关于奇点，我们能提出的惟一有意义的问题只能是，“构成你的空间在形状（a）、（b）和（c）的概率有多大？”答案很简单，0.1%，0.4%和0.02%。

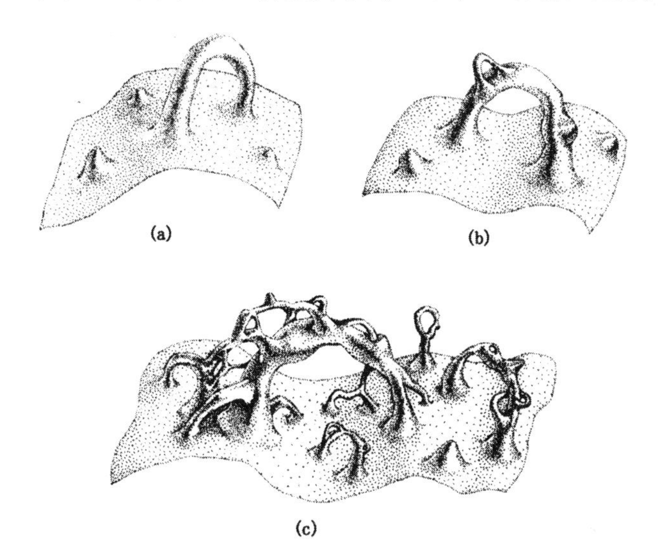

图13.7 我们猜想存在于黑洞内奇点的量子泡沫的嵌入示意图。空间的几何和拓扑是不确定的，而是一些概率。例如，图中（a）所示的空间形状的概率是0.1%，（b）的概率是0.4%，（c）的概率是0.02%，等等

在奇点内，任何可以想象的曲率和拓扑都允许存在，所以，尽管听起来有些荒唐，我们还是说奇点由概率泡沫构成，惠勒称它为量子泡沫，[37] 他第一个提出，在量子引力定律作用下，空间性质一定是这样的。

概括地说，在黑洞中心，在BKL潮汐引力振荡到达极点的时空区域，存在着一个奇点：在那儿，时间不复存在，空间成了量子泡沫。

量子引力定律的一个使命是决定黑洞奇点内不同曲率和拓扑的概率。另一个使命也许是决定奇点诞生“新宇宙”的概率，也就是奇点像大爆炸奇点在约150亿年前产生我们的宇宙那样，产生一个新的经典的（非量子的）时空区域。 478

黑洞奇点产生“新宇宙”，可能吗？我们不知道。也许，它永远不会发生；也许，它经常发生——也许，我们相信奇点是由量子泡沫构成的，可能是完全跟错了方向。

现在，霍金、哈特尔和其他一些人正在惠勒和德维特奠定的基础上进行研究，[1] 在未来的10年或20年里，他们也许能给出一个明确的回答。[38] 479

宇宙万物都会老：恒星燃尽燃料而死亡；地球最终失去大气而成为死星；我们人类也会满脸皱纹而更老练。

---

1. 以上的描述是以惠勒-德维特、霍金-哈特尔建立量子引力定律的方法为基础的，尽管他们的方法不过是现在人们正在研究的众多方法的一种，但我认为它成功的希望更大一些。

黑洞深处奇点附近的潮汐引力也不例外。根据艾伯塔大学伊斯雷尔和泊松（Eric Poisson）以及在加州理工学院小组［在以前多罗什科维奇（Andrei Doroshkevich）和诺维科夫工作基础上建立的］的博士后奥里（Amos Ori）1991年的计算，它们也是随年龄而改变的。黑洞初生时，内部潮汐力表现出剧烈混乱的BKL式振荡（图13.6上）。然而，随着黑洞变老，随机振荡也更平稳柔和，并逐渐消失。[39]

例如，某个类星体中心有一个100亿个太阳质量的黑洞，在它诞生几个小时后落进来的宇航员会被疯狂振荡的BKL潮汐引力撕裂。然而，等了一两天才落进来的第二个宇航员所遭遇的振荡的潮汐力就温和得多。当然，潮汐力的拉伸和挤压作用还是足以杀死他，不过比一天前的痛苦轻得多，他可以多活些时候，可以比第一个宇航员走得离奇点更近一些。第三个宇航员等了几年才进来，他的遭遇更加温和。照伊斯雷尔、泊松和奥里的计算，奇点周围的潮汐力，这时已经相当轻柔了，宇航员几乎感觉不到。他会活下来，也许还不受一点儿伤害，他能走到随机量子引力奇点的边缘。不过当他在奇点边缘直面量子引力定律时，还是会被杀死 —— 我们也没有绝对把握说他一定会在那儿死，因为我们还根本没有很好地认识量子引力定律和它们的结果。

480 黑洞内潮汐力的衰减并不是无法改变的。任何时候落进黑洞的物质和辐射（或宇航员）总会给潮汐力增添能量，这些东西就像一块扔给狮子的肉。奇点附近振荡的拉伸和挤压作用得到补给后，会在短时间内增强，然后又衰减下去，回归刚才的宁静。

惠勒在20世纪50年代末和60年代初有一个梦想，一个希望：人类有一天能走进奇点去看量子引力如何发生作用——这样，我们不仅能靠数学和计算机模拟来研究它，还可以凭借真实的物理进行观测和实验。奥本海默和斯尼德令这个梦想破灭了（第6章）。他们发现，坍缩恒星周围形成的视界把奇点藏了起来，不让外面看到，假如我们总在视界外面，就没有办法探索奇点。假如我们穿过一个巨大的老黑洞的视界，活着面对量子引力奇点，我们也没有办法把看到的情况传回地球。我们的信息逃不出黑洞，视界把它遮住了。

虽然惠勒早就不做那样的梦了，现在也热情主张不可能走近奇点，但这一点是否正确，我们还完全没有把握。可以想象，某些极端的非球状星体坍缩会产生*裸奇点*，即没有视界包围的奇点，从而可以从外面的宇宙，甚至从我们的地球观察它、探索它。

60年代后期，彭罗斯从数学上费了很大气力去寻找产生裸奇点的坍缩例子，但什么也没找到。在他的方程里，每当坍缩产生奇点，它总会产生包围奇点的黑洞。彭罗斯不觉得奇怪，毕竟，假如真会形成裸奇点，那么似乎可以合理地预料，在奇点形成前，光能从附近逃逸；如果光能逃，那么（似乎）产生奇点的坍缩物质也能逃；如果坍缩物质能逃，那么大概物质内部的巨大压力会让它逃，从而坍缩逆转了，奇点也就不能在原来的地方形成了。似乎应该这样，但不论彭罗斯还是别的人，他们的数学还没有能力让人确信。

彭罗斯强烈感到，裸奇点不可能形成，但他证明不了。1969年，[481] 他提出一个猜想，宇宙监督猜想：*没有坍缩物体能形成裸奇点；如果奇点形成了，它必然套在视界里，我们不能从外面的宇宙看见它。*

物理学的“建设者”们——像惠勒那样的物理学家，他们的观点总是最有影响的——接受了宇宙监督，几乎把它当成真理了。不过，自彭罗斯提出四分之一世纪以来，宇宙监督还没得到证明。而最近的计算机对高度非球状星体坍缩的模拟甚至令人怀疑它可能是错的。根据康奈尔大学夏皮罗和特奥科尔斯基的这些模拟，有些坍缩确实可能会产生裸奇点。[40] 可能产生而不是一定会产生，不过可能而已。

霍金是当今物理学建设者的缩影，而普雷斯基尔（John Preskill，我在加州的同事）和我喜欢给他们的建设加把劲。于是，我们在1991年跟霍金打赌（图13.8），我们赌宇宙监督是错的，裸奇点能在宇宙中形成；霍金赌它是对的，裸奇点永远不会形成。

赌约才订立四个月，霍金自己就发现数学证据（但不是严格的证明）表明，黑洞在完全蒸发后（第12章），可能不会像他以前预料的那样彻底消失，而会留下一个小的裸露的奇点。[41] 几天后，在普雷斯基尔家聚餐时，他把结果告诉了普雷斯基尔和我。不过，当我俩要他认输时，他却不肯，找了一个技术上的根据。他说，赌约写得很清楚，我们的赌限于在包括广义相对论的经典物理学（也就是非量子的）定律作用下形成的裸奇点。但是，黑洞蒸发是量子力学现象，不受经典的广义相对论定律作用，而是由弯曲时空的量子场论定律决定的，所以任何可能从黑洞蒸发产生的裸奇点都在我们的赌约范围之外。霍金说对了。不管怎么说，无论裸奇点如何产生，它总是对物理学建设的一个打击！

482

虽然打赌好玩儿，我们讨论的东西却是很严肃的。如果裸奇点

Whereas Stephen W. Hawking firmly believes that naked singularities are an anathema and should be prohibited by the laws of classical physics,

And whereas John Preskill and Kip Thorne regard naked singularities as quantum gravitational objects that might exist unclothed by horizons, for all the Universe to see,

Therefore Hawking offers, and Preskill/Thorne accept, a wager with odds of 100 pounds stirling to 50 pounds stirling, that when any form of classical matter or field that is incapable of becoming singular in flat spacetime is coupled to general relativity via the classical Einstein equations, the result can never be a naked singularity.

The loser will reward the winner with clothing to cover the winner's nakedness. The clothing is to be embroidered with a suitable concessionary message.

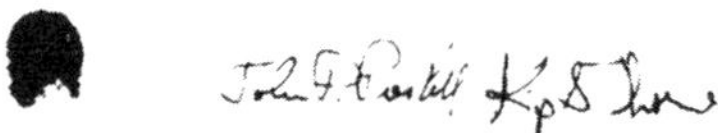

Stephen W. Hawking　John P. Preskill & Kip S. Thorne
Pasadena, California, 24 September 1991

图13.8 霍金、普雷斯基尔和我为彭罗斯的宇宙监督猜想的赌约[1]

能够存在，那么只有在我们现在还没认识的量子引力定律能告诉我们，这些奇点的行为如何，会对附近的时空做些什么，它们的作用是否会对我们生活的宇宙产生巨大的影响？因为裸奇点（如果能够存在的话）可能强烈影响我们的宇宙，我们非常想知道宇宙监督猜想是不是正确的，量子引力定律对奇点行为会有什么预言。想弄清这些问题，不会很快，也不会太容易。

1.赌约写的是："鉴于S. W. 霍金诚信棵奇点为可诅咒者，应为经典物理学所禁戒；而J. 普雷斯基尔与K. 索恩以裸奇点为量子引力客体，能不为视界所隐藏而令全宇宙都能看见。故两方约定，霍金以100英镑对普雷斯基尔－索恩50英镑赌：在平直时空不可能产生奇异的任何形式的经典物质或场，在通过经典爱因斯坦方程与广义相对论相联系时，结果也不可能是裸奇点。输家向赢家提供蔽体的衣服，衣服上须绣适当的认输字据。（签名，霍金按的手印，时间是1991年9月24日。）——译者注

第 14 章
虫洞和时间机器

为了洞察物理学定律，作者问：
高度发达的文明
能在超空间凿开虫洞
作快速星际旅行
并从时间机器回到过去吗？

虫洞和奇异物[1]

上完1984～1985学年的最后一堂课，我坐进办公室的椅子，想好好放松一下。这时，电话铃响了，是我多年的老朋友、康奈尔大学天体物理学家卡尔·萨根（Carl Sagan）打来的。"基普，打扰了！"他说，"我刚写完一本小说，讲人类第一次同外星文明打交道。不过有点儿麻烦。我想尽量把科学的东西写得准确一些。我怕把某些引力物理的东西弄错了，你能替我看看吗？"我当然愿意。卡尔是个聪明

1. 这一章主要是照我个人的观点写的，所以不像其他章节那么客观；而且对别人的研究讲得很少，很不全面。

的伙计，那书一定很有意思，而且还可能很逗人。再说，老朋友的请求，我怎么能不答应呢？

几个星期后，小说寄来了。隔行打印的稿子，三英寸半厚的一摞。

我和前妻琳达（Linda）和我们的儿子布里特（Bret）正要去圣克鲁斯看大学毕业的女儿卡丽丝（Kares）。我把书稿塞进旅行包，放在琳达的野马车后座上，从帕萨迪纳出发了。 484

琳达和布里特轮流开车，我一边看书一边思考。（他们跟我在一起生活了多年，已经习惯我的这种行为了。）小说很逗人，但卡尔确实有点儿问题。他让他的女主角阿洛维（Eleanor Arroway）落进地球附近的一个黑洞，然后像图13.4那样穿过超空间，一小时后出现在26光年远的织女星旁。卡尔不是相对论专家，不熟悉微扰计算的结果[1]：不可能从一个黑洞的中心穿过超空间到我们宇宙的另一部分。任何黑洞都不断受电磁真空小涨落和少量辐射的攻击。这些涨落和辐射落进黑洞时，被黑洞引力加速到巨大能量，然后暴雨般落向可能被人们借以穿越超空间的任何“封闭小宇宙”或“隧道”或宇宙飞船。计算不容置疑，任何做超空间旅行的飞船都会在启动前就被“暴雨”摧毁。卡尔的小说得改。

从圣克鲁斯回来，在5号州际公路上弗雷斯诺西边的某个地方，我突然闪出一个念头，也许，卡尔可以把他的黑洞换成穿过超空间的

1. 见第13章“最佳猜想”一节。

虫洞。

虫洞是宇宙中相距遥远的两点间的一条假想捷径。它有两个洞口，例如，一个在地球附近，另一个在26光年外织女星轨道附近。两个洞口通过超空间的隧道相联结（虫洞），可能只有1千米长。假如我们从地球附近的洞口走进隧道，只经过1千米，就到达另一洞口，出现在（从外面的宇宙看来）26光年远的织女星旁。

图14.1用嵌入图画了这样一个虫洞。与通常的嵌入图一样，在这个图中，我们的宇宙也理想化为二维的，而不是三维的（见图3.2和3.3）。宇宙的空间在图中表现为一张二维面。在纸上爬行的蚂蚁感觉不到纸是平整的还是褶皱的，同样，宇宙中的我们也不太清楚我们的宇宙在超空间里是平直的还是像图那样弯曲的。然而，有一点褶皱也是重要的，这样地球和织女星才可能在超空间里相邻，从而才可能通过很短的虫洞联结起来。空间有了虫洞，我们就和在嵌入图的曲面上爬行的蚂蚁和小虫那样，有两条可能的从地球到织女星的道路：沿着外面宇宙的26光年的长路和穿过虫洞的1千米的捷径。

485

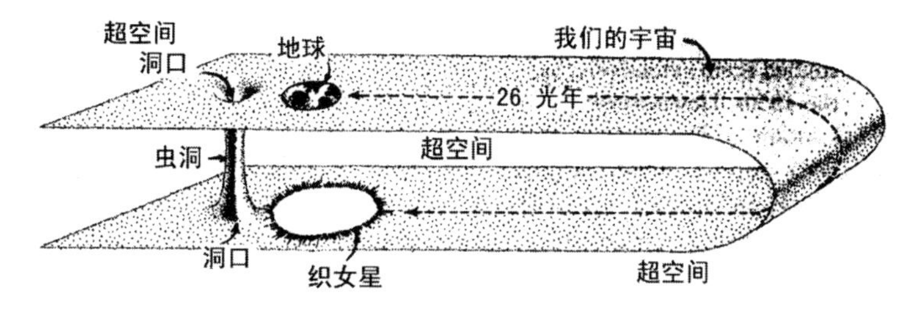

图14.1 通过超空间连结地球和26光年外的织女星的1千米长的虫洞

假如虫洞在地球上，那么洞口在我们面前像什么样子呢？在嵌入图的二维宇宙中，洞口画成了圆，因此在我们的三维宇宙里，它应该是圆的三维表象，也就是一个球。实际上，洞口可能有点像无旋转黑洞的球状视界，不过有一个重要的区别：黑洞的视界是“单向”曲面，任何事物都能进去，但没有东西可以出来。而虫洞口是“双向”曲面，我们能从两个方向穿过它，可以走进洞里，也可以回到外面的宇宙。向球状洞口内看，可以看见来自织女星的光。光从织女星附近的洞口进入虫洞，像穿过光导管和光纤那样穿过它，然后从地球的洞口穿出来，射进我们的眼睛。

虫洞不仅是科幻小说家凭空想象的东西，早在1916年就从数学上在爱因斯坦场方程的解里发现它了。[1] 那时，爱因斯坦的场方程刚建立几个月。后来，在20世纪50年代，惠勒和他的研究小组又用不同的数学方法对它们进行过广泛的研究。不过，在我1985年在5号公路旅行以前，所发现的那些作为爱因斯坦方程的解的虫洞，没有一个适合于萨根的小说，因为没有谁能够安全穿越它们。它们每一个都随时间奇怪地演变：虫洞在某个时刻产生，短暂地打开，然后关闭、消失——从产生到消失，时间极短，没有事物（人、辐射或任何形式的信号）能在这么短的时间内从一个洞口穿过它到达另一个洞口。谁想去试试，一定会在它的消失中毁灭。图14.2画了一个简单的例子。 486

几十年来，我和大多数物理学同行一样，也在怀疑虫洞。照爱因斯坦场方程的预言，虫洞的寿命本来就很短暂，在辐射的随机打击下还会更短。辐射〔根据伊尔德莱（Doug Eardley）和雷德蒙特（Ian Redmount）的计算〕被虫洞引力加速到超高能，虫洞的喉管在强大辐射的轰击下，比以往更快地收缩、关闭——霎那间就完了，仿佛根本

487

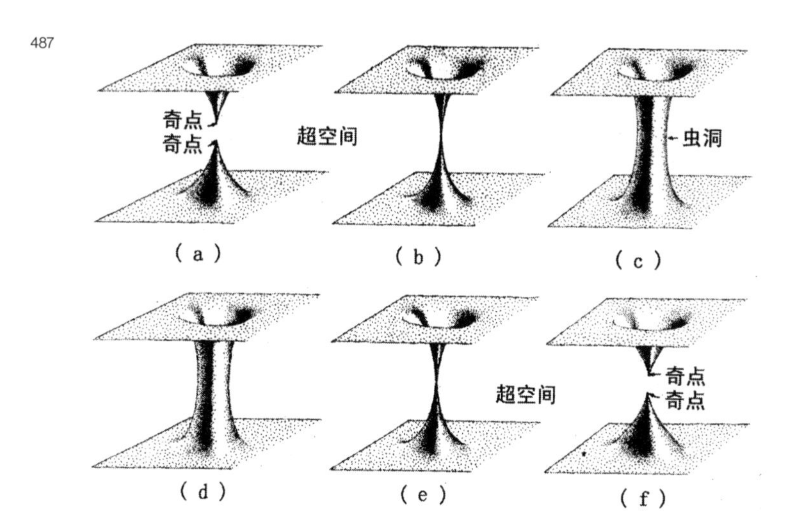

图14.2 洞内无任何物质的完全球状虫洞的演化。（这个演化过程是普林斯顿大学惠勒的年轻助教克鲁斯卡（Martin Kruskal）在50年代中期从爱因斯坦场方程的解中发现的。）初始时（a），没有虫洞，在地球和织女星附近各有一个奇点。然后，在某一时刻（b），两个奇点在超空间里生长、相遇，然后湮灭，在湮灭中生成虫洞。虫洞周长在（C）增大，然后又收缩（d），最后消失（e），产生两个奇点（f），就像虫洞产生前的样子——但有一点决定性的不同：初始奇点（a）像大爆炸，时间从它流出，它也能生成某些事物：大爆炸产生宇宙，初始奇点产生虫洞。而最后的奇点（f）不一样，它像大收缩（第13章），时间流进它，万物被它毁灭：大收缩毁灭宇宙，它毁灭虫洞。任何企图在虫洞打开的短暂时间里穿过去的事物，都将在虫洞关闭时被捕获，随它自身一起消失在最后的奇点（f）[2]

就不曾存在过。

还有另一个怀疑的理由。我们知道黑洞是星体演化不可避免的结果（天文学家在我们星系中大量看到的那些大质量的缓慢旋转的恒星在死亡时会坍缩形成黑洞），但在自然界却没有类似的虫洞生成的方式。实际上，没有什么理由相信我们的宇宙在今天包含了任何会产生虫洞的奇点（图14.2）；即使存在这样的奇点，也难以理解两个奇点能在广阔的超空间里相遇而像图14.2那样形成虫洞。

朋友需要帮助时，我们总会想方设法去帮助。尽管我也怀疑虫洞，但那似乎是我能找到的惟一可以帮助卡尔的东西。在弗雷斯诺西畔的5号公路上，我想大概存在一种无限发达的文明，可以总让虫洞开着，而不让它消失。这样，阿洛维就能通过它在地球和织女星之间往返。我拿出纸笔就开始算起来。（幸好5号公路很直，我做计算不会晕车。）

488

为使计算容易一些，我把虫洞理想化为完全球状的（图14.1也是这样的，不过三维宇宙在图中压缩成二维，虫洞的截面是圆）。接着，我以爱因斯坦场方程为基础，做了两页计算，发现三件事情：

第一，*保持虫洞开放的惟一方法是，用某种类型的物质贯穿虫洞，靠引力作用将洞壁撑开*。我把这种物质称为奇异的，因为下面会看到，它与人类所见过的任何物质都大不一样。

第二，我发现，奇异物不仅像要求的那样会把洞壁向外推，而且当光束通过时，它还会凭引力将光线外推，使光束分离。换句话说，奇异物像一个“散焦镜”，靠引力将光束分开。见卡片14.1。

第三，我从爱因斯坦场方程知道，为了靠引力让光束分散，靠引力将虫洞壁撑开，*贯穿虫洞的奇异物在光束看来必须具有负能量密度*。这需要解释一下。想一想，引力（时空曲率）由质量产生（卡片2.6），而质量与能量等价（卡片5.2，等价性体现在爱因斯坦的著名方程 $E=Mc^2$）。就是说，可以认为引力是由能量产生的。现在，我们从光束的角度——也就是从某个以（近）光速穿越虫洞的观测者的角度——

来计算虫洞内物质的能量密度（每立方厘米的能量），然后沿光束轨迹求它的平均。结果，只有在平均能量密度为负时，光束才能分散，虫洞才会张开——这样，虫洞的物质才是我们所谓“奇异的”。[1]

488　这并不是说，在虫洞内静止的观测者看来，奇异物具有负能量。能量密度是相对概念，不是绝对的；在一个参照系里它可以为负，在另一个参照系里，它也可以为正。在穿过虫洞的光束的参照系中测量，奇异物有负能量密度；但在虫洞的参照系测量，能量密度是正的。不过，我们人类遇到的几乎所有形式的物质在每一个参照系中都具有正的平均能量，物理学家长期以来一直怀疑奇异物的存在。我们猜想，物理学定律大概严禁这样的奇异物，但一点儿也不清楚它们是如何做到这一点的。

卡片14.1

让虫洞打开：奇异物

任何球状虫洞都将分散穿过它的光束。为看清这一点，想象（如图所示）光束在进入虫洞前经过一会聚透镜，这样光线沿径向向虫洞中心会聚，然后，光线继续沿径向穿行（它们如何还能运动呢？），就是说，在从另一洞口出现时，它们沿径向散开，像图中那样离开虫洞中心。光束就这样解散了。

1. 用专业术语说，奇异物“违背了弱平均能量条件”。

令光束解散的虫洞的时空曲率，是贯穿虫洞并使它张开的“奇异”物产生的。而时空曲率等价于引力，所以实际上是奇异物的引力让光束散开的。换句话讲，奇异物排斥光束的光线，把它们从它自己身边赶走，从而它们也相互分离散开了。

这与引力透镜发生的事情正好相反（图8.2）。在那儿来自遥远恒星的光被途中的恒星或星系或黑洞的引力所吸引、聚焦；在这里，光却被散焦了。

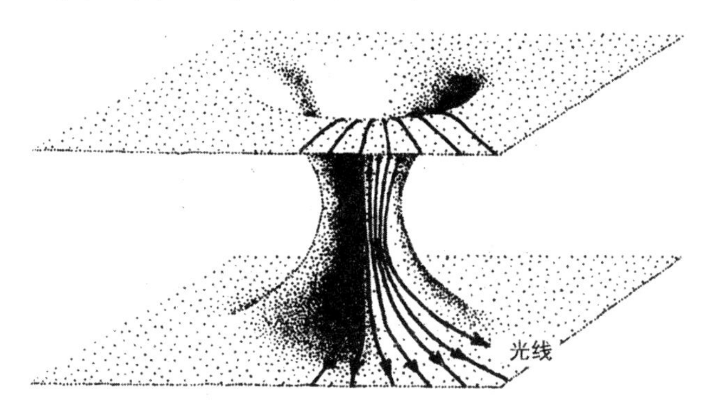

我在5号公路上想，也许我们对奇异物存在的偏见是错误的。也许奇异物能够存在。这是我能发现的惟一可以帮助卡尔的。所以，回到帕萨迪纳，我就给卡尔写了一封长信，向他解释，为什么他的女主角不能借黑洞做星际旅行，我建议让她去穿过虫洞。小说中还应该有某个人发现奇异物真能存在，而且可以用来打开虫洞。卡尔愉快地采纳了我的建议，写进了最后的定稿。那小说叫《接触》（*Contact*）。[1] 490

1. 特别请看萨根《接触》第347、第348和第406页。那儿的奇异物条件（在穿过虫洞的光束看来，奇异物有负平均能量密度）的表述不同，但是等价的：从某个静止在虫洞里的人看来，奇异物一定在径向上有比能量密度还大的张力。

给卡尔的信寄出后，我突然想，他的小说可以作为学生学广义相对论的教学工具。1985年秋，莫里斯（Mike Morris，我的学生）和我为了帮助这些学生，开始写一篇论文，关于奇异物支撑的虫洞的广义相对论方程和这些方程与萨根小说的联系。

我们写得很慢，其他更急迫的事情赶到前头去了。1987 ~ 1988年的冬天，我们把稿子交给《美国物理学杂志》。[3] 还没发表，临近博士毕业的莫里斯正申请博士后研究，他在申请书里附上了我们的文章。帕奇（宾夕法尼亚州立大学教授，我和霍金以前的学生）收到了申请，读了我们的稿子后给莫里斯写了封信：

“亲爱的麦克，…… 据霍金和埃利斯书中的命题9.2.8，加上爱因斯坦场方程，立刻就能得到，任何虫洞[都需要奇异物来支撑]…… 您忠实的D. N. 帕奇。”

我觉得自己太傻了。我从没深入学过整体方法[1]（霍金和埃里斯一书的主题），[4] 现在付出代价了。我在5号公路上不太费力地得出，为了打开完全球状的虫洞，需要奇异物的贯通。现在，帕奇用整体方法更不费力就得到，打开任何（球状的、立方体状的或有任意形变的）虫洞，都必须有奇异物穿过。后来我听说，甘农（Dennis Gannon）和C. W. 李在1975年得到过几乎相同的结论。

491

虫洞需要奇异物打开的发现，在1988 ~ 1992年间激起了理论研

1. 第13章。（霍金和埃利斯的那本书即《时空的大尺度结构》，是用整体微分几何方法写的一部广义相对论专著。很遗憾，我不能将命题9.2.8用几行通俗文字说明白。—— 译者注）

究热潮，中心问题是，“物理学定律容许奇异物存在吗？如果是的，那应在什么条件下呢？”

解开这个问题的钥匙，霍金在70年代就已经准备好了。1970年，霍金在证明黑洞面积总会增加时（第12章），不得不假定任何黑洞视界附近不存在奇异物。假如视界边有奇异物，霍金的证明就失败了，他的定理将失去意义，视界面积可以收缩。然而，霍金并不太替这种可能担心。看来，在1970年大家都愿意相信奇异物不可能存在。

可是，1974年出现了令人大吃一惊的事情：霍金从他黑洞蒸发（第12章）的发现中顺便推测，*黑洞视界附近的真空涨落是“奇异的”*：[5] 从视界附近流出的光束看，它们具有负平均能量密度。事实上，令黑洞在蒸发中收缩从而违背霍金面积增加定理的，正是真空涨落的这种奇异特性。由于奇异物对物理学太重要了，我还是好好解释一下：

回想一下卡片12.4讨论的真空涨落的起源和本质：当我们试图将电场和磁场从某个空间区域拿走，也就是当我们想产生理想真空时，总会留下一些随机的不可预测的电磁振荡——由相邻空间区域的场之间的“交流”产生的振荡。“这里”的场向“那里”的场借走能量，给“那里”的场留下能量亏损，即在那里出现瞬间负能量。然后，那里的场立刻收回能量，还附带着一点盈余，使自己拥有瞬间正能量。这样的过程，一直不断地进行着。

在地球的正常情况下，这些真空涨落的平均能量为零。能量处在 492

盈亏状态的总时间相等，所以平均说来没有盈亏。而霍金1974年的计算意味着，在蒸发黑洞的视界附近会出现不同的情况。视界旁的平均能量，至少在光束看来一定是负的，就是说，真空涨落是奇异的。

这些事情是怎样发生的？具体情况到80年代初才有结果。那时，宾夕法尼亚州立大学的帕奇、牛津的康迪拉斯（Philip Candelas）和其他许多物理学家用弯曲时空的量子场定律广泛深入地研究了黑洞视界对真空涨落的影响。他们发现，视界的影响是关键。视界使真空涨落扭曲，出现地球上没有的形状。通过扭曲，平均能量密度成为负的，这样，真空涨落也成为奇异的了。

真空涨落在什么条件下变奇异呢？它们能在虫洞内表现奇异特性而令虫洞打开吗？帕奇发现奇异物质是打开任何虫洞的惟一途径，这两个问题是对他的发现所激起的研究潮流的巨大冲击。

答案来之不易，而且也不彻底。克林卡莫（Gunnar Klinkhammer，我的学生）证明，在平直时空，即在远离一切引力物体的地方，真空涨落不可能是奇异的——它们不可能具有光束看到的负平均能量密度。另一方面，瓦尔德（惠勒以前的学生）和尤泽维尔（Ulvi Yurtsever，我以前的学生）证明，在弯曲时空的很多情况下，曲率会扭曲真空涨落从而使它们成为奇异的。[6]

虫洞想脱离这样的环境吗？虫洞的曲率能通过扭曲作用让真空涨落成为奇异的从而打开虫洞吗？在这本书出版时，我们还不知道。

1988年初，奇异物的理论研究方兴未艾时，我才发觉萨根的电话所激起的那些研究是多么有力。在*实验家*可能会做的所有*真实*物理实验中，最可能为物理学定律带来深刻新认识的是那些最猛烈推进定律的实验；同样，当*理论家*在探索超越了现代技术的物理学定律时，在他可能考察的所有*思想*实验中，最可能产生深刻新见解的是动力最强的。但所有这些思想实验对物理学定律的推动，都不如萨根给我的电话触发的那一个——它问，“*物理学定律容许无限发达的文明做些什么？又严禁他们做什么？*”（所谓“无限发达的文明”说的是他们的能力只受物理学定律的限制，而不存在行为方式、工作技巧等任何其他事物的局限。）

493

我相信，我们的物理学家总想回避这样的问题，因为它们太像科幻小说了。虽然我们很多人都喜欢读科幻小说，甚至还写一些，但我们怕同行笑话在科幻小说的边缘做研究。于是，我们更愿意研究另外两个不那么“幻想”的问题：“宇宙中哪些事情会*自然发生*？”（例如，黑洞自然出现吗？虫洞自然出现吗？）“我们人类凭现在和不远将来的技术能做些什么？”（例如，我们能生产像钚那样的新元素来造原子弹吗？我们能制造高温超导体来降低悬浮列车和超大粒子对撞机的超导磁体的费用吗？）

我在1988年才明白，我们物理学家在这些问题上原来是相当保守的。那时，已经有一个*萨根式问题*（我愿意这么叫）开始有结果了。我们问，“无限发达的文明能为快速星际旅行留住虫洞吗？”莫里斯和我认定奇异物是留住虫洞的关键，而且，为了认识在什么条件下物理学定律允许（或不允许）奇异物存在，我们也激发了多少有些结果的研究。

假如我们的宇宙在大爆炸中诞生时完全没有虫洞，那么，亿万年以后，当智慧生命创造出（假想的）无限发达的文明时，*那个无限发达的文明能为快速的星际旅行构造虫洞吗*？物理学定律允许在原来没有虫洞的地方构造虫洞吗？允许我们的宇宙空间发生这样的拓扑改变吗？

这些问题是萨根星际旅行问题的*后一半*；*前一半*问题是，如何留494下造好的虫洞。萨根通过奇异物把它留下了。后一半问题在他的小说里却悄悄溜过了。他描绘说，阿洛维旅行的虫洞现在是靠奇异物留下的，但它是在遥远的过去由某个无限发达的文明创造的，关于他们的所有历史记录都失去了。

我们物理学家当然不愿意把虫洞的产生推给史前文明，我们想知道，宇宙的拓扑在物理学定律限制下，*现在*能否改变？怎么改变？

我们可以设想两个在原来没有虫洞的地方构造虫洞的方法：一个是*量子方法*，一个是*经典方法*。

量子方法依赖于*引力真空涨落*（卡片12.4），也就是类似于上面讨论的电磁真空涨落的引力现象：相邻空间区域的能量“借贷”往来引起的空间曲率的随机的概率涨落。一般认为，引力空间涨落是处处都有的，但在普通条件下它们太小了，还没有被实验探测到。

当电子被限制在越来越小的区域时，它们的随机简并运动会越来越强（第4章），同样，引力真空涨落在小区域比在大区域强，也就是短波长的涨落比大波长的强。1955年，惠勒以原始粗略的方式结合量子力学和广义相对论的定律，得出在*普朗克－惠勒长度*，1.62×10^{-33}厘米或更小的区域内，存在着巨大的真空涨落，如我们所知，那空间"沸了"，成了一堆量子泡沫[7]——也就是构成时空奇点的那种量子泡沫（第13章；图14.3）。[1]

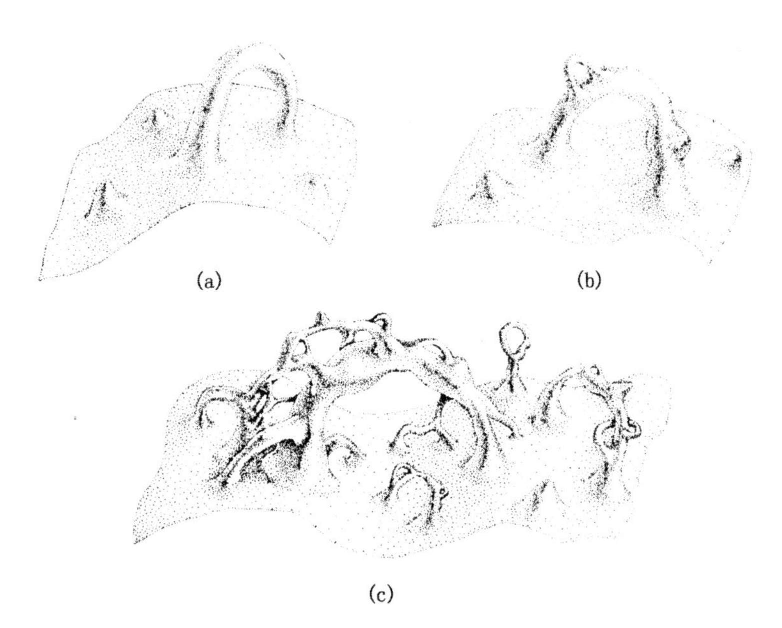

图14.3（同图13.7）量子泡沫的嵌入图。空间的几何与拓扑是不确定的，而是概率性的。例如，对于如图所示的（a）的形态，它有0.1%的概率，（b）为0.4%，（c）为0.02%，等等

1. 普朗克－惠勒长度是普朗克－惠勒面积（原来出现在黑洞熵公式中，见第12章）的平方根，公式为 $\sqrt{G\hbar/c^3}$，各符号意义前面注释过了。

于是，量子泡沫无处不在：在黑洞内部，在星际空间，在你屋里，在你头脑中。但是，要看量子泡沫，必须拿（假想的）超级显微镜去

495 看越来越小的空间和空间里的东西。从你我的尺度（100多厘米）看到原子（10^{-8}厘米）、原子核（10^{-13}厘米），这样看下去，再小10^{20}，直到10^{-33}厘米。先看到的“大”尺度空间是完全光滑的，只有一定的（小小的）曲率。然而，在接近、经过10^{-32}厘米时，我们会看到空间开始卷曲缠绕了，先很缓和，然后越来越强烈，当10^{-33}厘米大小的区域完全走进超级显微镜的目镜时，空间已经成了一团概率的量子泡沫。

496 因为量子泡沫处处都有，我们不禁会想象让某个无限发达的文明走近量子泡沫，找出一个虫洞〔例如，有0.4%概率的图14.3（b）中的“大”洞〕，把它抓住，然后放大到经典尺度。假如那文明真是无限发达的，凭0.4%的概率，他们可能会成功，真的会吗？

不知道，因为我们对量子引力定律还没有很好的认识。我们无知的一个原因，是对量子泡沫本身认识不够，甚至，量子泡沫是否存在，我们也没有百分之百的把握。然而，萨根式的思想实验——发达的文明将虫洞从量子泡沫中拉出来——在未来的年月里，对我们巩固量子泡沫和量子引力的认识，可能会有概念上的帮助。

虫洞产生的量子方法就讲这么多。经典方法又是什么呢？

在经典方法中，我们无限发达的文明应设法在宏观尺度（正常的人类尺度）上扭曲空间，这样才能在没有虫洞的地方造出虫洞。很显然，为了实现这个方法，必须在空间凿两个洞，再将它们缝合起来。

图14.4画了一个例子。

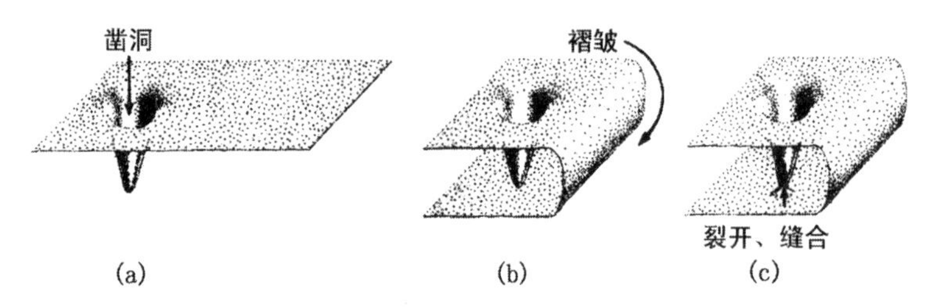

图14.4 造虫洞的一种方法。
(a)在空间曲率上凿出一个洞。
(b)洞外的空间在超空间中缓慢褶皱。
(c)在那个洞的尖端凿一个洞，在洞下面的空间也凿一个洞，然后将两个洞的边缘"缝合"起来，初看时，这个方法是经典的(宏观的)，然而，凿开的洞至少会瞬时产生与量子引力定律相关的时空奇点，所以这个方法实际上也是量子的

在空间这么凿洞，总会瞬间地在凿开的地方生成时空奇点，也就是时空终结的尖点，而奇点是与量子引力相关的东西，所以这样的虫洞制造方法，实际上还是量子力学的，而不是经典的。在认识量子引力定律前，我们不会知道这种方法是否可行。 497

没有出路了吗？难道说，造虫洞的方法都得与我们还没认识的量子引力定律纠缠——而没有完全的经典方法吗？

有，但多少有些奇怪——而且得付出很大的代价。1966年，格罗赫(惠勒在普林斯顿的学生)用整体方法证明，通过时空光滑的无奇点扭曲，我们能够构造一个虫洞，但在构造中，不论从什么参照系看，时间也被扭曲了。[1] 更具体地说，在构造虫洞的过程中，既可沿时

1. 我真想画一个简单明白的图来说明这种光滑的虫洞是如何实现的，遗憾的是我画不出来。

间向前，也能向后；[8] 不论造洞的是什么“机械”，它的作用都必然像一台时间机器，带着东西从后来的时刻回到以前的时刻（但不能回到开始造虫洞以前）。

1967年，对格罗赫定理的普遍反应是，“物理学定律肯定会禁止时间机器，所以，用经典的方法，也就是不在空间凿洞，是不可能造出虫洞来的。”

在以后的十几年里，我们过去认为肯定的事情看来是错了。（例如，我们在1967年怎么也不会相信黑洞会蒸发。）这告诫我们应当谨慎。为了谨慎，也因为萨根式问题的激发，我们在80年代后期开始提出这样的问题：“物理学定律真的严禁时间机器吗？如果是的，它如何去禁止呢？这些定律会以什么方式维护这样的禁令呢？”下面我还将回到这个问题。

我们先歇会儿，清理一下思想。现在（1993年），我们对虫洞的认识大概是：

假如在大爆中没有生成虫洞，那么一个无限发达的文明可能有两个办法来创造它，量子的办法（从量子泡沫中将它取出来）和经典的办法（扭曲空间，但不凿洞）。我们今天对量子引力的认识还不足以确定用量子方法构造虫洞是否可能。而我们对经典引力定律（广义相对论）的足够认识则确实令我们相信，用经典方法构造虫洞是允许的，但是不论构造者是什么“机械”，时间在所有参照系看来都会被它强烈扭曲，结果，它（至少在短时间内）成了一台时间机器。

498

我们还知道，假如无限发达的文明凭某个方法得到了一个虫洞，那么，令虫洞打开（这样可以用来做星际旅行）的惟一办法是，让奇异物穿过洞。我们知道电磁场的真空涨落很有可能是一种奇异物：在很多不同的情况下，它们在弯曲时空里都可以表现出奇异性（在光束看来，具有负平均能量密度）。然而，我们不知道它在虫洞内是否还能奇异，从而为我们把洞打开。

在接下来的几页里，我假定某个无限发达的文明已经通过某种方法获得了一个虫洞，而且靠某种奇异物让洞一直开着。我的问题是，除了星际旅行外，这个文明还可能用虫洞来做些什么。

时间机器[1]

1986年，第14届半年度的德克萨斯相对论天体物理学会议在伊利诺斯的芝加哥举行。从1963年在德克萨斯达拉斯第一次讨论类星体（第7，9章），这一系列"德克萨斯会议"就具有了自己的模式，现在已经成为严格建立的机构。我到会讲了LIGO的梦想和计划（第10章），莫里斯（我的"虫洞"学生）也去了，第一次出现在国际相对论物理学家和天体物理学家面前。

在讲话间隙，莫里斯在走廊上认识了罗曼（Tom Roman），中康涅狄格州立大学的一个年轻助教，几年前曾对奇异物发表过深刻的见

1. 英国小说家Herbert George Wells（1866～1946）在1895年发表了科幻小说《时间机器》，写一个未来世纪旅行者发现社会分化成了Eloi和Morlocks两个民族。前者曾征服了自然，但不再努力；后者曾被压迫，却成了掠夺者。小说很有名，"时间机器"一词大概是从这儿传下来的。——译者注

解。两人很快谈到虫洞。“假如真能让一个虫洞持续打开，那么它会允许在星际距离间的旅行比光速还快。”罗曼指出，“这是不是说，我们也能借虫洞反时间旅行呢？”

499　麦克和我觉得自己真笨！当然，罗曼是对的。事实上，我们在儿童时代就从一首有名的滑稽诗里听到过这样的时间旅行：[1]

> 女孩儿呀，贝蕾
> 来去呀，光难追。
> 相对论呀，捷径，
> 今日出门呀，
> 昨夜回。

在罗曼和这首小诗的激发下，我们明白了如何用两个彼此相对以光速运动的虫洞来建一台时间机器[2]。（这种时间机器有点儿复杂，我不准备在这儿讲；我很快会讲另一种更简单、更容易描述的时间机器。）

我喜欢孤独，喜欢一个人去山里，去远离尘嚣的海边，甚至躲进

---

1. 这首打油诗是很多年前一个生物学家A. H. R. Buller发表在英国幽默杂志《笨拙》（*Punch*）上的，不知道有多少相对论的科普读物引用过它。—— 译者注

2. 这种时间机器和本章后面讲的那些都不能说是人们发现的最早的爱因斯坦场方程的时间机器类解。1937年，斯托库姆（J. van Stockum）发现了一个解，这个解中，一快速旋转的无限长柱体起501 着时间机器的作用。物理学家从来就认为宇宙间不存在无限长的东西；他们猜测（但没人证明），如果柱体长度有限，它就不会是时间机器。1949年，哥德尔（Kurt Gödel）发现一个爱因斯坦方程的解，描述了一个旋转但既不膨胀也不收缩的全宇宙，一个人只要离开地球到很远的地方然后返回，他就可以到过去旅行。物理学家当然会反驳，他们认为，我们真实的宇宙根本就不像哥德尔的解：它不旋转，至少转得不快；但它却在膨胀。1976年，特普勒（Frank Tipler）用爱因斯坦场方程证明，为了在有限大小的空间区域内造时间机器，必须以奇异物作部分材料。（因为任何可以穿越的虫洞都需要奇异物的贯穿，所以本章描述的以虫洞为基础的时间机器能满足特普勒的要求。）[9]

小屋去思考。新思想总是从长时间安静的没有惊扰的孕育中慢慢产生出来的；大多数必须进行的计算也是经过好多天或者好多个星期的持续紧张的全神贯注的活动才能实现的。一个突然的电话也能令我分心，耽误几个小时。于是，我藏起来了。

但躲得太久也不是好事。我时刻需要与不同观点和专长的人交流，从与他们的对话中得到灵感。

到现在，我在本章已经讲了三个这样的例子。如果卡尔不打电话来让我从科学的角度为他改小说，我永远不会去研究虫洞和时间机器；如果没有帕奇那封信，莫里斯和我不会知道无论什么形状的虫洞，都需要奇异物来打开；还有，如果没有罗曼的证明，莫里斯和我大概还不知道，发达的文明可以很容易地通过虫洞制造时间机器。 500

接下来我再讲几件给我带来巨大灵感的事情。当然，并不是所有思想都是这样产生的，有的还是通过自己的沉思得到的。

1987年6月初，几个月的课讲完了，几个月和我的小组以及LIGO计划在一起的日子也结束了，我疲惫不堪，一个人躲了起来。

那年的整个春天，总有件事情在困扰着我，我想先不去理它，等安静下来再去考虑。现在，宁静的日子终于来了。一个人时，困惑从潜意识浮现出来，我开始检验它："时间在通过虫洞时如何决定它自己的连结方式？"这是问题的要害。

为把问题说得更具体些，我想了一个例子：假定我有一个很短的虫洞，它的隧道在超空间里只有30厘米，两个洞口（即两个球）的直径为2米——把它放在帕萨迪纳我的家里。我从洞里爬过去，自己觉得很快就从另一端出来了，没有一点耽误；事实上，我的头爬出第二个洞口时，脚还留在第一个洞口的外面。这似乎意味着，坐在屋里沙501发上的妻子卡洛丽会看到，我的头从第二个洞口露出来时，我的脚正在往洞里爬，即图14.5的样子，真会这样吗？如果是的，那么时间在“穿越虫洞”和在虫洞外面的“连接方式”是一样的。

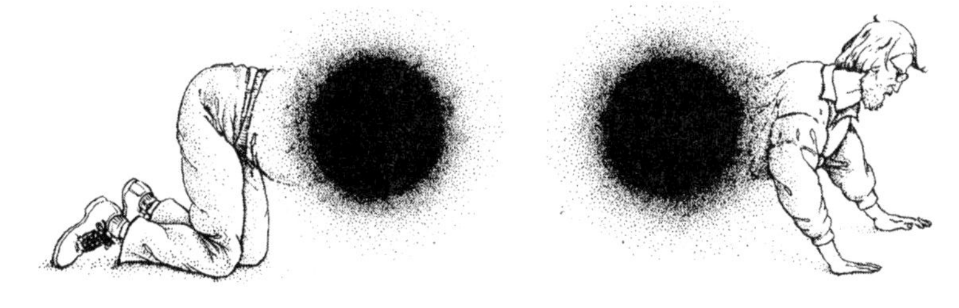

图14.5 我在超空间中爬过一个短虫洞

另一方面，我也问自己，虽然我自己觉得几乎没花什么时间就穿过了虫洞，但卡洛丽也许会等一个小时才看见我从第二个洞口爬出来，可能这样吗？当然，也许她在我爬进去的一个小时前就看见我出来了，这是不是也可能呢？假如是这样，那么时间在穿越虫洞和在虫洞外面的连结方式就不一样了。

什么事情能让时间表现得如此怪异？我问自己。反过来，我想，它为什么不应该这样呢？只有物理学定律知道答案。不论怎样，我都应该从物理学定律发现时间到底是如何表现的。

为帮助大家理解物理学定律如何决定时间的连结方式，我构想了一个更复杂的情形。让虫洞的一个出口静止在我的房间里，另一个在星际空间，以光速离开地球运动。虽然两个洞口在相对运动，我们还是假定洞长（通过超空间的隧道长度）总是固定在30厘米。（图14.6解释了为什么当从外面的宇宙看到两个洞口在相对运动时，虫洞还可能保持固定的长度。）于是，从外面的宇宙看，两个洞口处在不同的参照系中，[502] 那两个参照系在高速地相对运动着；因此，洞口一定经历着不同的时间流。另一方面，从洞里看，两个洞口是相对静止的，所以同在一个参照系中，这意味着洞口一定经历着相同的时间流。从外面看，两个洞口经历着不同的时间流；从里面看，却是同一个时间流，怎不令人糊涂！

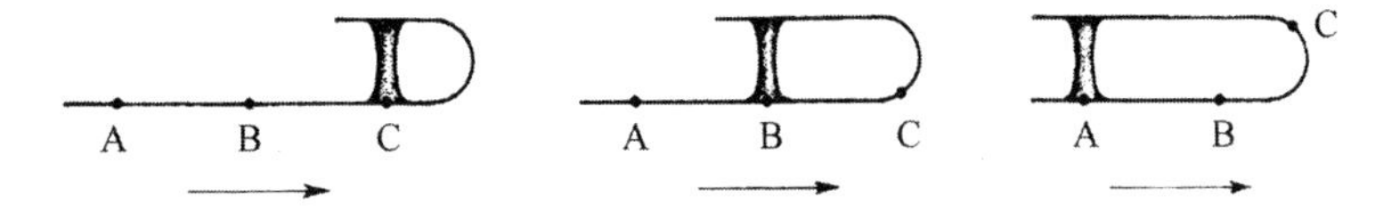

图14.6 为什么在外面的宇宙看到两个洞口在相对运动时，虫洞还能保持固定的长度。每幅图都是图14.1那样的嵌入图，这里画的是剖面。这是一幅快照，说明宇宙与虫洞相对于超空间的运动（不过请回想一下，超空间只是我们想象的一种有用的假想空间，人类看不见它，也不能实在地感觉它；见图3.2和图3.3）相对于超空间，宇宙的底部在向图的右方滑行，而虫洞和宇宙的顶部保持静止。相应地，从我们的宇宙看，虫洞口在相对运动着（两个洞口越离越远）；但从虫洞里面看，两个洞口是相对静止的，洞长没有改变

我一个人静静地想，慢慢地明白了，广义相对论明确预言了两个洞口的时间流，也明确预言了这两个时间流从虫洞比较是一样的，而从洞外比较则是不同的。从这个意义说，如果两个洞口在相对运动，那么时间通过虫洞的连结方式与通过外面宇宙的连结方式是不同的。

我后来发现，不同的时间连结方式暗示我们，无限发达的文明可以用一个虫洞来造时间机器，而用不着两个虫洞。怎么做呢？假如我

们无限发达，那是很容易的。

为说明这一点，我还是来讲一个思想实验，人类在实验中是无限发达的生命。卡洛丽和我找到一个很短的虫洞，我们把一个洞口放在家里的起居室里，另一个洞口放在门前草地上的家庭飞船上。

这个思想实验将告诉我们，时间通过任何虫洞的连结方式，实际上依赖于虫洞过去的历史。不过，为简单起见，我假定在卡洛丽和我得到虫洞时，它有最简单的时间连结方式：通过虫洞内部和通过外面宇宙的连结方式一样。换句话说，假如我爬过虫洞，卡洛丽、我和地球上的每个人都会认为，我从飞船上的洞口露出来的时刻与从起居室爬进去的时刻几乎是相同的。

确认通过虫洞的时间确实如此连结以后，卡洛丽和我设计了一个实验：我留在一个洞口的家里，卡洛丽带着另一个洞口乘飞船以极高速度去宇宙旅行，然后回来。在整个旅行中，我们的手都通过虫洞握在一起，见图14.7。

503

卡洛丽于2000年1月1日上午9：00出发，这个时间是她自己的，也是我的和我们地球上每一个人所测量的。卡洛丽以近光速离开地球，照她测量的时间，她旅行了6个小时，然后掉头回来，以她的时间看，于出发后12小时回到我们家前院的草地。[1] 我在虫洞里握着她的手，

1. 实际上，假如卡洛丽要加速到光速并这么快地掉头，她一定会被强大的加速杀死，身体也将被毁坏。不过，这里讲的是物理学家的思想实验的精神，我假定她的身体是高强度材料构成的，能舒适地在加速中生存。

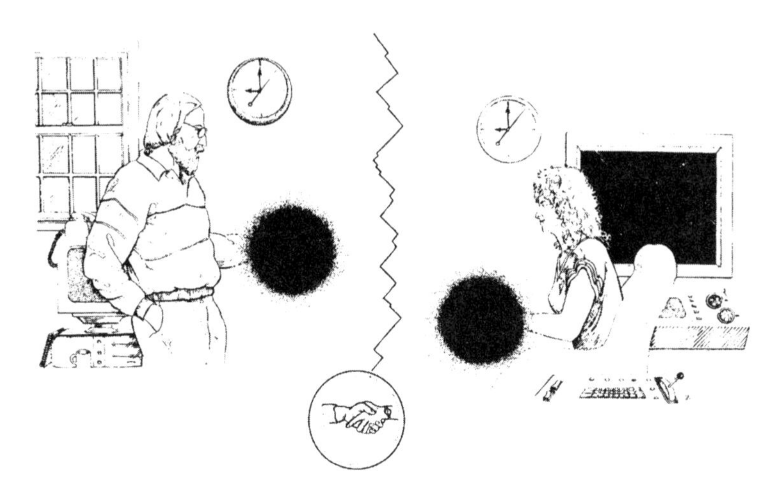

图14.7 卡洛丽和我用一个虫洞构造了一个时间机器。
左：我带着一个洞口留在帕萨迪纳的家里，并通过虫洞与卡洛丽握手。
右：卡洛丽带着另一个洞口做高速宇宙旅行。
中：我们在洞里握在一起的手

通过虫洞注视着她的整个旅程。显然，我同意，*从虫洞看*，她真是在出发12小时后，于2000年1月1日晚上9：00回来的。在晚上9：00，我通过虫洞不仅能看见卡洛丽，还看见在她身后的草地和房子。

504

9点零1分时，我抬头望窗外——只看到空空的草地，没有飞船，没有卡洛丽和另一个洞口。假如有一台很好的指向窗外的望远镜，我会看见卡洛丽的飞船还在远离地球的航行中。*从洞外面的宇宙看*，根据在地球上测量，她的旅行需要10年。[这是标准的“双生子怪圈”。[1] 高速的哥哥出去又回来（在这儿是卡洛丽），认为自己只用了12个小时；而

1. 或者叫“双生子佯谬”（在本书里，我都将paradox译为“怪圈”），在任何一本（狭义）相对论的书里都可以看到对这个现象的描述，但并不能解释；许多书说可以用广义相对论来解释，但似乎也不能令人满意。——译者注

留在地球上的弟弟（在这儿是我）却得等10年才能看到旅行结束。]

于是，我回到自己的日常生活，一天天、一月月、一年年地等，终于，等到2010年1月1日，卡洛丽远航回来了，降落在门前的草地上。我出去迎接她，看她和预想的一样，只过了12个小时，而不是老了10年。她坐在飞船里，手伸进虫洞，还握着另一个人的手。我站在她身后，从洞里看过去，看到握着她手的那个人是我自己，年轻10岁，正坐在2000年1月1日的房间里。虫洞成了时间机器。假如我现在（2010年1月1日）从飞船的这个洞口爬过去，那么我会在2000年1月1日从屋里的那个洞口出来，与年轻的自己相会。同样，假如年轻的我爬进屋里的洞口，他会在2010年1月1日从飞船的洞口出来。从一个方向穿过虫洞我会年轻10岁；从另一个方向穿过虫洞，我会老10年。

但是，不管是谁，都不可能靠虫洞回到2000年1月1日晚上9点以前，不可能退回到虫洞成为时间机器以前。

广义相对论定律是不容置疑的。假如虫洞能被奇异物打开，那么广义相对论就会预言这些结果。

1987年夏，大约在我从广义相对论得到那个结果1个月以后，里查德·普赖斯给卡洛丽打来电话——他是我的亲密朋友，16年前曾证明黑洞会辐射掉所有的“毛”（第7章）；听说我在研究时间机器，他很担心，怕我疯了或老了，或者……卡洛丽要他放心，我还好好的。

505

里查德的电话令我有点儿震动，我倒不是怀疑自己头脑糊涂，我是很少怀疑自己的。不过，连我亲密的朋友都在担心，那么（即使不为自己想，为了莫里斯和我的其他学生），我真要好好想想，怎么向物理学家和公众报告我们的研究。

为小心谨慎，我决定不急着发表任何关于时间机器的东西。1987～1988年的冬天，我跟学生莫里斯和尤泽维尔试图尽可能把虫洞和时间的一切事情都弄明白，只有当所有问题都清澈见底了，我才想发表。

莫里斯和尤泽维尔是通过电脑网络和电话跟我联系的，因为我还一个人躲在小屋里，卡洛丽在威斯康星的麦迪逊做为期两年的博士后工作，头7个月（1988年1月～7月）我跟着她，成了她的“男保姆”。我们在麦迪逊租了房子，我把电脑和书桌搬进小阁楼里，多数时间就待在那儿思考、计算、写作——主要是为了别的项目，也有部分是关于虫洞和时间的。

为了从有经验的反对者那儿得到启发，在与他们的争论中检验我的思想，我每过几个星期都驱车去密尔沃基，与弗里德曼和帕克（Leonard Parker）领导的一个杰出的相对论研究小组交谈；偶尔也到芝加哥去，访问另一个由钱德拉塞卡、格罗赫和瓦尔德领导的小组。

3月去芝加哥，我又经历了一次震惊。我在那儿搞了次讨论会，讲述我所认识的虫洞和时间机器。会后，格罗赫和瓦尔德问我（主要意思）：“*在发达的文明试图将虫洞变成时间机器时，虫洞不会自动毁坏吗？*”

为什么？怎么会呢？我不知道。他们向我解释了。用卡洛丽和我的故事来说，他们解释的大意是：卡洛丽正带着飞船上的洞口飞回地球，我带着另一个洞坐在家里。当飞船离地球在10光年以内时，辐射（电磁波）突然能用虫洞做时间旅行：任何一点离开帕萨迪纳以光速向飞船靠近的随机辐射，10年后到达飞船（从地球上看），进入那儿的洞口，在10年内及时返回（从地球看）；当它从地球上的洞口出现时，原先的它刚开始启程，于是，它与它自己碰头了——不仅在空间里，而且在时空里——强度增加了1倍。另外，每个辐射量子（光子）在旅行中还会因为洞口的相对运动而获得能量的提高（“多普勒效应”式的提高）。

下一次辐射接着从屋里出去，达到飞船，然后从虫洞回来，遇到刚要离开的原先的它，和自己碰在一起，通过多普勒效应增大能量。辐射源源不断地离去，又源源不断地回来，最后变得无限强大〔图14.8（a）〕。

任何一点辐射经过这样的过程后都会生成一束能量无穷的辐射，在两个洞口间的空间中往来。当辐射束通过虫洞时，格罗赫和瓦尔德认为它会产生无限的时空曲率，可能破坏虫洞，从而虫洞成不了时间机器。

我离开芝加哥，恍恍惚惚地驾车开上去麦迪逊的90号州际公路，满脑子都是在两个相对运动着的虫洞口之间飞来飞去的辐射束的图像；我想借图来计算，到底发生了什么事情。我想明白，格罗赫和瓦尔德是对还是错。

快到威斯康星边界时，头脑里的图像清晰出现了。虫洞不会被毁灭。格罗赫和瓦尔德忽略了一个重要事实：辐射束通过虫洞时，虫洞总会像卡片14.1说的那样将它分离。分离的束从地球上的洞口出现时会在空间散开，只有很少一点辐射能走进飞船的洞口然后从虫洞回到地球来与它自己“碰头”〔图14.8（b）〕。

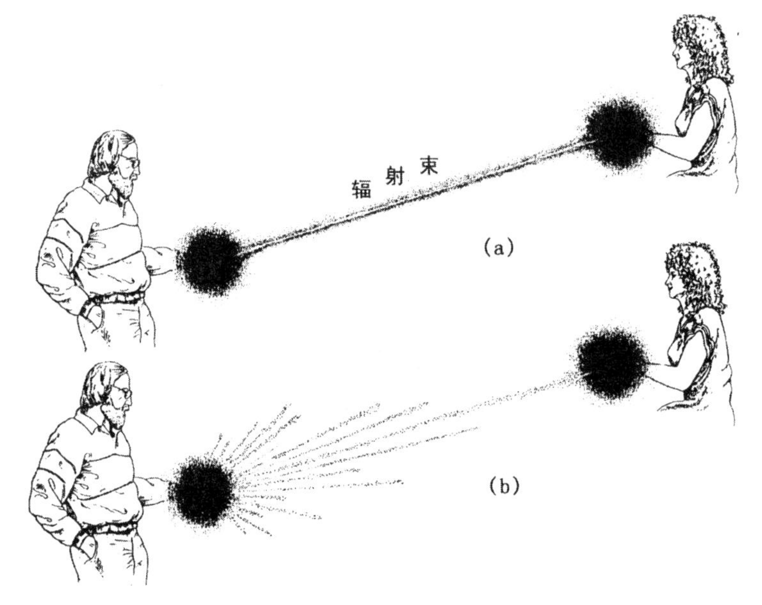

图14.8（a）格罗赫-瓦尔德提出的虫洞如何可能在成为时间机器前自行毁灭。强烈的辐射束在两个洞口间往来，通过虫洞与自己相遇而加强，最后变得无限强大而毁灭虫洞。

（b）实际情况。虫洞使辐射束分散，减少它们相碰的机会；最后的辐射束仍然微弱，不会破坏虫洞

我一边开车，一边在头脑里“看着”这些辐射叠加。把所有经过虫洞旅行的辐射加在一起（每经过一趟旅行，辐射就分散一些，量越来越小），我发现，最后的辐射束会很弱，远不能破坏虫洞。

结果证明，我的计算是正确的；但后来才知道，我本该更谨慎一些的。虫洞破灭的问题实际上已经在警告我，任何时间机器的制造者都会遭遇意外的危险。

研究生到他们研究的最后一年时，常给我带来巨大的快乐。他们靠自己获得重要发现；在与我讨论时获得胜利；让我学会一些意想不到的事情。莫里斯和尤泽维尔就是这样的两位，我们正在为《物理学评论通讯》写一篇文章，里面的大部分技术细节和思想都是属于他们的。

508　文章快写完时，我却犹豫了。我害怕这样的东西会令人把正在成长的莫里斯和尤泽维尔看成“疯狂的科幻物理学家”。然而，我对我们知道的事情越来越有兴趣，对在物理学研究中发挥萨根式问题的作用也越来越有热情。最后，论文完成了，我没有讲自己的忧虑（莫里斯和尤泽维尔似乎没有这种感觉），同意他们为论文取的名字：“虫洞、时间机器和弱能量条件”（“弱能量条件”是与“奇异物”相关联的术语）。

两位不知姓名的审稿者似乎很同情我们，虽然题目里有“时间机器”，文章还是被接受发表了。我大大松了口气。

临近文章发表时，我又惴惴不安起来。为了消除疑虑，实际上是为了让别人相信，我们的时间机器研究没有一点哗众取宠的意思，我问了加州理工学院公关部的同事。在许多物理学家看来，在大众中故弄玄虚也许是疯狂的行为，而我希望物理学同行们能认真研究我们的论文。公关部的同事也这样说。

文章发表了，[10] 没发生什么事情。正如我所希望的，大众没注意它，但它在物理学家中激发了兴趣，也招来了反对。信一封封飞来，有问问题的，也有挑战结论的。但我们自己的事情已经做完了，有答案了。

朋友们的反应不尽相同。普赖斯还在替我担心，他知道我没疯，也没老，但他怕我坏了自己的名声。苏联朋友诺维科夫是另一种感觉，他着迷了。他正在加利福尼亚圣克鲁斯访问，从那儿来电话说，“我太高兴了，基普！你冲破了阻碍。你能发表时间机器的研究，我也能！”接着，他立刻开始行动了。

母子怪圈

在我们的论文激起的抗议中，最有力的是我所谓的*母子怪圈*[1]：假如我有时间机器（虫洞的或者别的），我就能通过它回到过去，在母亲怀我之前把她杀死，这样就不会让自己出生来害母亲了。[2] 509

母子怪圈的中心问题是*自由意志*：作为一个人，我有没有决定自己命运的能力？我*真*能回到过去杀母亲吗？或者（像多数科幻小说写

1. 在多数科幻小说作品中用的是“祖父怪圈”而不是“母子怪圈”。也许，这些小说作家们都是尊重女性的大侠，觉得回到过去谋害一个男子会更心安一些。（原文“matricide paradox”应为“弑母怪圈”，我回避了“那个”字，觉得这样更好。——译者注）
2. 我们兄弟姐妹四个都很尊敬孝顺母亲，例如，你可以看第7章的那个脚注。我在这儿举的例子是经母亲同意了的。

的那样)，当我在她睡梦中举刀的时候，会有什么东西无情地令我住手吗？

即使宇宙中没有时间机器，自由意志现在也是令物理学家手足无措的问题。我们通常总是逃避它，认为它不过是将原本清楚的事情弄得更糊涂罢了。在时间机器问题上，更是如此。所以，在文章发表之前(当然，也在和密尔沃基的同行们认真讨论以后)，莫里斯、尤泽维尔和我决定完全回避自由意志问题，坚持不在文章里讨论人类穿越虫洞的事情；我们只谈了一种简单的非生命时间旅行，如电磁波的时间旅行。

文章发表前，我们考虑了很多关于波动通过虫洞回到过去的问题，没有发现在这些波的演化中有什么不可解决的疑惑。最后(也因为弗里德曼的重要启发)，我们相信可能不会有解不开的怪圈，[11] 在文章里也是这样猜想的。[1] 我们甚至还将猜想推广了，认为任何穿过虫洞的非生命物体都不会产生解不开的怪圈。就是这个猜想，引来了强烈的反对。

我们收到的最有意思的一封信，来自奥斯丁德克萨斯大学物理学教授波尔琴斯基(Joe Polchinski)。他写道，“亲爱的基普，……假如我没理解错，你猜想[在你用虫洞做的时间机器中不会出现解不开的怪圈]。在我看来，似乎……不是这样的。”接着，他巧妙地把怪圈改成一种简单的形式——从自由意志问题中解脱出来了，于是我觉

1. 3年后，弗里德曼和莫里斯一起设法严格证明了，波通过虫洞回到过去时，确实不会产生解不开的怪圈——只要波线性叠加的方式与卡片10.3讲的相同。[12]

得可以好好来分析：

拿一个成了时间机器的虫洞，把两个洞口放到行星际空间，相互靠近而且静止不动（图14.9）。现在，从某个恰当的地方以恰当的初始速度向右洞口发射一只台球，球将进入右洞口，沿时间返回，在进入右洞口前（照你我在虫洞外的观察），从左洞口飞出，正好击中原来的自己，从而使它不能进入右洞口回来打自己。 510

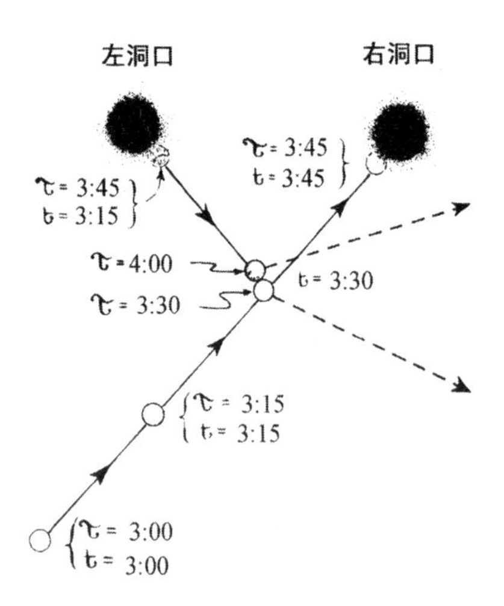

图14.9 波尔琴斯基的台球怪圈。虫洞很短，已成为时间机器。从外面看，进入右洞口的任何事物会在进入30分钟前出现。洞口外的时间流记为t，台球自己经历的时间流记为τ。台球在下午t=3：00从图示位置发射，速度正好使它在t=3：45进入右洞口。球从左洞口出现比这早30分，即t=3：15，然后在t=3：30击中原先的自己，使它脱离轨道，不能进入右洞，从而不能回来打自己

这种情形与母子怪圈一样，都需要回到过去，改变历史。在母子怪圈中，我回到过去，杀了母亲，使她不能生我。在波尔琴斯基怪圈里，台球回到过去，击中自己，使它不能回到过去。

两种情形都没有意义。像物理学定律必须逻辑一致一样，由物理学定律所主宰的宇宙演化也应该是逻辑一致的——至少宇宙的经典（非量子力学的）行为应该是这样的；量子力学的行为则更难以捉摸。由于我和台球都是高度经典的事物（也就是说，只有在对我们进行极端精确的测量时，我们才会表现出量子力学行为，见第10章）。不论我还是台球，都不可能回到过去改变我们的历史。

511

那么台球到底发生了什么事情呢？为把它弄清楚，莫里斯、尤泽维尔和我集中考察了球的*初始条件*，即初始位置和速度。我们问自己："在导致波尔琴斯基怪圈的那些初始条件下，是不是还存在*别的*台球轨迹呢？它们与图14.9不同，但同样是经典台球的物理学定律的*逻辑自洽的解*"。经过多次讨论，我们认为答案也许是肯定的，但还没有绝对的把握——也没有时间去弄明白了。莫里斯和尤泽维尔博士毕业了，要离开加州，到密尔沃基和特里斯特去做博士后。

幸运的是，加州理工学院的好学生源源不断，又来了两位：埃切维里亚（Fernando Echeverria）和克林卡默（Cunnar Klinkhammer）。他们接过波尔琴斯基的怪圈继续研究：经过几个月断续的数学论证，他们证明，从波尔琴斯基的初始条件出发，*确实存在*自洽的满足所有经典物理学定律的台球轨道。实际上，存在*两条*这样的轨道，如图14.10。[13] 我将以台球自己的观点依次描述这两条轨道。

在轨道（a）（图14.10左），一只新白球从下午t=3：00出发，沿着与波尔琴斯基怪圈完全相同的路线（图14.9）向着右边的洞口运动。半小时后，t=3:30时，这只新的白球被一只看起来旧一些的花球（我们将看到，它是那只球未来的自己）撞在*左后边缘*。碰撞很轻，新球只稍微偏离了原来的路线，但白球还是被撞成了花球。这只新的花球继续沿着偏离的路线运动，在t=3：45时进入虫洞口，回到30分钟以前，在t=3：15时从另一洞口出来。由于路线与波尔琴斯基怪圈的相比发生了偏转，从虫洞出来的变旧了的花球在t=3：30时从它原来自己的左后边缘轻轻擦过，而不像图14.9那样发生强烈的碰撞和巨大的偏转。这样，球的经历是完全自洽的。

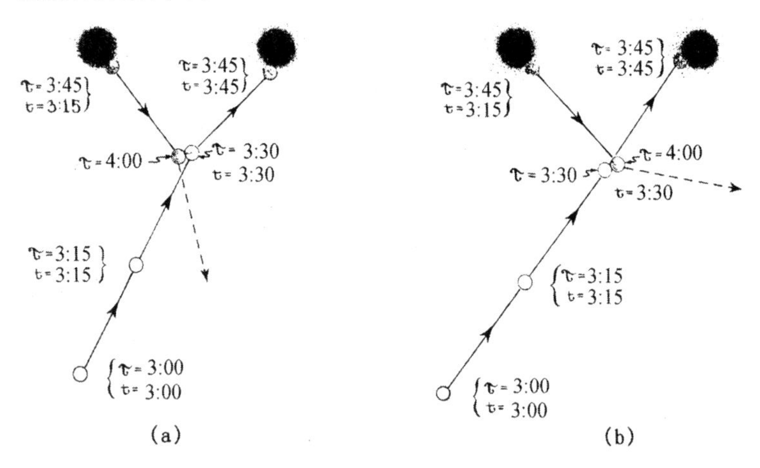

图14.10 波尔琴斯基的母子怪圈（图14.9）的解决：一只在下午3：00以与波尔琴斯基怪圈相同的初始条件（相同的位置和速度）出发的台球可以沿这里的任何一条轨道运动。每条轨道都是自洽的，而且处处满足经典物理学定律

轨道（b）（图14.10右）与（a）相同，不过球的碰撞方式有些不同，相应地，碰撞的路线也有些不同。特别是，从左洞口出来的旧花球的路线与（a）不同，它沿着这条路线将赶到新球的前头（而不是后面），从它的*右前缘*（而不是左后边缘）轻轻擦过。 512

埃切维里亚和克林卡默证明，轨道（a）和（b）都满足台球运动的一切经典物理学定律，因此都可能在真实宇宙中发生（假如真实的宇宙能有虫洞做的时间机器）。

这是最令人不安的。在没有时间机器的宇宙中，这样的情形是永远不会出现的。没有时间机器，一组台球的初始条件只能决定一条而且惟一一条满足所有经典物理学定律的轨道。球只有惟一的运动形式。时间机器把这些都破坏了，现在出现了两种同样合理的球的运动的预言。

实际上，事情比我们现在看到的更糟：时间机器能为球的运动做513 出无限多个同样可能的预言，而不只是两个。卡片14.2说明了一个简单例子。

卡片14.2

台球危机：无限多轨道[14]

一天，我正坐在旧金山机场等飞机，突然想，假如一个台球从虫洞时间机器的两个洞口之间飞过，那么它可能沿两条轨道旅行。一条(a)，球无破坏地从两洞口间冲过去；另一条(b)，球通过时被撞向右边的洞口，然后进入虫洞，在进洞之前从左洞口出来，与自己相撞，然后飞走。

几个月后，福瓦德（激光干涉仪探测器的先驱者之一（第10章），也是位科幻小说家）发现了满足一切经典物理学定律的第三条轨道，[15] 即下面的轨道(c)：碰撞不是发

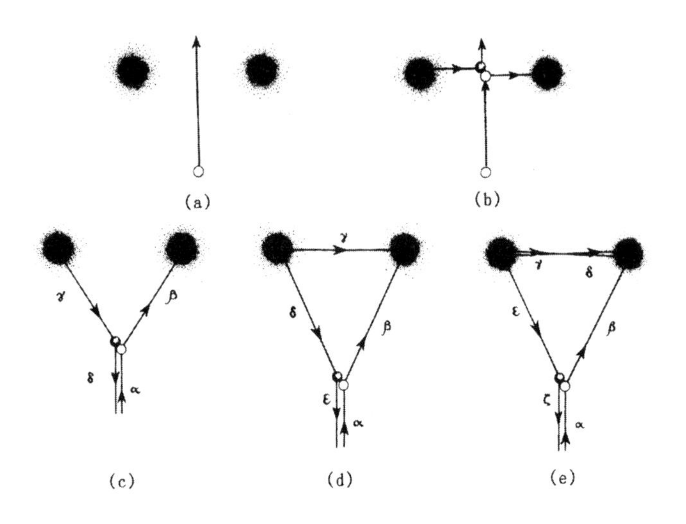

生在两洞口间，而发生在球到达洞口邻近以前。我后来发现，假如球在经历两次碰撞事件之间多次穿过虫洞，那么碰撞还可以越来越早地发生，如（d）和（e）。具体说，在（e）的情形，球沿路线α向上，与它未来的自己碰撞，沿着β进入右洞口，然后穿过虫洞（回到过去），从左洞口出来，又沿γ穿过虫洞（回到更远的过去），然后沿δ再穿过虫洞（回到更更远的过去），从ε出来，去与它自己碰撞，偏向ζ落下。

显然，有无限多条轨道（每一条经过虫洞的次数不同），从完全相同的初始条件（相同的初始位置和速度）出发，都满足经典（而不是量子）的物理学定律。它留给我们的问题是，物理学是不是疯了？或者，我们想知道，物理学定律能用什么办法告诉我们球应该走哪条轨道？

514　时间机器令物理学疯狂了吗？令它失去了对事物演化的预言能力了吗？如果没有，那么物理学定律如何从无限多个可能中选择一条台球会走的轨道呢？

为了寻找答案，克林卡默和我在1989年从经典物理学定律转向了量子定律，为什么呢？因为它们才是我们宇宙最终的法则。

例如，量子引力定律将最终把握引力和时间与空间的结构。爱因斯坦经典的广义相对论引力定律不过是量子引力定律的一种近似——在远离一切奇点，在时空尺度远大于10^{-33}厘米时，近似是非常准确的，但毕竟还是一种近似（第13章）。 515

同样，学生和我用以研究波尔琴斯基怪圈的经典的台球物理学定律，也不过是量子力学定律的一种近似。由于经典定律似乎预言了一些“废话”（无限多个可能的台球轨道），为了更深入地认识，克林卡默和我才转向了量子力学定律。

量子物理学中的“游戏规则”大不同于经典物理学的。在给定的初始条件下，经典定律预言将要发生什么（如台球会走哪条路）；而且，如果没有时间机器，它们的预言是惟一的。量子定律则不同，它们只预言将要发生的事件的概率（例如，球通过空间这个或那个区域的概率），而不是确定性的东西。 513

从量子力学的这些“游戏规则”看，克林卡默和我根据量子力学定律所得的答案也就不那么令人惊奇了。我们发现，假如球出发以后沿波尔琴斯基怪圈的轨道（图14.9和14.10，在下午t=3：00时刻），那么它接下去走哪条路线，都有一定的量子力学概率，例如，图14.10（a）的概率为48%，（b）的概率为48%——对无限多经典定律所允许的每一条轨道，它都有一定的（小得多的）概率。任何一次“实验”，球只能走某一条经典路线；但如果我们做大量相同的台球实验，那么其中有48%的球会走轨道（a），有48%走轨道（b），依此类推。

结果多少还是令人满意的。它似乎说明物理学定律可能会很好地使自己适应时间机器。当然也有些令人惊讶的东西，但似乎没有任何怪异的预言，也没有任何解不开的怪圈。[16] 实际上，如果《国家调查者》杂志（*National Enquirer*）听说了，可以很容易打出一个通栏大标题：**物理学家证实存在时间机器**。（当然，我还是害怕报刊会把这些东西曲解成怪物。）

1988年秋，我们的论文，“虫洞、时间机器和弱能量条件”发表3个月后，《旧金山检查者》（*San Francisco Exarminer*）记者戴维森（Keay Davidson）在《物理学评论通讯》上看到了，于是故事传开了。 516

这样一来，事情就更糟了。在那3个月里，至少物理学界很安静，他们在考虑我们的思想，而不是要听什么张扬和吹嘘。

但张扬是挡不住了。**物理学家发明时间机器**，这是常见的标题。《加利福尼亚》杂志在“发明时间旅行的人”的文章里，甚至登出一张我在帕洛玛山赤膊工作的照片。我很惭愧——不是为照片，而是为那些离谱的宣扬，说我发明了时间机器和时间旅行。[17] 事实上，就算物理学定律允许时间机器（在本章最后可以看到，我怀疑这一点），人类现在的技术能力离它还远得很，比洞穴野人离太空旅行还要遥远。

我和两个记者谈过，才发现没有办法抵挡这潮流，也没有办法让他们把故事讲得更准确，还是一个人躲起来吧。我的后勤助理莱昂（Pat Lyon）却被大家包围了，他只好搪塞说："索恩教授相信，向大家公布研究结果，现在为时尚早。时间机器是否为物理学定律所禁止，等他觉得有了更好的认识后，会为大家写一篇文章来解释的。"

我写这一章，就是在履行那个诺言。

良序

1989年2月，大众的喧闹慢慢静下来，埃切维里亚、克林卡默和我继续波尔琴斯基怪圈的研究。我飞往蒙大拿波茨曼去演讲，在那儿碰到了米斯纳以前的学生希斯科克（Bill Hiscock）。和看见别的同行一样，我也向他请教他对虫洞和时间机器的看法。我在寻找有力的批评、新颖的思想和独特的观点。

"也许你该研究电磁真空涨落，"希斯科克告诉我，"在无限发达的文明把虫洞变成时间机器时，它们可能会破坏它。"在他的头脑里也有个思想实验：卡洛丽（假定是无限发达的）正带着一个虫洞口坐着我们家的飞船飞回地球，我带着另一个洞口坐在地球上，而虫洞即将成为时间机器（见上面的图14.7和图14.8）。希斯科克在想，电磁真空涨落也可能像图14.8里的辐射那样穿过虫洞，然后与自己碰撞，

517

最后变得无限强烈从而破坏虫洞。

我表示怀疑。一年前，我在从芝加哥回家的路上曾想到，穿过虫洞的辐射不会和自己碰撞产生无限大能量的辐射束，辐射将被分散，从而虫洞不会受到破坏。我相信虫洞也会分散穿过它的电磁真空涨落，从而挽救自己。

另一方面，我想，既然时间机器是那样一个异乎寻常的物理学概念，我们应该考察任何一种可能破坏它的机会。所以，尽管我也怀疑，但还是让我的一个博士后金成旺（Sung-Won Kim）去计算穿过虫洞的真空涨落的行为。

虽然，希斯科克和康科夫斯基（Deborah Konkowski）几年前建立了很好的数学方法和思想，但金和我还是没什么进展，[18] 都怨我们自己太笨，没有一个熟悉关于真空涨落的弯曲时空的量子场定律（第13章）。不过，经历了一年的错误以后，我们在1990年2月终于完成了计算，得到了答案。

答案令我惊讶。尽管虫洞将努力分散真空涨落，但它们似乎会自动再聚集起来（图14.11）。涨落被虫洞分散后，在地球的洞口散开，仿佛到不了飞船；接着，像受到某种神秘力量吸引似的，它们又自动聚向卡洛丽飞船的洞口，通过虫洞回到地球，然后又在洞口散开，又再聚向飞船的洞口，如此反反复复，最后形成一束强大的涨落能量。

这样一束电磁真空涨落有破坏虫洞的能力吗？我们问自己。从

图14.11 当卡洛丽和我在用图14.7的办法努力把虫洞转变为时间机器时，在两个洞口间穿行的电磁真空涨落与自己发生碰撞，产生一束巨大的涨落能量

1990年2月到9月的8个月，我们一直在同这个问题搏斗。经过几回反复，最后，我们（错误地）认为涨落“大概不会”破坏虫洞。我们自己和几个讨论过结果的同事都觉得论证有力，于是，我们写成一篇文章，交给《物理学评论》。

518

我们的论证是这样的：计算表明，在虫洞中往来的电磁真空涨落，*只有在近乎为零的短暂时间里才可能无限强大*。它们几乎在第一次能用虫洞做时间旅行的瞬间（也就是在虫洞刚成为时间机器时）达到最高峰，然后立刻消失，见图14.12。

而（我们还没有很好认识的）量子引力定律似乎认为，没有什么“似乎为零的短暂时间”。我们知道，在小于普朗克-惠勒长度10^{-33}厘米的尺度下，时空曲率涨落使长度概念失去了意义（见图14.3及相关讨论）；同样，在小于10^{-43}秒（“普朗克-惠勒时间”，等于普朗克-惠勒长度除以光速）的尺度下，时空曲率也将使时间失去意义。量子

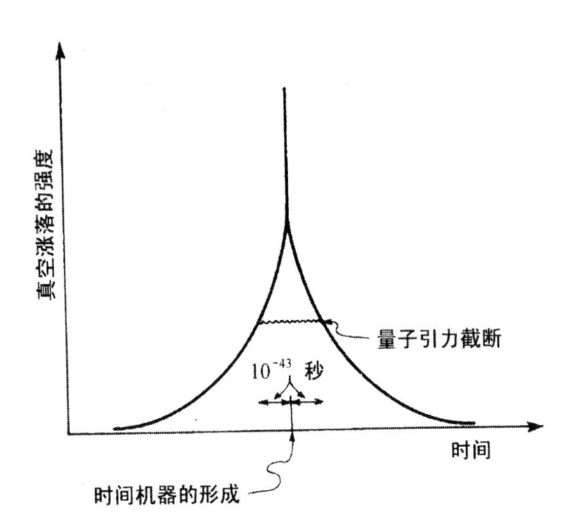

图14.12 刚好在虫洞成为时间机器后穿过的电磁真空涨落强度的演化

引力定律似乎认为，比这更短的时间间隔是不存在的。在这么小的间隔内，所谓以前、以后和随时间演化的说法都没有意义。 519

于是，金成旺和我认为，在虫洞间往来的电磁真空涨落一定会停止随时间的演化，也就是在虫洞成为时间机器的10^{-43}秒之前停止增长，量子引力定律一定会中断涨落的生长；而让它只能在时间机器诞生10^{-43}秒后再继续生长，那意味着在涨落开始消失以后。在这些时间之间，没有时间，也没有演化（图14.12）。这时，关键的问题是，在被量子引力中断生长时，往来的涨落有多强？我们的计算确凿无疑：涨落束在停止生长时远远不能破坏虫洞，于是，用我们在文章里的话来说，大概“真空涨落不能阻止类时闭曲线的形成和存在。”（我以前讲过，类时闭曲线就是物理学家说的“时间机器”；“时间机器”在大众中热过一回了，这回我没在文章里用它；不熟悉物理学名词的普通 520

读者，不知道我发表的是关于时间机器的新结果）。

1990年9月，在把文章交给《物理学评论》时，金成旺和我给许多同事寄去了复印件，也给霍金寄了一份。霍金津津有味地读了，不同意。关于真空涨落的计算，他没有什么意见［实际上，弗罗洛夫（Valery Frolov）在莫斯科做的相同计算已经证实了我们的结果[19]］；他反对的是我们对量子引力效应的分析。

霍金同意，量子引力很可能在时间机器产生前10^{-43}秒，也就是在涨落变得无限大以前10^{-43}秒，中断真空涨落的生长。“但是，谁测量的10^{-43}秒？在谁的参照系中？”他问。他提醒我们，时间是“相对的”，不是绝对的，它依赖于参照系。金和我曾假定这个特定的参照系是静止在虫洞咽喉的某个人的。霍金说（大概意思），如果选一个不同的参照系，如涨落自身——或者更准确说，某个随涨落一起运动的观察者——他从地球到飞船，快速穿过虫洞，看到地球-飞船距离从10光年（10^{19}厘米）收缩到普朗克-惠勒长度（10^{-33}厘米）。霍金猜想，从*这个往来的观察者看*，量子引力只有在虫洞成为时间机器前10^{-43}秒才能决定和中断涨落束的生长。

从静止在虫洞的观察者（金和我依靠的观察者）看，霍金的猜想意味着，量子引力中断涨落生长发生在虫洞成为时间机器10^{-55}秒前，而不是10^{-43}前——到那个时候，照我们的计算，真空涨落束是足够强大的（但也只不过刚好这么大），*可能确实会破坏虫洞*。

霍金猜想的量子引力中断的时刻是令人信服的。金和我想了很

久，最后认为他很可能是对的。我们想赶在论文发表以前把它改正 521
过来。[20]

然而，最基本的一点还是不能确定。即使霍金对了，真空涨落束会不会破坏虫洞，仍然远远没有说明——寻找确定的结果，需要我们认识量子引力在时间机器形成那一时刻附近10^{-95}秒的间隔内会做些什么。

简单地说，量子引力将虫洞能否成功成为时间机器的答案藏起来了。为了找出答案，我们首先得成为量子引力定律的专家。

霍金对时间机器有着严厉的批评，他认为大自然也憎恶它们；他把这种憎恶表达为一个猜想，一个能维护时间次序的良序猜想，[1] 它指出，物理学定律不允许时间机器。[21]（霍金以他特有的幽默，说这个猜想能“保证世界不会破坏历史”。）

霍金猜测，大自然就是通过真空涨落束的生长来加强维护时间顺序的：当我们想做时间机器时，不论用什么样的事物（如虫洞、旋转柱[2]、“宇宙弦”[3]或其他什么东西），在它成为时间机器前，总会有一束真空涨落穿过它，并破坏它。霍金好像已经准备为这个结果下大赌注了。

---

1. 原文“Chronology Protection”是“时序保护”，我觉得这在汉语里不像一个“术语”，所以借了一个数学名词，“良序”，前面加“维护时间”的定语，似乎还算恰当。本节小标题也是用的这个词。——译者注
2. 见465页的脚注2。
3. 普林斯顿大学Richard Gott最近发现，可以通过让两根无限长宇宙弦（一种在宇宙中可能存在也可能不存在的假想物体）以极高速度相对移动来做时间机器。[22]

我不愿成为这个赌局的另一方。我真喜欢同霍金打赌，但我只打获胜机会较大的赌。我本能地感到，如果去赌这个，我准会输的。我与金的计算和弗朗纳根（Eanna Flanagan，我的学生）最近没发表的计算似乎说明霍金很可能是对的。不过，在物理学家深刻认识量子引力定律之前，我们谁也不能肯定。[23]

尾声

爱因斯坦遗产
的过去和未来，
几个重要角色的今天。

爱因斯坦打破牛顿的绝对空间和时间的概念，奠定自己的理论基础，离现在差不多整整一百年了。在这一百年里，爱因斯坦的理论在成长；在他留下的精神财富里，我们看到了时空的弯曲和一堆完全由这弯曲产生的奇异东西：黑洞、引力波、奇点（隐藏的和裸露的）、虫洞和时间机器。

在历史的某些时期里，这些东西都曾被物理学家看成怪物。

• 我们在书中看到，爱丁顿、惠勒，甚至爱因斯坦都曾强烈怀疑黑洞；爱丁顿和爱因斯坦没能活着看到他们的错误；而惠勒后来成了黑洞的宣传者。

• 20世纪40年代和50年代，许多物理学家因为错误相信了他们正在研究的广义相对论的数学解释，曾怀疑引力波（曲率的波动）的存在——不过那该是另一本书的故事，而且怀疑早就没有了。

524 • 奇点是爱因斯坦广义相对论不可避免的结果，这个发现曾极大震撼了大多数物理学家，现在也仍然在震撼着许多人。有人从彭罗斯的宇宙监督猜想（所有奇点都被隐藏着，裸露的奇点是被禁戒的）找到了安慰。然而，不论宇宙监督是否正确，多数物理学家还是习惯了奇点；而且，他们与惠勒一样，期待着未知的量子引力定律来抹平这些奇点——来规定和限制它们的行为，就像牛顿和爱因斯坦的引力定律规定行星并限定它们绕太阳的轨道一样。

• 虫洞和时间机器，即使爱因斯坦广义相对论定律允许它们存在，在今天的大多数物理学家看来也是怪物。不过，我们刚发现，尽管爱因斯坦定律允许虫洞和时间机器的存在，却不能主宰它们的行为；主宰它们的是更严格的弯曲时空的量子场定律和量子引力定律。怀疑的物理学家大概能从这里得到些安慰。假如我们更好认识了那些定律，它们也许会明确地告诉我们，物理学定律总会让宇宙摆脱虫洞和时间机器——或者，也许至少会摆脱时间机器。

在未来的世纪里，在爱因斯坦理论的第二个百年里，我们能等到些什么呢？

我们关于空间、时间和时空弯曲所产生的事物的认识可能会发生革命，它一点儿也不亚于我们在第一个百年里经历过的革命；它的种子已经播下了：

• 引力波探测器很快会为我们带来黑洞的观测图像，我们将听到黑洞碰撞的交响曲——充满了弯曲时空在疯狂振荡时的活动信息的交响曲；我们还将从超大规模计算机的模拟中听到它们的回声，领会它们的意义。于是，黑洞成了实验仔细审查的对象。审查结果呢？会令我们惊讶的。

• 在未来的百年里，可能很快，用不了多久，某个有远见的物理学家将最终发现并揭开量子引力定律的一切细节。

• 有了那些量子引力定律，我们可能会完全了解宇宙时空如何从量子泡沫或大爆炸泡沫中出现，如何存在下去；我们可能知道，那个常被人问到的问题，“大爆炸以前是什么？”有什么意思，还是没有意思；我们可能知道，量子泡沫会不会很容易地产生多个宇宙；时空如何在黑洞中心或大挤压的奇点处遭到毁灭；时空是不是可以再生，如何再生；我们可能知道，量子引力定律是不是允许（或禁止）时间机器：时间机器总会在它们运行的瞬间自我毁灭吗？ 525

• 从牛顿定律到狭义相对论，到广义相对论和量子论，然后到量子引力，这条物理学定律之路并不会终结在量子引力。量子引力定律还将与大自然的其他基本力的定律结合（统一）：电磁力，弱力和强力。也许我们将在未来百年里了解那个统一的细节——同样可能很快，不会等太久，这个统一可能又会从根本上改变我们的宇宙观。然后呢？今天还没有人能预见那统一以外的事情；我相信——而且在你我的有生之年，统一迟早总会到来的。

终曲：1993

爱因斯坦最后25年的大部分时间都在徒劳地追寻广义相对论物理学定律与麦克斯韦电磁学定律的统一；他不知道最重要的统一是与量子力学的统一。1955年，76岁的他死在新泽西普林斯顿。

钱德拉塞卡83岁了，还在探寻爱因斯坦场方程的秘密，经常是跟年轻得多的同事们合作。近些年，他教给我们许多关于恒星脉动和引力波碰撞的事情。[1]

茨维基越来越成了实测天体物理学家，而不是大理论家；他还在继续独创一些惹人争论的有远见的思想，不过不是本书的题目。1968年，他离开加州理工学院教授的位置来到瑞士，在那里度过了他追寻自己内心通向真理的道路（"形态学方法"）的余生，1974年去世。

526

朗道经历了一年（1938～1939）的监狱生活后，虽恢复了智力，却没有了激情；他还是苏联理论物理学家的领袖，也是最严厉的老师。1962年他在车祸中严重受伤，大脑坏了，生活也跟着发生改变，不能再做物理了。他死于1968年，但他的亲密朋友后来说，"对我来说，朗道1962年就死了。"

---

1. 两年后（1995）的8月21日，这位1983年度的诺贝尔奖获得者在芝加哥逝世。——译者注

泽尔多维奇从20世纪70年代到80年代一直是世界上最有影响的天体物理学家。不过，1978年，因为人际关系的破裂，他凄凉地离开了他的研究小组（那是世界上有史以来最有力量的一支理论天体物理学家队伍）。他想重建一个年轻人的队伍，但是不很成功；后来，在80年代，他成了全世界天体物理学家和宇宙学家的偶像。1987年，戈尔巴乔夫的政治改革使他第一次能有机会来美国，但没过多久，他就因心脏病在莫斯科去世了。

诺维科夫在泽尔多维奇离开后，成了那个研究群体的领导者。在80年代，他像过去的泽尔多维奇一样，用他的思想火花来激发和团结他的群体。然而，离开了泽尔多维奇，这个小组不过是全世界许多优秀小组中的一个，而不再像以前那样领先了。1991年，苏联解体，接着诺维科夫又做了心脏手术，他觉得活不了多久了，来到丹麦哥本哈根大学，现在在那儿创建新的理论天体物理学中心。

金兹堡77岁了，仍在物理学和天体物理学的几个不同分支里做着前沿研究。1980～1986年，在**萨哈洛夫**流放高尔基期间，作为他在莫斯科列别德夫研究所的领导，金兹堡没有开除他还保护了他。在戈尔巴乔夫的改革时代，金兹堡和萨哈洛夫都当选为苏联人民下院议员，推行改革。1989年，萨哈洛夫死于心脏病。

奥本海默尽管在1954年的忠诚调查听证会上受到美国政府批判，但在多数物理学家心目中他还是英雄。他以后没有再做过研究，但仍和大多数物理学分支保持着密切联系；他扶持了许多年轻的物理学家，他们都愿意跟他讨论物理学问题，发展自己的思想。1967年，他死于癌症。

惠勒82岁，继续追寻量子力学与广义相对论的结合，继续用他的演说和著作来激发年轻的一代，最近（1990）他有一本特别值得注意的书：《引力和时空之旅》。

彭罗斯跟惠勒和许多其他人一样，对广义相对论和量子力学的结合着迷了——而且未来的量子引力定律可能会从这个结合中产生。他在一本为非物理学家读者写的书（《皇帝新脑》[1]，1989）里描绘了自己的非传统思想。很多物理学家怀疑他的观点，但他从来都是这样的，而且我们也看到了他以前好多次都对了……

霍金也一样继续为量子引力定律着迷，而他最感兴趣的问题是，那些定律关于宇宙起源会预言些什么。跟彭罗斯一样，他也为非物理学家写了一本书（《时间简史》，1988），谈自己的思想。尽管患有肌萎缩性脊髓侧索硬化（ALS），他还是活得很结实。

1. 这本书和下面霍金那本的中译本都在我们这个《第一推动丛书》的系列里。——译者注

致谢

感谢曾影响过这本书的
朋友们和同事们

这本书是在爱莱茵（Elaine Hawkes Watson）对宇宙的无限好奇心的激发下开始写的。在15年断断续续的写作中，我得到了我的家庭和几个亲密朋友的巨大鼓励和支持：琳达、卡丽丝、布雷特、阿里森、格里戈利（Estelle Gregory）、舒梅克（Bonnie Schumaker），特别是我的妻子，卡洛丽·温斯顿（Carolee Winstein）。

529

我要感谢许多物理学家、天文学家、天体物理学家同事，他们答应了我的录音采访，向我讲述了书中的大量历史事件和研究经过。他们的名字列在参考文献的开头。

我的4位同事，布拉金斯基、霍金、伊斯雷尔和萨根读了全部书稿，提出了具体的批评。很多人还读过一章或几章，为我澄清了许多重要的历史事件和科学细节。他们是：Vladimir Belinsky，Roger

Blandford，Carlton Caves，S. Chandrasekhar，Ronald Drever，Vitaly Ginzburg，Jesse Greenstein，Isaac Khalatnikov，Igor，Novikov，Roger Penrose，Dennls Sciama，Robert Serber，Robcrt Spero，Alexi Starobinsky，Rochus Vogt，Robert Wald，John Wheeler和Yakov Borisovlch Zel’dovich。没有他们的帮助，这本书不会像现在这样准确。不过，读者应该想到，我的同事不会完全赞同我对我们故事的解释，难免会有不同的观点。在书中，为了让读者更容易理解，我遵循了自己的观点（通常受过同事批评的重要影响，但不是全部）。为尊重历史，我在注释中暴露了某些矛盾。

530 Lynda Obst严厉批评了第一稿的许多章节，我谢谢她；K. C. Cole批评了第二稿，还耐心地一篇一篇地为我提出建议，最后才修改成现在这样。我要特别感谢K. C.，我还要谢谢Debra Makay，她是比我更彻底的理想主义者，一丝不苟地检查了最后的手稿。

本书的提高还大大得益于几位非物理学家读者的批评：Ludmila（Lily）Birladeanu，Doris Drucker，Linda Feferman，Rebecca Lewthwaite，Peter Lyman，Deanna Metzger，Phil Richman，Barrie Thorne，Alison Thorne，还有卡洛丽。我谢谢他们。我还要感谢Helen Knudsen为我找到了好多参考文献和事实——有些困难是人们想象不到的。

我幸运地在Heiz Pagel的《宇宙密码》中偶然看到Matthew Zimet的令人赏心悦目的画，也请他为这本书画了插图，真是增色不少。

最后，感谢联邦基金会图书计划，特别感谢在我完成这本书的几年中耐心支持和信任我的Alexander G. Bearn和Antonina W. Bouis——以及W. W. Norton公司和该公司的Ed Barber。

人物

在本书不同地方多次出现过的人物

说明：

下面的叙述只是为了回忆每个人在书中哪些地方出现过，便于前后参照，不能作为个人的传略。(多数人在科学的其他领域有过重要贡献，与本书无关，就没有在此列举了。)列在这里的人物，不是看他的贡献大小，而是因为他们在书中的不同地方出现过多次。

巴德（Baade，Walter，1893 ~ 1960）

生于德国，美籍光学天文学家，与茨维基提出超新星概念及其与中子星的联系（5）；[1] 确认与宇宙射电源相关的星系（9）。

巴丁（Bardeen，James Maxwell，1939 ~ ）

美国理论物理学家，证明宇宙中多数黑洞在快速旋转；与彼德森预言黑洞旋转对周围吸积盘的影响（9）；与卡特尔和霍金发现黑洞力学四定律（黑洞演化定律）（12）。

1. 括号中的数字代表第几章。

贝肯斯坦（Bekenstein, Jacob, 1947 ~）
以色列理论物理学家，惠勒的学生。与哈特尔证明不能通过黑洞外面的任何研究判别形成黑洞的材料的粒子类型（7）；提出黑洞表面积相当于它的熵，与霍金就此争论，最后获胜（12）。

玻尔（Bohr, Niels Hendrik David, 1885—1962）
丹麦理论物理学家，诺贝尔奖获得者［1922］，量子力学创始人之一，20 世纪中叶许多大物理学家（包括朗道和惠勒）的导师；曾指导钱德拉塞卡与爱丁顿的论战（4）；试图救朗道（5）；与惠勒提出核裂变理论（6）。

布拉金斯基（Braginsky, Vladimir Borisovich, 1931 ~）
俄罗斯实验物理学家。发现物理学测量精度（包括引力波探测器的精度）的量子力学极限（10）；发明克服量子极限的“量子无破坏”装置（10）。

卡特尔（Carter, Brandon, 1942 ~）
澳大利亚理论物理学家，英国剑桥席艾玛的学生，后移居法国。阐明旋转黑洞性质（7）；与人证明黑洞无毛（7）；与巴丁和霍金发现黑洞力学四定律（黑洞演化定律）（12）。

钱德拉塞卡（Chandrasekhar, Subrahmanyan, 1910 ~ 1995）
生于印度，美籍天体物理学家，诺贝尔奖获得者［1983］；证明白矮星存在极大质量，就预言正确性与爱丁顿争论（4）；发展黑洞微扰理论（7）。

爱丁顿（Eddington, Arthur Stanley, 1882 ~ 1944）
英国天体物理学家，爱因斯坦广义相对论定律的早期倡导者（3）；黑洞概念和钱德拉塞卡白矮星极限质量的强烈反对者（3，4）。

爱因斯坦（Einstein, Albert, 1879 ~ 1955）
生于德国，瑞士 / 美国理论物理学家，诺贝尔奖获得者［1921］；创立狭义相对论（1）和广义相对论（2）；证明光同时既是粒子也是波（4）；反对黑洞概念（3）。

格罗赫（Geroch, Robert, 1942 ~）
美国理论物理学家，惠勒的学生；与人发展黑洞分析的整体方法（13）；证明空间拓扑只有在时间机器的产生过程中才会发生改变（如形成虫洞）（14）；与瓦尔德第一次提出时间机器可能在形成时毁灭（14）。

贾柯尼（Giacconi，Riccardo，1931 ~）
生于意大利，美国实验物理学家和天体物理学家；1962 年领导一个小组利用火箭探测器首次发现 X 射线星（8）；设计并建造“自由”号 X 射线卫星，第一次发现天鹅 X–1 是黑洞的强 X 射线证据（8）。

金兹堡（Ginzburg，Vitaly Lazarevich，1916 ~）
苏联理论物理学家；发明苏联氢弹的 LiD 燃料，然后被开除出氢弹计划（6）；与朗道解释超导性起源（6，9）；发现第一个黑洞无毛证据（7）；提出宇宙射电波的同步辐射起源（9）。

格林斯坦（Greenstein Jesse，L.，1909 ~）
美国光学天文学家，茨维基的同事（5）；与惠普发现不可能 [用传统观点] 解释宇宙射电波（9）；激发了美国射电天文学研究的开端（9）；与施米特发现类星体（9）。

哈特尔（Hartle，James B.，1939 ~）
惠勒的学生；与贝肯斯坦证明不能通过黑洞外面的任何研究判别形成黑洞的材料的粒子类型（7）；与霍金发现黑洞视界演化定律（12）；与霍金正在探索量子引力定律（13）。

霍金（Hawking，Stephen W.，1942 ~）
英国理论物理学家，席艾玛的学生；完成了黑洞无毛证明的关键部分（7）；与巴丁和哈特尔发现黑洞力学四定律（黑洞演化定律）（12）；发现在忽略量子力学定律条件下黑洞表面积只能增加，在量子力学条件下黑洞会蒸发和收缩（12）；证明小黑洞能在大爆炸时产生；基于天文学家未发现黑洞蒸发所产生的 γ 射线的事实，与帕奇提出原生小黑洞的观测极限（12）；发展黑洞分析的整体。（拓扑学）方法（13）；与彭罗斯证明大爆炸包含奇点（13）；提出“良序猜想”，认为通过真空涨落在时间机器产生时将其破坏而保持时序（14）；与索恩就天鹅 X–1 是否为黑洞（8）和裸奇点能否在宇宙中形成打赌（13）。

伊斯雷尔（Israel，Werner，1931 ~）
生于南非，加拿大理论物理学家；证明每个非旋转黑洞一定是球形的，提出黑洞通过辐射“脱毛”的证据（7）；发现黑洞表面积只能增加，但未认识这一结果的意义（12）；

与彭罗斯和奥里证明黑洞奇点周围的潮汐力随黑洞年龄而减弱（13）；探索黑洞研究早期历史（3）。

克尔（Kerr, Roy, P. , 1934 ~ ）

新西兰数学家；发现爱因斯坦场方程的旋转黑洞解："克尔解"（7）。

朗道（Landau, Lev Davidovich, 1908 ~ 1968）

苏联理论物理学家，诺贝尔奖获得者[1962]；30年代将西方理论物理学带回苏联（5，13）；将星体热量解释为星体物质被中心中子核所捕获的结果，从而激发奥本海默对中子星和黑洞的研究（5）；在斯大林大恐怖时期被捕，获释后提出超流体理论（5）；投身苏联核武器研究（6）。

拉普拉斯（Laplace, Pierre Simon, 1749 ~ 1827）

法国自然哲学家；提出并普及牛顿物理学定律下的暗星（黑洞）概念（3，6）。

洛伦兹（Lorentz, Hendrik Antoon, 1853 ~ 1928）

荷兰理论物理学家，诺贝尔奖获得者[1902]；为狭义相对论定律奠定基础，最重要的是洛伦兹—费兹杰拉德收缩和时间膨胀（1）；爱因斯坦创立广义相对论定律时的朋友和伙伴（2）。

麦克斯韦（Maxwell, James Clerk, 1831 ~ 1879）

英国理论物理学家，发展了电磁学定律（1）。

米歇尔（Michell, John, 1724 ~ 1793）

英国自然哲学家；提出并普及牛顿物理学定律下的暗星（黑洞）概念（3，6）。

迈克尔逊（Michelson, Albert Abraham, 1852 ~ 1931）

生于德国的美籍实验物理学家，诺贝尔奖获得者[1907]；发明干涉仪测量技术（1）；以那些技术发现光速独立于观测者在宇宙中的运动速度（1）。

闵可夫斯基（Minkowski, Hermann, 1864 ~ 1909）

德国理论物理学家，爱因斯坦的老师（1）；将空间和时间统一为时空（2）。

米斯纳（Misner，Charles W.，1932 ~ ）

美国理论物理学家，惠勒的学生；发明用嵌入图描绘坍缩恒星如何形成黑洞（6）；组织对黑洞研究“黄金年代”有重要贡献的一个研究小组（7）；发现在旋转黑洞附近传播的电磁波和其他波能从黑洞汲取旋转能并用来放大自己（12）；发现奇点附近潮汐引力的“搅拌”振荡（13）。

牛顿（Newton，Isaac，1642 ~ 1727）

英国自然哲学家，创立牛顿物理学与绝对空间和绝对时间概念的基础（1）；创立牛顿引力定律（2）

诺维科夫（Novikov，Igor Dmitrievich，1935 ~ ）

苏联理论物理学家和天体物理学家，泽尔多维奇的学生；与多罗什科维奇和泽尔多维奇发现黑洞无毛的某些重要原始证据（7）；与泽尔多维奇提出在银河系寻找黑洞的天文学方法，似乎最终获得成功（8）；与索恩提出黑洞周围的吸积结构理论（12）；与多罗什科维奇预言黑洞内部潮汐力随黑洞年龄而改变（13）；研究物理学定律是否允许时间机器（14）。

奥本海默（Oppenheimer，J. Robert，1904 ~ 1967）

美国理论物理学家；30 年代将理论物理从西欧带回美国（5）；与塞伯否定朗道关于恒星可能由中子核保持热量的结论，与沃尔科夫证明存在中子星极大质量（5）；与斯尼德用高度理想化模型说明大质量恒星在死亡时会坍缩形成黑洞并阐明坍缩的某些重要特征（6）；领导美国原子弹计划，一开始就反对氢弹计划，后来赞同，因此被认为对国家不忠（6）；与惠勒争论坍缩是否形成黑洞（6）。

彭罗斯（Penrose，Roger，1931 ~ ）

英国数学家和理论物理学家，席艾玛的门生；猜测黑洞通过辐射失去毛（7）；发现旋转黑洞在视界外空间旋涡里贮藏大量可以汲取的能量（7）；提出黑洞显视界的概念（12，13）；发现黑洞表面积只能增大，但未认识这一结论的重要意义（12）；创立并发展黑洞分析的整体（拓扑学）方法（13）；证明黑洞一定含有奇点，与霍金证明大爆炸含有奇点（13）；提出物理学定律严禁在宇宙中形成裸奇点的宇宙监督猜想（13）。

普雷斯（Press，William H.，1948 ~ ）

美国理论物理和天体物理学家，索恩的学生；与特奥科尔斯基证明黑洞关于小扰动稳定（7，12）；发现黑洞脉动（7）；亲历黑洞研究黄金年代的结束（7）。

普赖斯（Price，Richard H.，1943 ~）

美国理论物理和天体物理学家，索恩的学生；确定地证明黑洞通过辐射失去毛，证明能被辐射的东西将被完全辐射（7）；看到黑洞脉动的证据，但未认识其意义（7）；与人提出黑洞的膜规范（11）；为索恩的时间机器研究担心（14）。

里斯（Rees，Martin，1942 ~）

英国天体物理学家，席艾玛的学生；提出模型解释黑洞从其伴星吸积气体的双星系特征（8）；提出射电星系巨射电叶能源来自通过星系核心的能量束，与布兰福德发展能量束具体模型（9）；与布兰福德等人用模型解释超大质量黑洞如何为射电星系、类星体和活动星系核提供能量（9）。

萨哈洛夫（Sakharov，Andrei Dmitrievich，1921 ~ 1989）

苏联理论物理学家；为苏联氢弹奠定重要思想基础（6）；泽尔多维奇的亲密朋友、伙伴和竞争对手（6，7）；后来成为著名异议人士，苏联开放后成为英雄。

史瓦西（Schwarzschild，Karl，1876 ~ 1916）

德国天体物理学家，发现爱因斯坦场方程的史瓦西解，描绘了非旋转静态或坍缩恒星的时空几何，也描绘了非旋转黑洞（3）；发现爱因斯坦场方程在常密度星体内部的解——爱因斯坦曾以此论证黑洞不能存在（3）。

席艾玛（Sciama，Dennis，1926 ~）

英国天体物理学家，英国黑洞研究者的导师（7，13）。

特奥科尔斯基（Teukolsky，Saul A.，1947 ~）

生于南非，美国理论物理学家，索恩的学生；提出并发展旋转黑洞的微扰分析方法，与普雷斯用此方法证明黑洞相对于微扰是稳定的（7，12）；与夏皮罗发现物理学定律可能允许在宇宙中形成裸奇点的证据（13）。

索恩（Thome，Kip，1940 ~）

美国理论物理学家，惠勒的学生；提出黑洞能在坍缩恒星内形成的环猜想，并为它找到证据（7）；根据天体物理学资料估计引力波并提出探测引力波的思想和计划（10）；

与人发展黑洞的膜规范（11）；提出黑洞熵的统计学起源（12）；通过虫洞和时间机器的思想实验考察物理学定律（14）。

瓦尔德（Wald, Robert M. , 1947 ~ ）

美国理论物理学家，惠勒的学生；发展并应用特奥科尔斯基的黑洞微扰分析方法（7）；与人发现电场在黑洞外的行为特征——成为膜规范的基础（11）；发展黑洞蒸发理论并用于黑洞熵的起源（12）；与格罗赫首次提出时间机器可能在形成时被毁灭（14）。

韦伯（Weber, Joseph, 1919 ~ ）

美国实验物理学家；发明世界第一台引力波探测器（“棒探测器”）并参与发明引力波干涉仪探测器（10）；公认的引力波探测之父。

惠勒（Wheeler, John Archibald, 1911 ~ ）

美国理论物理学家，美国黑洞与广义相对论其他方面众多研究者的导师（7）；与哈里森和若野提出冷死物质的状态方程和完整的冷死星编目表，从而巩固了大质量恒星死后一定形成黑洞的证据（5）；与玻尔提出核裂变理论（6）；领导设计美国第一颗氢弹的小组（6）；与奥本海默争论黑洞不能形成，后来成为黑洞的主要拥护者（6）；发明“黑洞”（6）和“黑洞无毛”（7）的名词；论证引力坍缩恒星的“最终状态问题”是认识广义相对论与量子力学结合的关键，在论证中预言了霍金黑洞能蒸发的发现（6，13）；发展量子引力的基础，最重要的是设想并发展量子泡沫的概念，现在我们猜测它是构成奇点的基元（13）；提出普朗克—惠勒长度和面积（12，13，14）。

泽尔多维奇（Ze1’dovich, Yakov Borisovich, 1914 ~ 1987）

苏联理论物理学家和天体物理学家，苏联天体物理学家的导师（7）；发展核的链式反应理论（5）：提出苏联原子弹和氢弹基础的关键思想，并领导一个原子弹设计小组（6）；与多罗什科维奇和诺维科夫早就发现黑洞无毛的证据（7）；提出几个寻找黑洞的天文学方法，其中之一似乎最后成功了（8）；独立于萨尔皮特提出超大质量黑洞是类星体和射电星系的能源（9）；猜想并与斯塔罗宾斯基证明，量子力学定律可能导致旋转黑洞辐射而失去旋转，但后来却反对霍金关于非旋转黑洞能辐射和蒸发的证明（12）。

茨维基（Zwicky, Fritz, 1898 ~ 1974）

生于瑞士，美籍理论物理学家、天体物理学家和光学天文学家；与巴德认定超新星是一类天体并提出它们的能源来自正常星变成中子星时所释放的能量（5）。

年表

关于事件、观点和发现的年表

1687 牛顿发表《原理》，[1] 建立绝对空间和时间概念、运动定律和引力定律。[1]

1783，1795 米歇尔和拉普拉斯用牛顿的运动、引力和光的定律提出牛顿黑洞的概念。[3]

1864 麦克斯韦建立统一的电磁学定律。[1]

1887 迈克尔逊和莫雷以实验证明光速独立于地球在绝对空间中运动的速度。[1]

1905 爱因斯坦证明空间和时间是相对的，不是绝对的，创立狭义相对论。[1] 爱因斯坦证明电磁波在某些条件下表现粒子行为，从而启发了量子力学基础的波粒二象性概念。[4]

1907 爱因斯坦迈出广义相对论第一步，建立局部惯性系和等效原理，导出时间的引力膨胀。[2]

1908 闵可夫斯基将空间和时间统一为绝对的四维时空。[2]

1912 爱因斯坦发现时空是弯曲的，潮汐引力是曲率的外在表现。[2]

1915 爱因斯坦和希尔伯特独立建立爱因斯坦场方程（描写物质如何扭曲时空），从而完成广义相对论。[2]

1.即《自然哲学之数学原理》，商务印书馆曾出版郑太朴译本；1992年武汉出版社出版了新译本（王克迪译，袁江洋校）。—— 译者注

1916 史瓦西发现爱因斯坦场方程的史瓦西解，后来证明它描写了非旋转无电荷的黑洞。[3]

弗拉姆发现，适当选择拓扑，史瓦西解能描写虫洞。[14]

1916，1918 雷斯纳和诺德斯特勒姆发现后来用以描写无旋转带电黑洞的爱因斯坦场方程解。[7]

1926 爱丁顿诘难白矮星，攻击黑洞的实在性。[4]

薛定谔和海森伯在别人工作基础上完成量子力学的建立。[4]

福勒用量子力学定律发现白矮星之谜在于电子简并。[4]

1930 钱德拉塞卡发现存在白矮星的极大质量。[4]

1932 查德威克发现中子。[5]

央斯基发现宇宙射电波。[9]

1933 朗道在苏联建立研究小组，传播西方理论物理。[5，13]

巴德和茨维基认证超新星，提出中子星概念，说明超新星能源来自星核形成中子星时的坍缩。[5]

1935 钱德拉塞卡完善白矮星极大质量的证明，爱丁顿批评他的研究。[4]

1935～1939 苏联大恐怖。[5，6]

1937 格林斯坦和惠普说明不能用已知天体物理学过程解释央斯基的宇宙射电波。[9]

朗道为逃脱入狱和死亡提出恒星热量的能源来自流向中心核的物质。[5]

1938 朗道以德国间谍罪在莫斯科入狱。[5]

奥本海默和塞伯否定朗道的恒星中子核热源；奥本海默和沃尔科夫证明中子星存在最大质量。[5]

贝特和克里奇菲尔德证明太阳和恒星的热量来自核燃烧。[5]

1939 濒临死亡的朗道出狱。[5]

爱因斯坦论证黑洞不能在真实宇宙中存在。[4]

奥本海默和斯尼德通过高度理想化计算证明坍缩恒星形成黑洞，（疑惑地）发现，在外面看来，坍缩在视界冻结，而从恒星表面看，并非如此。[6]

雷伯发现来自遥远星系的宇宙射电波，但他不知道所看到的是什么。[9]

玻尔和惠勒提出核裂变理论。[6]

哈里顿和泽尔多维奇提出核裂变的链式反应理论。[6]

德军侵占波兰，第二次世界大战爆发。

1942 美国在奥本海默领导下启动原子弹紧急计划。[6]

1943 苏联开始设计核反应堆和原子弹，水平较低；泽尔多维奇是主要理论家。[6]

1945 美国在广岛和长崎投放原子弹，第二次世界大战结束。

苏联低水平超弹计划开始启动。[6]

苏联启动原子弹紧急计划，泽尔多维奇是主要理论家。[6]

1946 弗里德曼和他的小组用缴获的德国V-2火箭发射第一台地球大气上空的天文学仪器。[8]

英国和澳大利亚实验物理学家开始建造射电望远镜和射电干涉仪。[9]

1948 泽尔多维奇、萨哈洛夫、金兹堡等人在苏联开始设计超弹（氢弹）；金兹堡发明LiD燃料，萨哈洛夫提出“千层饼”设计。[6]

1949 苏联爆炸第一颗原子弹，平息了美国关于超弹紧急计划的争论。苏联直接实施超弹计划。[6]

1950 美国启动超弹紧急计划。[6]

凯本海尔和金兹堡认识到宇宙射电波是宇宙线电子在星际磁场中的涡旋运动产生的。[9]

亚历山大洛夫和皮苗诺夫将拓扑学工具引进弯曲时空的数学研究，但是结果不好。[13]

1951 特勒和乌拉姆在美国提出威力可以任意大的“真”超弹思想；惠勒在此基础上组队设计并在计算机上模拟。[6]

史密斯为巴德提供1弧分误差区间的天鹅A射电源，巴德用光学望远镜发现天鹅A为一遥远星系——一个“射电星系”。[9]

1952 美国爆炸第一个氢弹装置，它质量太大，不可能以飞机或火箭装载，不过用的是特勒-乌拉姆的思想，并以惠勒小组的设计工作为基础。[6]

1953 惠勒开始研究广义相对论。[6]

詹尼森和古普塔发现星系的射电波是它相对的两片巨叶产生的。[9]

斯大林去世。[6]

苏联在金兹堡和萨哈洛夫思想基础上爆炸第一颗氢弹。由于它的能量不能任意大，苏联科学家宣称它不是“真”超弹。[6]

1954 萨哈洛夫和泽尔多维奇提出“真”超弹的特勒-乌拉姆思想。[6]

	美国在特勒－乌拉姆和萨哈洛夫－泽尔多维奇思想基础上爆炸第一颗真正的超弹。[6]
	特勒在奥本海默忠贞调查听证会上提出不利证词，认为奥本海默危害国家安全。[6]
1955	苏联在特勒－乌拉姆和萨哈洛夫－泽尔多维奇思想基础上爆炸第一颗真正的超弹。[6]
	惠勒提出引力真空涨落概念，认为涨落从普朗克－惠勒长度的尺度长大，在此尺度下时空被量子泡沫所取代。[12, 13, 14]
1957	惠勒、哈里森和若野提出冷死物质概念，为所有可能的冷死星编目。他们的编目充实了大质量恒星在死亡时必然坍缩成黑洞的结论。[5]
	惠勒小组研究虫洞；里奇和惠勒提出虫洞小扰动的微扰分析方法；后来被用于黑洞微扰的研究。[7, 14]
	惠勒提出星体坍缩的最终状态是研究的最终目标；反对奥本海默的最终状态必然藏在黑洞中的思想。[6, 13]
1958	芬克尔斯坦发现史瓦西几何的新参照系，解决了1939年的奥本海默－斯尼德悖论：为什么从外面看，坍缩恒星在临界周长冻结，而从里面看，坍缩会经过临界周长？[6]
1958 ~ 1960	惠勒逐渐接受黑洞概念，成为主要拥护者。[6]
1959	惠勒认为大挤压或黑洞中形成的时空奇点由量子引力决定，可能由量子泡沫构成。[13]
	布尔比奇证明射电星系巨叶所包含的磁能和动能相当于1千万个太阳质量完全转化为纯能量。[9]
1960	韦伯开始建造引力波的棒探测器。[10]
	克鲁斯卡证明，如果球形虫洞没有任何事物过，它将很快湮灭而不能通行。[14]
	格瑞弗斯和布雷尔发现，爱因斯坦场方程的雷斯纳－诺德斯特勒姆解描写了球形荷电黑洞和虫洞。[7] 他们的研究（错误地）认为，不可能从我们宇宙的黑洞内部通过超空间进入某个别的宇宙。[13]
1961	卡拉特尼科夫和栗弗席兹（错误地）论证爱因斯坦场方程不允许有随机形变曲率的奇点存在，从而认为在真实黑洞和宇宙大收缩中不能形成奇点。[13]
1961 ~ 1962	泽尔多维奇开始研究天体物理学和广义相对论，召集诺维科夫等人，建立自己的研究队伍。[6]

1962 索恩开始在惠勒指导下做研究，启发了后来的环猜想。[7]

贾柯尼和他的小组用装在地球上空探测火箭上的盖革计数器发现宇宙X射线。[8]

1963 克尔发现爱因斯坦场方程解。[7]

施米特、格林斯坦和桑达奇发现类星体。[9]

1964 黑洞理论研究的黄金时代开始。[7]

彭罗斯在相对论研究中引入拓扑学工具，证明所有黑洞内部都必然存在着奇点。[13]

金兹堡以及多罗什克维奇、诺维科夫和泽尔多维奇发现黑洞无毛的第一个证据。[7]

美国的科尔盖特、麦和怀特，苏联的波杜利兹、伊姆舍尼克和纳杰任以原子弹设计的计算机语言来模拟实际的星体核坍缩；他们证实了1934年茨维基关于小质量坍缩形成中子星并触发超新星的猜想，也证实了1939年奥本海默-斯尼德关于大质量坍缩形成黑洞的结果。[6]

泽尔多维奇、古塞诺夫和萨尔皮特第一次提出在现实宇宙中寻找黑洞的方法。[8]

萨尔皮特和泽尔多维奇（正确地）猜想类星体和射电星系的能量来自超大质量黑洞。[9]

弗里德曼和他的小组用装在火箭上的盖革计数器发现天鹅X-1。[8]

1965 波耶以及林凯斯特、卡特和彭罗斯发现爱因斯坦场方程的克尔解描写了旋转黑洞。[7]

1966 泽尔多维奇和诺维科夫提出在X射线星和光学星构成的双星系中寻找黑洞，70年代获得成功（也许是的）。[8]

格罗赫证明只有当时间机器出现（或至少在瞬间出现）时，空间拓扑才可能发生非量子力学的改变。[14]

1967 惠勒为黑洞命名。[6]

伊斯雷尔严格证明第一个黑洞无毛猜想：非旋转黑洞一定是完全球形的。[7]

1968彭罗斯论证不可能从我们宇宙的黑洞内部通过超空间进入别的宇宙：70年代将有人证明他的论证是对的。[13]

卡特尔发现旋转黑洞周围空间旋涡的性质和它对下落粒子的影响。[7]

米斯纳与别林斯基、卡拉特尼科夫和栗弗席兹独立发现爱因斯坦场方

程的“搅拌”振荡的奇点。[13]

1969 霍金和彭罗斯证明宇宙一定在大爆炸膨胀之初有过奇点。[13]

别林斯基（B）、卡拉特尼科夫（K）和栗弗席兹（L）发现爱因斯坦场方程的振荡的BKL奇点解；他们证明它的弯曲时空有随机形变，从而认为是在黑洞内部和大挤压时形成的一类奇点。[13]

彭罗斯发现旋转黑洞在周围空间的旋涡运动中贮藏着能量，这样的旋转能可以利用。[7]

彭罗斯提出物理定律严禁形成裸奇点的宇宙监督猜想。[13]

林登-贝尔提出巨黑洞存在于星系核并被吸积盘所包围。[9]

克里斯托多罗发现黑洞缓慢吸积物质时的演化与热力学定律间的相似性。[12]。

韦伯宣布引力波存在的证据（但那只是暂时的），激发许多实验家开始建造棒探测器，1975年会明白韦伯没有看到引力波。[10]

布拉金斯基发现引力波探测器的灵敏度存在一种量子力学极限。[10]

1970 巴丁证明气体的吸积可能使宇宙中的典型黑洞很快地旋转。[9]

普赖斯在彭罗斯、诺维科夫以及切斯、德拉克鲁兹和伊斯雷尔工作的基础上证明黑洞通过辐射“脱毛”，他还证明任何可能被辐射的东西都将辐射殆尽。[7]

霍金提出黑洞绝对视界的概念，证明其表面积总在增加。[12]

贾柯尼小组建成第一个卫星X射线探测器“自由”，并发射进入轨道。[8]

1971 X射线、射电波和光学观测证据的结合证明天鹅X-1是环绕一颗正常恒星的黑洞。[8]

MIT的外斯和休斯公司的福瓦德率先用干涉仪探测引力波。[10]

里斯提出射电星系的巨射电叶的能量来自星系核射出的喷流。[9]

汉尼和鲁菲尼提出黑洞表面电荷概念，成为膜规范的基础。[11]

普雷斯发现黑洞会脉动。[7]

泽尔多维奇猜测旋转黑洞会辐射，并与斯塔罗宾斯基用弯曲时空的量子场定律证明这个猜想。[12]

霍金提出“原生”小黑洞可能是在大爆炸中形成的。[12]

1972 卡特尔在霍金和伊斯雷尔研究的基础上证明无电荷旋转黑洞的无毛猜想（后来罗宾逊补充了一些技术细节）。他说明这类黑洞总可以用爱因斯坦方程的克尔解来描写。[7]

索恩提出环猜想作为黑洞能否形成的判据。[7]

贝肯斯坦猜测黑洞的表面积表现为熵，而黑洞的熵是黑洞形成方式总数的对数。霍金坚决反对这一猜想。[12]

巴丁、卡特尔和霍金建立在形式上与热力学定律完全相同的黑洞演化定律，但仍然坚持视界表面积不可能表现为黑洞的熵。[12]

特奥科尔斯基发展描写旋转黑洞脉动的微扰方法。[7]

1973 普雷斯和特奥科尔斯基证明旋转黑洞的脉动是稳定的，不会因补充黑洞的旋转能而增强。[7]

1974 霍金证明一切旋转和不旋转的黑洞都表现出一个正比于表面引力的温度并因此而辐射，从而蒸发。然后，他改变了主张，赞成黑洞力学定律就是黑洞的热力学定律；他也同意了贝肯斯坦的猜想，黑洞表面积就是黑洞的熵。[12]

1974～1978 布兰福德、里斯和林登-贝尔提出星系核和类星体中超大质量黑洞产生喷流的几种方式。[9]

1975 巴丁和彼德森证明旋转黑洞周围的空间旋涡能像陀螺一样保持喷流方向。[9]

钱德拉塞卡为了建立完整的黑洞微扰的数学描述开始他5年的探索。[7]

昂鲁什和戴维斯推测，在黑洞视界上方的加速观测者会看到黑洞被热粒子大气所包围，这些粒子的逃逸即说明了黑洞的蒸发。[12]

帕奇计算了黑洞辐射的粒子谱。霍金和帕奇通过宇宙γ射线的观测数据推测，每立方光年的空间中正在蒸发的原生小黑洞不会超过300个。[12]

一群年轻的研究者宣告黑洞理论研究的黄金年代结束。[7]

1977 吉本斯和霍金证明贝肯斯坦的猜想：黑洞的熵是其可能形成方式总数的对数。[12]

射电天文学家用干涉仪发现从星系中心黑洞汲取能量输入巨射电叶的喷流。[9]

布兰福德和茨纳耶克证明，穿过黑洞视界的磁场能汲取黑洞的旋转能，并为类星体和射电星系提供能源。[9]

茨纳耶克和达莫尔提出黑洞视界的膜描述方法。[11]

布拉金斯基和同事，凯维斯、索恩和同事为克服引力波探测棒的量子极限设计量子无破坏传感器。[10]

1978 贾柯尼小组完成第一台高分辨率X射线望远镜"爱因斯坦"的建造，并发射送入轨道。[8]

1979 汤尼斯等人发现银河系存在300万个太阳质量黑洞的证据。[9]
德雷维尔在加州理工学院启动干涉仪引力波探测计划。[10]

1982 邦汀和马祖尔证明带电旋转黑洞的无毛猜想。[7]

1983~1988 芬尼等人在黑洞基础上建立综合模型解释类星体和射电星系所有细节。[9]

1984 国家科学基金会强令加州理工学院和麻省理工学院的两个引力波探测计划合并，促成LIGO计划。[10]
雷德蒙特（在伊尔德莱研究基础上）证明落进球状空虫洞的辐射将达到高能并加速虫洞的湮灭。[14]

1985~1993 索恩、莫里斯、尤尔泽维尔、弗里德曼、诺维科夫等人提出物理学定律是否允许虫洞旅行和时间机器问题。[14]

1987 伏格特领导LIGO计划，开始大步向前。[10]

1990 金成旺和索恩证明，不论用什么方法做时间机器，总会有一束强真空涨落在它产生的瞬间穿过去。[14]

1991 霍金提出维护时序的良序猜想（物理学定律严禁时间机器），认为时间机器会在产生的瞬间被通过它的强大真空涨落束所毁灭。[14]
伊斯雷尔、泊松和奥里在多罗什克维奇和诺维科夫工作的基础上证明黑洞内的奇点会"变老"；奥里证明当黑洞老而宁静时，落进的物体不会因奇点的潮汐引力而产生严重形变，除非它们到了黑洞的量子引力中心。[13]
夏皮罗和特奥科尔斯基在超级计算机模拟中发现宇宙监督猜想可能是错误的：裸奇点有可能在非球形星体坍缩中产生。[13]

1993 赫尔塞和泰勒因通过双脉冲星测量证明引力波存在而获诺贝尔奖。[10]

名词

定义和术语

[absolute] 绝对：
独立于任何参照系；每个参照系都观测到相同结果。
-
[absolute horizon] 绝对视界：
黑洞表面，见**视界**。
-
[absolute space] 绝对空间：
牛顿关于我们生活的三维空间的概念，例如绝对静止和绝对长度，即物体长度与测量它的参照系的运动状态无关。
-
[absolute time] 绝对时间：
牛顿的时间概念，认为时间是普适的，即事件的同时性是惟一的、普遍一致的；两个事件的时间间隔是惟一的、普遍一致的。
-
[accelerated observer] 加速观测者：
非自由下落的观测者。
-
[accretion disk] 吸积盘：
包围黑洞或中子星的气体盘。盘内的摩擦力使气体逐渐螺旋下落，被吸积到黑洞或星体。
-
[adiabatic index] 绝热指数：
同**压缩阻抗**。
-
[aether] 以太：
一种假想介质。照19世纪的思想，它在电磁波经过时发生振荡，正是由于它的振荡，波动才表现出来。一般认为以太在绝对空间中静止。
-
[angular momentum] 角动量：
物体的旋转的度量。在本书里常以**旋转**来代替“角动量”。
-
[antimatter] 反物质：
一种物质形式，寻常物质的“对头”。寻常物质的每一类粒子（如电子、质子、中子）几乎总是对应着一种反物质的反粒子（正电子、反质子、反中子）。物质粒子与对应反物质的反粒子相遇时，会彼此湮灭。
-
[apparent horizon] 显视界：
光子逃出黑洞所遇到的最后引力屏障。当黑洞宁静不变时，显视界与（**绝对**）**视界**相同。
-
[astronomer] 天文学家：
特指用望远镜观测宇宙天体的科学家。
-
[astrophysicist] 天体物理学家：
特指以物理定律认识宇宙天体行为的物理学家（通常是理论物理学家）。
-
[astrophysics] 天体物理学：
关于宇宙天体和它们的物理学定律的物理学分支。
-
[atom] 原子：
物质的基本构成要素。每个原子由带正电的核和周围带负电的电子云构成。电力将电子云束缚在核周围。
-
[atomic bomb] 原子弹：
通过铀-235或钚-239核裂变链式反应提供爆炸能量的炸弹。
[band] 频带：
频率范围。

-
[bandwidth] 带宽：
仪器所能探测的频率范围。
-
[bar detector] 棒探测器：
一种引力波探测器，以传感器监测因波对巨大金属棒的挤压和拉伸而产生的振荡。
-
[beam splitter] 分光镜：
一种仪器，用以将一束光分裂为沿不同方向运动的两部分，或者将来自不同方向的光合成为一束。
-
[big bang] 大爆炸：
宇宙开始的爆炸。

-

[big crunch] 大爆缩或**大挤压：**
宇宙坍缩的终极阶段（假定宇宙最终真会再发生坍缩；我们不知道是否会这样）。

-

[binary system] 双星系：
两个相互围绕作轨道运动的天体，天体可以是恒星或者黑洞，也可以是一颗恒星和一个黑洞。

-

[BKL singularity BKL] 奇点：
周围潮汐引力在时间和空间上随机振荡的奇点。这类奇点可能在黑洞中心或宇宙大爆缩中形成。

-

[black hole] 黑洞：
（恒星坍缩形成的）天体，事物可以落进去，但不能逃出来。

-

[black-hole binary] 双黑洞系：
两个黑洞构成的双星系。

-

[Blandford-Znajek process] 布兰福德–茨纳耶克过程：
穿过黑洞的磁场从旋转黑洞汲取旋转能量的过程。

-

[boosted atomic bomb] 增强原子弹：
通过一层或多层聚变燃料增大爆炸威力的原子弹。

[chain reaction] 链式反应：
原子核的系列裂变反应：一次裂变产生的中子触发新的裂变，新裂变中子又触发下一次裂变，等等。

-

[Chandrasekhar limit] 钱德拉塞卡极限：
白矮星所能具有的最大质量。

-

[chronology protection conj ecture] 良序猜想或**时序保护猜想：**
霍金关于物理学定律不允许时间机器破坏时间次序的猜想。

-

[classical] 经典的：
非量子力学的；服从宏观物体的物理学定律的。

-

[cold，dead matter] 冷死物质：
所有核反应都完成了的冷物质，耗尽了物质中所有可以利用的核能。

-

[collapsed star] 坍缩星：
20 世纪 60 年代西方对黑洞的称呼。

-

[conservation law] 守恒定律：
关于某个特征量永远不会改变的物理学定律。例如质量和能量（通过爱因斯坦的 $E=mc^2$ 统一为一个量）守恒，总电荷守恒和角动量（旋转的总量）守恒。

-

[corpuscle] 微粒：
17 和 18 世纪对光粒子的称呼。

-

[cosmic censorship conjecture] 宇宙监督猜想：
关于物理定律不允许物体坍缩时形成裸奇点的猜想。

-

[cosmic ray] 宇宙线：
从空间打在地球上的物质或反物质的粒子。有些宇宙线是太阳产生的，但多数也许是从银河系的遥远区域，在超新星喷射到星际空间的热气体云中产生的。

-

[cosmic string] 宇宙弦：
一种假想的由空间卷曲产生的一维弦状物体。弦没有端点（它要么像橡皮圈那样自我闭合，要么无限延伸），其空间卷曲使周围的圆的周长除以直径略小于 π。

-

[critical circumference] 临界周长：
黑洞视界的周长。在此周长以内的物体一定会收缩而形成包围自己的黑洞。临界周长的值是以太阳质量为单位的黑洞或物体质量乘以 18.5 千米。

-

[curvature of space or spacetime] 空间和时空的曲率：
空间和时空的一种性质，它偏离欧几里得和闵可夫斯基几何，就是说，它能使平行的直线相交。

-

[Cyg A]，

-

即 Cygnus A 天鹅 A

-

射电星系，看起来像两个在碰撞的星系（实际上是一个）。这是第一个得到认证的射电星系。

-

[Cyg X-11]，
即 Cygnus X-11 天鹅 X-1

-

银河系中的一个大质量天体，可能是一个黑洞。从地球看，落向它的热气体发射出 X 射线。

[dark star] 暗星：
18 世纪末和 19 世纪初用来描述我们现在所说黑洞的名词。
-
[degeneracy pressure] 简并压力：
高密度物质内部由波粒二象性导致的电子或中子的无规则高速运动所产生的压力，物质冷却到绝对零度时，这种压力仍然很强。
-
[deuterium nuclei 或 deuterons] 氘核：
一个质子和一个中子在核力束缚下构成的原子核; 因氘原子的化学性质与氢相同，所以又叫"重氢"。
-
[differential equation] 微分方程：
关于函数及其变化率，或者说，关于函数及其"导数"的方程。"解微分方程"的意思是，"根据微分方程计算函数本身"。
-
[Doppler shift] 多普勒频移：
波源向着接收者运动时，波向高频（短波高能）移动；波源背离接收者运动时，波向低频（长波低能）移动。

[electric charge] 电荷：
物质或粒子产生并感受电力的一种属性。
-
[electric field] 电场：
电荷周围的力场，吸引或排斥其他电荷。
-
[electric field lines] 电力线或电场线：
指示电场作用于电荷的力的方向。电力（场）线类似于磁力线。
-
[electromagnetic waves 电磁波：
电力和磁力的波，包括波长不同的无线电波、微波、红外辐射、可见光、紫外辐射、X 射线和 γ 射线。
-
[electron 电子：
物质基本粒子，带负电荷，遍布原子外层区域。
-
[electron degeneracy 电子简并：
电子在高密度下因量子力学波粒二象性而表现的高速无规则运动行为。
-
[elementary particle 基本粒子：
物质或反物质的亚原子粒子。其中包括电子、质子、中子、正电子、反质子和反中子。
-
[embedding diagram 嵌入图：
为形象表现二维曲面曲率而将它嵌入平直三维空间的一种图。
-
[entropy 熵：
大量原子、分子或其他粒子集合的随机性的度量，等于在不改变其宏观表现的条件下粒子分布方式总数的对数。
-
[equation of state 物态方程：
物质压力（或压缩阻抗）对密度的依赖关系。
-
[equivalence principle 或 principle of equivalence 等效原理：
在有引力的局部惯系参照系中，物理学定律应与在没有引力的惯性参照系中具有相同形式。
-
[error box 误差区间：
观测确定的某一特定恒星或天体在空间所处的范围。观测的不确定性（误差）越大，这个区间就越大。
-
[escape velocity 逃逸速度：
为了摆脱物体的引力作用，从这个引力体表面发射的物体所必须具有的速度。
-
[event 事件：
时空中的一点，即特定时刻的一个空间位置。也可以说是发生在时空某一点的事物，如鞭炮爆炸。
-
[exotic material 奇异物：
以近光速经过它的某个观测者所测得的能量密度是负的。

[field 场:
连续光滑分布于空间的事物。如电场、磁场、时空曲率和引力波。
-
[fission，nuclear] 核裂变:
大原子核分裂为几个较小的核。铀核或钚核的裂变是原子弹爆炸的能源，裂变也是核反应堆的能源。
-
[freely falling object] 自由落体:
除引力外不受其他力作用的物体。
-
[free particle] 自由粒子:
不受力作用的粒子，即只在自身惯性影响下运动的粒子。引力出现时，指除引力外不受其他力作用的粒子。
-
[frequency] 频率:
波的振荡速率，即每秒钟的振荡次数。
-
[frozen star] 冻星:
20 世纪 60 年代苏联对黑洞的称呼。
-
[function] 函数:
说明一个量如何依赖于其他量的数学表述形式，如黑洞视界的周长与黑洞质量的依赖关系是 $C=4\pi GM/c^2$，这里 C 为周长，M 为质量，G 是牛顿引力常数，c 是光速。
-
[nuclear fusion] 核聚变:
两个小原子核形成一个较大的核。太阳的热量和氢弹的动力都来自氢、氘和氚核聚变形成氦核。

[galaxy] 星系:
围绕某个共同中心的 10 亿到 1 万亿颗恒星的集合。星系的典型大小是 100000 光年。
-
[gamma rays] γ 射线:
极短波长的电磁波。参见图 P.2。
-
[Geiger counter] 盖革计数器:
德国物理学家盖革（Geiger，Hans Wilhelm）1913 年发明的一种探测 X 射线的简单仪器，也叫“正比计数器”。
-
[general relativity] 广义相对论:
爱因斯坦将引力描写为时空曲率的物理学定律。
-
[geodesic] 测地线:
弯曲空间或弯曲时空中的直线，也叫短程线。在地球表面，测地线就是大圆。
-
[gigantic black hole] 巨黑洞:
比 100 万或更多太阳质量还重的黑洞，如我们认为处在星系和类星体中心的黑洞。
-
[global methods] 整体方法:
以拓扑学与几何学的结合为基础的分析时空结构的数学方法。
-
[gravitational cutoff] 引力隔绝:
奥本海默用来描述包围坍缩恒星的黑洞的形成的名词。
-
[gravitational lens] 引力透镜:
黑洞、星系等引力体通过偏转来自遥远光源的光线而使其聚焦的作用。参见**光线偏折**。
-
[gravitational redshift of light] 光的引力红移:
光线离开引力场时波长被拉长（颜色变红）。
-
[gravitational time dilation] 引力时间膨胀:
引力源附近时间流变慢。
-
[gravitational wave] 引力波:
以光速传播的时空曲率波。
-
[graviton] 引力子:
根据波粒二象性与引力波相联系的粒子。
-
[gyroscope] 陀螺:
能长时间稳定旋转轴向的快速旋转体。

[“hair”] 毛：
黑洞将通过辐射失去的一切性质，例如磁场和视界面上的隆起。

-

[hoop conjecture] 环猜想：
索恩提出的猜想：当且仅当物体被压缩到能在任何方向套进临界周长的环时，它才能形成黑洞。

-

[horizon] 视界：
黑洞表面，没有东西能离开它返回。也叫**绝对视界**，以区别于**显视界**。

-

[hydrogen bomb] 氢弹：
爆炸能量来自氢、氘、氚核形成氦核的聚变的核弹。参见超弹。

-

[hyperspace] 超空间：
一种假想的平直空间，我们想象宇宙的弯曲空间碎片就嵌在其中。

[implosion] 坍缩：
星体在自身引力作用下的高速收缩。

-

[inertia] 惯性：
物体对作用于它的力的加速的抵制作用。

-

[inertial reference frame] 惯性参照系：
既不转动也无外力作用的参照系，它只在自身惯性作用下运动。参见**局部惯性参照系**。

-

[infrared radiation] 红外辐射：
波长比可见光略长的电磁波。见图 P.2。

-

[interference] 干涉：
两波的线性叠加表现。两波峰谷同步时，干涉使波增强（相长干涉或结构干涉）；峰谷相反时，干涉使波减弱（相消干涉或破坏性干涉）。

-

[interferometer] 干涉仪：
以波的干涉为基础的仪器。见**射电干涉仪**和**干涉仪探测器**。

-

[interferometric detector] 干涉仪探测器：
一种引力波探测器。利用激光束的干涉来监测引力波潮汐力产生的悬挂物体的运动。也叫**干涉仪**。

-

[interferometry] 干涉测量法：
多个波的干涉过程。

-

[intergalactic space] 星系际空间：
星系间的空间。

-

[interstellar space] 星际空间：
银河系里恒星间的空间。

-

[inverse square law of gravity] 引力的平方反比定律：
牛顿的引力定律。宇宙中任何一对物体间都存在使它们彼此靠近的吸引力，它正比于物体质量的积而反比于物体间距离的平方。

-

[ion] 离子：
失去部分轨道电子从而带正电荷的原子。

-

[ionized gas] 电离气体：
大部分组成原子失去轨道电子的气体。

[jet] 喷流：
从射电星系或类星体中心喷向遥远射电叶的高能气流。

[laws of physics] 物理学定律：
通过逻辑和数学运算能导出宇宙行为的基本原理。

-

[length contraction] 长度收缩：
经过观测者的物体在运动方向上发生的长度

收缩。

-

[light] 光：
人眼能见的电磁波。见图 P.2。

-

[light deflection] 光偏转：
光或其他电磁波经过太阳或其他引力体时，由于物体周围的时空曲率而发生的传播方向的偏转。

-

[LIGO]：
引力波的激光干涉仪观测（**The Laser Interferometer Gravitational-Wave Observatory**）。

-

[linear] 线性：
通过简单加法而合成的性质。

-

[lobe] 叶：
星系或类星体外的巨大射电气体云。

-

[local inertial reference frame] 局部惯性参照系：
除引力外不受其他力作用的参照系，在引力作用下自由下落，而且小到可以忽略内部的潮汐引力的速度。

M

[magnetic field] 磁场：
产生磁力的场。

-

[magnetic field lines] 磁力线：
现在称**磁感应线**。指示磁场方向（即磁场中的罗盘指针的方向）的线。在磁棒上面放一张纸，在纸上洒些铁粉，就能显现磁棒的力线。

-

[mass] 质量：
物体的物质的量度。（物体惯性正比于质量，爱因斯坦证明质量实际上是能量的紧致形式。）在物体的惯性很重要时，“质量”也用来指“质量形成的物体”。

-

[Maxwell's laws of electromagnetism] 麦克斯韦电磁学定律：
J. C. 麦克斯韦统一所有电磁现象的一组定律。根据这些定律，可以用数学方法导出电、磁和电磁波的行为。

-

[metaprinciple] 形而上原理：
一切物理学定律都应服从的原理。例如，相对性原理。

-

[microsecond] 微秒：
百万分之一秒。

-

[microwaves] 微波：
波长比无线电波略短的电磁波；见图 P.2。

-

[Milky Way] 银河：
我们所在的星系。

-

[mixmaster singularity] 搅拌式奇点：
在这种奇点附近，潮汐引力随时间混沌地振荡，但在空间上不一定变化。参见 **BKL 奇点**。

-

[molecule] 分子：
几个共享电子云的原子结合而成的实体。例如，水分子就是由两个氢原子和一个氧原子构成的。

-

[mouth] 洞口：
虫洞的出入口，在虫洞的两端。

N

[naked singularity] 裸奇点：
不在黑洞内的奇点（即不被黑洞视界包围），因而外面的人可以看到并研究它。参见**宇宙监督猜想**。

-

[National Science Foundation（NSF）] 国家科学基金会：
美国政府负责资助基础科学研究的办事机构。

-

[natural philosopher] 自然哲学家：
17、18 和 19 世纪广泛使用的对我们现在所说的科学家的称呼。

-

[nebula] 星云：
星际空间中明亮的发光气体云。20 世纪 30 年代以前，星系曾被普遍误认为星云。

-

[neutrino] 中微子：
一种类似于光子的极轻粒子，但几乎不与物质发生作用。例如，太阳中心产生的中微子几乎不会被吸收和散射而从太阳周围的物质中飞出来。

-

[neutron] 中子：
一种亚原子。中子和质子由核力束缚在一起形成原子核。

-

[neutron core] 中子核：
奥本海默为中子星取的名字。也指正常恒星中心的中子星。

-

[neutron star] 中子星：
一种约一个太阳质量但周长只有 50 到 1000 千米的星体，由紧密堆积的中子在引力作用下形成。

-

[new quantum mechanics] 新量子力学：
1926 年建立的量子力学定律的最终形式。

-

[Newtonian laws of physics] 牛顿物理学定律：
在牛顿绝对空间和时间概念基础上建立的物理学定律，是 19 世纪宇宙思想的核心。

-

[Newton ' s law of gravity] 牛顿的引力定律：
见引力的平方反比定律。

-

[no-hair conjecture] 无毛猜想：
20 世纪 60 和 70 年代提出（70 和 80 年代证明）的一个猜想：黑洞的一切性质由它的质量、电荷和旋转惟一决定。

-

[nonlinear] 非线性：
不能通过简单加法而由更复杂的方式相结合的性质。

-

[nova] 新星：
老恒星突然的光爆发，现在知道它由恒星外层核爆炸引起。

-

[nuclear burning] 核燃烧：
恒星热量和氢弹的能量来源的核聚合反应。

-

[nuclear force] 核力：
也叫"强相互作用"。质子与质子、质子与中子和中子与中子之间的力，将它们约束在一起形成原子核。粒子相互远离时，核力是吸引力；粒子靠近时，它是排斥力。核力对中子星中心附近的压力有重大影响。

-

[nuclear reaction] 核反应：
几个原子核结合成一个更大的核（聚变）或较大的一个核分裂为几个更小的核（裂变）。

-

[nuclear reactor] 核反应堆：
用以进行核裂变链式反应的设施，产生能量或钍，有时也用来发电。

-

[nucleon] 核子：
中子或质子。

-

[atomic nucleus] 原子核：
原子的致密核心。原子核由中子和质子在核力约束下构成，带正电。

[Observer] 观察者：
进行测量的（通常是假想的）人。

-

[old quantum mechanics] 旧量子力学：
20 世纪头一二十年发展起来的量子力学早期形式。

-

[optical astronomer] 光学天文学家：
利用可见光（人眼能见的光）观测宇宙的天文学家。

-

[orbital period] 轨道周期：
物体沿轨道绕另一物体完成一周所用的时间。

[paradigm] 规范或范式：
科学家群体研究某一问题并在彼此间交流研究结果所采用的一系列工具和方法。

-

[particle] 粒子：
小实体，构成物质的要素（如电子、质子、光子和引力子）。

-

[perihelion] 近日点：
行星轨道距太阳最近的那一点。

-

[perihelion shift of mercury] 水星近日点移动：
水星椭圆轨道不能完全自我封闭，结果表现为水星每次经过近日点时，它都略有移动。

-

[perturbation] 扰动：
物体或它周围的弯曲时空（离开正常形态）的微小扭曲变形。
-
[perturbation methods] 微扰法：
用以分析物体（如黑洞）小扰动行为的数学方法。
-
[photon] 光子：
光或其他类型电磁波（无线电波、微波、红外、紫外、X 射线、γ 射线）的粒子；根据波粒二象性，这种粒子即是与电磁波相关联的粒子。
-
[piezoelectric crystal] 压电性晶体：
在压缩或拉伸时产生电压的晶体。
-
[Planck’s constant] 普朗克常数：
记为 $\hbar$，量子力学定律基本常数；光子的能量与其角频率（即 2π 乘以频率）之比，1.055×10^{-27} 尔格·秒。
-
[Planck-Wheeler length，area，time] 普朗克–惠勒长度、面积、时间：
与量子引力相关的量。普朗克–惠勒长度，$\sqrt{G\hbar/c^3}=1.62\times10^{-33}$ 厘米，据我们所知，在这一长度尺度下，空间不再存在，而成为量子泡沫。普朗克–惠勒时间（1 / c 乘以普朗克–惠勒长度，约 10^{-43} 秒）是可能存在的最短时间间隔；如果两个事件间隔更小，则不能分辨其先后次序。普朗克–惠勒面积（普朗克–惠勒长度的平方，即 2.61×10^{-66} 平方厘米）在黑洞的熵中起着关键作用。在以上公式中，$G=6.670\times10^{-8}$ 达因·厘米^2 / 克^{2}是牛顿引力常数，$\hbar=1.055\times10^{-27}$ 尔格秒是普朗克量子力学常数，$c=2.998\times10^{10}$ 厘米 / 秒是光速。
-
[plasma] 等离子体：
电离的热导电气体。
-
[plutonium-239 钚 -239]：
一类特殊的钚原子核，包括 239 个核子（94 个质子，145 个中子）。
-
[polarization] 极化：
电磁波和引力波由在不同方向振荡的两个分量构成，这两个分量即被称为波的两个极化。
-
[polarized body] 极化体：
正负电荷分别聚集在不同区域的物体。
-
[polarized light；polarized gravitational waves] 极化光；极化引力波：
一种极化完全不出现（消失了）的光波或引力波。
-
[postdoc] 博士后：
博士后研究者。刚获博士学位者继续在更高级的研究者指导下从事科研训练。
-
[pressure] 压力：
物质受压时产生的向外的力的总和。
-
[Price’s theorem] 普赖斯定理：
所有能转化为辐射的黑洞性质都将转化为辐射，而且终将被完全辐射，从而黑洞成为“无毛”的。
-
[primordial black hole] 原生黑洞：
在大爆炸中产生的质量通常远远小于太阳的黑洞。
-
[principle of absoluteness of the speed of light] 光速的绝对性原理：
爱因斯坦在狭义相对论中提出的一个原理：光速为一普适常数，在所有方向和每个惯性系中都是一样的，与参照系的运动无关。
-
[principle of equivalence] 等效原理：
在引力作用下的局部惯性参照系中的所有物理学定律都应该与它们在没有引力的惯性参照系中一样。
-
[principle of relativity] 相对性原理：
爱因斯坦在狭义相对论中提出的一个原理：物理学定律不能区分不同的惯性参照系；就是说，它们在每个惯系参照系中应该有一样的形式。引力出现时，局部惯性参照系起着原理中惯性参照系的作用。
-
[pulsar] 脉冲星：
发出辐射束（射电波，有时也有光和 X 射线）的磁化的旋转中子星。星体旋转时，辐射束像旋转的聚光灯束那样扫过地球，每扫过一次，天文学家就收到一个辐射脉冲。
-
[pulsation] 脉动：
物体（如黑洞、星体或铃铛）的振动或振荡。

[quantum field] 量子场：
量子力学定律所决定的场。以足够的精度测量时，所有场都表现为量子场；但在一般测量精

度下，它们可能表现出经典行为（即不表现波粒二象性和真空涨落）。

-

the laws of quantum fields in curved spacetime 弯曲时空的量子场定律

广义相对论（弯曲时空）与量子场定律的部分结合，其中引力波和非引力场作为量子力学的，而它们所在的弯曲时空还是经典的。

-

[quantum foam] 量子泡沫：

一种概率的泡沫或空间结构，可能构成奇点中心，也可能在普朗克 - 惠勒长度或更小尺度下出现在普通空间。

-

[quantum gravity] 量子引力：

结合广义相对论与量子力学而得到的物理学定律。

-

[quantum mechanics] 量子力学：

主宰微观领域（分子、原子、电子、质子）的物理学定律，也是宏观领域的基础，但很少表现出来。量子力学预言的现象，**有测不准原理**、**波粒二象性**和**真空涨落**等。

-

[quantum nondemolition] 量子无破坏：

克服标准量子极限的一种测量方法。

-

[quantum theory] 量子理论：

同**量子力学**。

-

[quasar] 类星体：

遥远宇宙中的致密高光亮天体，可能是巨黑洞的能源。

R

[radiation] 辐射：

任何形式的高速粒子或波。

-

[radio astronomer] 射电天文学家：

根据射电波研究宇宙的天文学家。

-

[radio galaxy] 射电星系：

发射强大电波的星系。

-

[radio interferometer] 射电干涉仪：

由几个射电望远镜连结而构成的实验设施，作用像一个特大的射电望远镜。

-

[radio source] 射电源：

发射电波的任意天体。

-

[radio telescope] 射电望远镜：

通过电波观测宇宙的望远镜。

-

[radio waves] 无线电波：

低频电磁波，人类用来传播广播信号，天文学家用以研究遥远天体。见图 P.2。

-

[redshift] 红移：

电磁波向波长更长，即颜色“更红”的波转移。

-

[reference frame] 参照系：

一个（可能是假想的）在宇宙中以某种方式运动的进行物理学测量的实验室。

-

[relative] 相对：

对参照系的依赖；在宇宙中不同运动方式的参照系的测量不同。

-

[resistance to compression] 压缩阻抗或阻抗（resistence）：

也叫**绝热指数**。物质内部密度增加 1 个百分点所对应的压力增加的百分点。

-

[rigor；rigorous] 严格：

高度的精确性和可靠性（用于数学计算和论证）。

-

[rotational energy] 旋转能：

与黑洞或恒星或其他物体的旋转相关联的能量。

S

[Schwarzschild geometry] 史瓦西几何：

非旋转球状黑洞内部和周围的时空几何。

-

[Schwarzschild singularity] 史瓦西奇点:

在 1916 到约 1958 年间用来称我们今天所说的黑洞。

-

[Sco X-1]：

即 **Scorpius X-1** 天蝎 **X-1** 天空中最亮的 **X** 射线星。

-

[second law of thermodynamics] 热力学第二定律：

熵永不减少而几乎总是增加。

-

[sensitivity] 灵敏度：
某仪器所能测量的最弱信号，即仪器测量信号的能力。

-

[sensor] 传感器：
监测棒的振动或物质运动的仪器。

-

[shocked gas] 受激气体：
在激波前沿被加热和压缩的气体。

-

[shock front] 激波前沿：
气流中气体密度和温度突然剧烈跃升的地方。

-

[simultaneity breakdown] 同时性的丧失：
在一个参照系中测量为同时的事件在另一个参照系看来是不同时的。

-

[singularity] 奇点：
广义相对论破灭而量子引力发生作用的曲率极大的时空区域。如果只用广义相对论来描写奇点，我们会（错误地）看到，那里的引力和时空曲率是无限大的。量子引力可能会以量子泡沫来取代这些无限。

-

[Sirius B] 天狼 B：
天狼星的白矮星伴星。

-

[spacetime] 时空：
空间和时间的四维统一"结构"。

-

[spacetime curvature] 时空曲率：
原先沿平行世界线运动的自由下落粒子将因这种时空特性而靠拢或分离。时空曲率与潮汐引力是同一事物的不同名称。

-

[spacetime diagram] 时空图：
以时间为纵坐标、空间为横坐标的图。

-

[special relativity] 狭义相对论：
爱因斯坦在无引力条件下创立的一组物理学定律。

-

[spectral lines] 光谱线：
某光源所发的光在光谱上表现的鲜明特征。这些特征源于特定原子或分子强烈发射特定波长的波。

-

[spectrograph] 摄谱仪：
一种复杂的棱镜，用以分解不同颜色（波长）的光从而测量其光谱。

-

[spectrum] 光谱：
电磁波存在的波长或频率范围，从极低频的无线电波到光到极高频的 γ 射线。见图 P.2。也可以表现为光作为频率（或波长）的函数的分布图像，这可以让光通过棱镜而得到。

-

[spin 或 rotation] 旋转：
见角动量。

-

[stability] 稳定性：
关于物体是否稳定的问题。参见**不稳定**。

-

[standard quantum limit] 标准量子极限：
测不准原理产生的标准测量方法的确定性极限；可以通过量子无破坏方法来克服。

-

[stroboscopic measurement] 频闪测量：
一种特殊的量子无破坏测量方法，即对振荡棒做一系列快速测量，每次测量间隔一个振动周期。

-

[structure of a star] 星体结构：
星体压力、密度、温度和引力随到中心距离的变化情况。

-

[superbomb] 超弹：
能产生任意大爆炸的氢弹。

-

[superconductor] 超导：
无任何电阻的理想导电材料。

-

[supermassive star] 超大质量恒星：
比 10 000 个太阳还重的假想恒星。

-

[supernova] 超新星：
死星的巨大爆发。星体外层爆发的能量来自内核坍缩成中子星时的能量释放。

-

[surface gravity] 表面引力：
粗略地讲，即正好静止在黑洞视界上方的观测者所感受的引力作用的强度。（更准确说，是那个引力乘以观测者所在位置的引力时间膨胀。）

-

[synchrotron radiation] 同步辐射：
绕磁力线螺旋运动的高速电子发射的电磁波。

[thermal pressure] 热压力：
原子、分子或其他粒子的随机热运动产生的压力。
-
[thermodynamics] 热力学：
关于大量原子、分子及其热量的随机统计行为的一套物理学定律。
-
[thermonuclear reactions] 热核反应：
热导致的核反应。
-
[tidal gravity] 潮汐引力：
在不同方向拉伸或压缩物体的引力加速度。月亮和太阳的潮汐引力在地球上引起海洋潮汐。
-
[time dilation] 时间膨胀：
时间流（因引力作用）变慢的效应。
-
[time machine] 时间机器：
回到过去的旅行设计，用物理学术语，即“闭合类时曲线”。
-
[topology] 拓扑：
研究物体相互连结或自我连结的定性方式的数学分支。例如，球（无洞）与圈（有一个洞）具有不同的拓扑。
-
[tritium] 氚：
即超重氢，由1个质子和2个中子在核力束缚下形成的原子核。

[ultraviolet radiation] 紫外辐射：
波长比光略短的电磁辐射，见图 P.2。
-
[uncertainty principie] 测不准原理：
量子力学基本定律之一。如果以很高的精度测量物体的位置或场的强度，则这样的测量必然会对物体的速度或场的变化率产生不可预料的干扰。
-
[universe] 宇宙：
与空间所有其他区域分离的一个空间区域，就像一个岛屿同别的陆地分离一样。也指我们所在的宇宙。
-
[unstable] 不稳定：
物体受轻微扰动时，扰动会增大，从而巨大地改变物体状态，甚至破坏它。用更复杂的术语说，即“对微小扰动是不稳定的”。
-
[uranium-235] 铀-235：
铀核的一种，含 92 个质子和 143 个中子。

[vacuum] 真空：
所有粒子、场和能量都尽可能消除了的时空区域，只留下不可消除的真空涨落。
-
[vacuum fluctuations] 真空涨落：
通过空间小区域间的瞬时能量“交流”而产生的随机的、不可预测、不可消除的场（如电磁场或引力场）振荡。参见**真空**和**虚粒子**。
-
[virtual particles] 虚粒子：
利用从相邻空间获得的能量而成对产生的粒子。量子力学要求其能量必须立刻还原，于是虚粒子很快湮灭而不能被捕获。在自由下落的观测者看来，虚粒子是真空涨落的粒子表现。虚光子和虚引力子分别是电磁和引力的真空涨落的粒子表现。参见**波粒二象性**。

[warpage of spacetime] 时空弯曲：
同**时空曲率**。
-
[wave] 波：
场（如电磁场或时空曲率）在时空中传播的振荡。
-
[waveform] 波形：
说明波的振荡细节的曲线。
-
[wavelength] 波长：

波的两峰（或谷）间的距离。

-

[wave-particle duality] 波粒二象性：
一切波有时表现为粒子，一切粒子有时表现为波。

-

[white-dwarf star] 白矮星：
耗尽了所有核燃料并逐渐冷却的大约为太阳质量和地球周长的星体。它通过电子简并压力抵抗自己引力的挤压。

-

[world line] 世界线：
物体在时空或时空图上的路径。

-

[wormhole] 虫洞：
连结在我们宇宙中相隔遥远的两个位置的拓扑空间里的一个“柄”。

[X-rays] X 射线：
波长在紫外辐射和 γ 射线之间的电磁波。见图 P.2

注释

第1章

材料来源和缩写

注释中引用的材料列在参考文献中。

注释中使用的缩写记号是

ECP-1 — *The Collected Paper of Albert Einstein*, Volume, 1（爱因斯坦全集，第1卷），参考文献中引作ECP-1。

ECP-2 — *The Collected Paper of Albert Einstein*, Volume, 2（爱因斯坦全集，第2卷），参考文献中引作ECP-2。

INT — 作者所做采访，列在参考文献开头。

MTW — Misner, Thorne and Wheeler（1973）。[1]

序幕

[1] 这段话改自Thorne（1974）。

[2] 牛顿公式为$M_h=C_0^3/(2\pi P_0^2)$，其中M_h为黑洞（或任何其他引力体）的质量，C_0和P_0为围绕黑洞的圆形轨道周长和周期，$\pi=3.14159\cdots$，G为牛顿引力常数，1.327×10^{11}千米^3/秒^2·太阳质量。参见下面第1章注4。将飞船轨道周期$P_0=5$分46秒和周长$C_0=10^6$千米代入公式，得$M_h=10$太阳质量。（1个太阳质量$M_\odot=1.989\times10^{30}$千克。）（相同符号代表相同意思的，以下不再说明——译者）

[3] 视界周长公式为$C_h=4\pi GM_h/c^2=18.5\times(M_h/M_\odot)$千米，其中$c=2.998\times10^5$千米/秒为光速。参见，如MTW第31、32章。

1.即作者与米斯纳、惠勒所写的巨著《引力》（*Gravitation*），注释中的许多常识都引自此书。遗憾的是这部大作在大陆还没有汉译本，而现在流行的一些广义相对论著作都没有这些内容。照惯例，以下凡指示参考文献的英文名称都不再译成汉语。—— 译者注

[4] 以头脚间（或任意两个物体间）相对加速度表示潮汐力为$\Delta a=16\pi^3G(M_h/C^3)L$，这里$C$为你所在位置的轨道周长，$L$为头脚间距离。注意1个地球引力是$g$=9.81米/秒^2。例如，见MTW，p.29。

[5] 上面（注4）的公式给出潮汐力$\Delta a\propto M_h/C^3$，周长接近视界时，$C\propto M_h$，于是$\Delta a\propto 1/M_h^2$。

[6] 飞船时间T_s、地球时间T_E和旅行距离D的关系是$T_E=(2c/G)\sinh(gT_s/2c)$和$D=(2c^2/g)[\cosh(T_sg/2c)-1]$，这里$g$是飞船的加速度（等于"1个地球引力"，9.81米/秒^2），cosh和sinh分别为双曲余弦和双曲正弦函数，例如见MTW。第6章。如果旅行时间远大于1年，则公式近似为$T_E=D/c$和$T_s=(2c/g)\ln(gD/c^2)$，这里ln为自然对数。

[7] 对围绕非旋转黑洞圆形（或其他）轨道的数学分析可以看MTW第25章，特别是其中的卡片25.6。

[8] 在质量为M_h、视界周长为C_h的黑洞上方周长为C的轨道上，你感觉的加速度为$a=4\pi^2G(M_h/C^2)/\sqrt{1-C/C_h}$。如果接近视界，那么$C\approx C_h\propto M_h$，意味着$a\propto 1/M_h$。

[9] 见上面注6。

[10] 当观测者在周长为C_h的视界上方周长为C的轨道上时，他看到所有从外面宇宙来的光都聚在一个角直径$\alpha\approx 3\sqrt{3}\sqrt{1-C/C_h}$弧度$\approx 300\sqrt{1-C/C_h}$度的明亮圆盘里。例如，参见MTW卡片25.7。

[11] 当观测者在视界上方周长为C的轨道上时，他看到所有从外面宇宙来的光的波长λ都将蓝移（引力红移的反方向移动），大小是$\lambda_{接收}/\lambda_{发射}=1/\sqrt{1-C/C_h}$。例如，见MTW p.657。

[12] 两个质量为M_h的相距为D的相互环绕的黑洞的轨道周期为

$2\pi\sqrt{D^3/2GM_h}$，引力波反冲使它们在（5 / 512）×（c^5 / G^3）×（D^4 / M_h^3）的时间后螺旋式靠近并结合。见MTW方程（36.17b）。

[13] 大梁环上距中心层距离L的人感到向中心的加速度a=（$32\pi^3 GM_h$ / C^3）L，这是由旋转环的离心力和黑洞潮汐力作用的结果。这里C是环中心的周长。可以拿它与地球的引力加速度9.81米 / 秒^{2}比较。

[14] 10^{-33}厘米=$\sqrt{G\hbar/C^3}$ 为“普朗克-惠勒长度”。$\hbar$ 为普朗克常数（1.055×10^{-34}千克 · 米^2 / 秒）。参见第14章。

[15] 例如，可以看Will（1986）。

第1章

一般说明：本章中多数关于爱因斯坦生平的材料来自几部关于他的标准传记：Pais（1982）[1]，Hoffman（1972），Clark（1971），Einstein（1949）和Frank（1947）。从这几本书里引用的多数历史评述在下面都不再单列了。现在，正在陆续出版的爱因斯坦文集ECP-1，ECP-2以及Einstein and Manrić（1992），提供了许多新的历史资料，下面引用了不少它们的东西。

[1] ECP-1，Document 99。

[2] ECP-1，Document 115，Renn and Schulmann（1992）第xix页有［英］译文。

[3] 下面的例子说明了什么是物理学定律的“数学操作”：
17世纪初，开普勒（Johannes Kepler）根据第谷（Tycho Brahe）的行星观测数据导出行星轨道周长C的立方除以轨道周期P的平方，即C^3 / P^2，对所有已知行星（水星、金星、地球、火星、木星和土星）都是常数。半个世纪后，牛顿通过他的运动和引力定律

---

1. A. Pais这本书有中译本：上帝难以捉摸……——爱因斯坦的科学与生活，方在庆、李勇译，广东教育出版社，1998；爱因斯坦传，商务印书馆，2004。

的“数学操作”，解释了开普勒的发现：

（1）根据下面的图，动动脑筋，可以导出行星环绕太阳时速度的变化率为$2\pi C/P^2$，它有时被称为轨道行星的*离心加速度*。

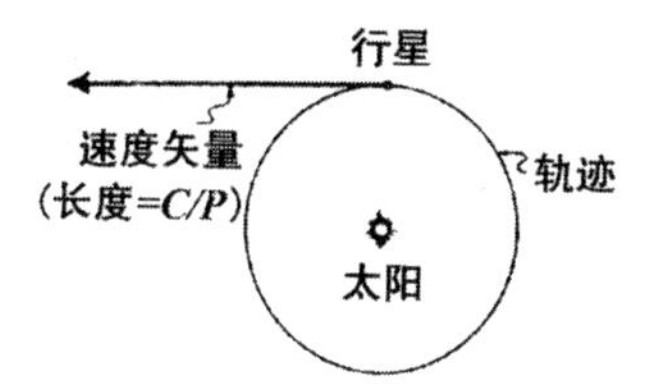

（2）牛顿第二运动定律指出，这样的速度变化率（离心加速度）必须等于太阳对行星的引力作用F_g除以行星质量M_p，也就是$2\pi C/P^2=F_g/M_p$。

（3）牛顿引力定律告诉我们，引力F_g正比于太阳质量M_s乘以行星质量M_p除以行星轨道周长的平方，写成等式即$F_g=4\pi^2GM_sM_p/C^2$，这里G为牛顿引力常数，6.67×10^{-20}千米^3/秒^2·千克，或者1.327×10^{11}千米^3/秒^{2}太阳质量。

（4）将引力表达式代入牛顿第二定律，得$2\pi C/P^2=4\pi^2GM_s/C^2$，方程两端同乘以$C^2/2\pi$，得$C^3/p^2=2\pi GM_s$。

这样，牛顿的运动定律和引力定律解释了——实际上也可以说它们要求——开普勒所发现的关系：C^3/P^2对所有行星都相同；它只与牛顿引力常数和太阳质量有关。

为说明物理学定律的威力，我们看上面的运算不仅解释了开普勒的发现，而且为我们提供了一个称量太阳的方法。在（4）中最后一个等式两端同除以2π，我们得到太阳质量的公式$M_s=C^3/(2\pi GP^2)$。将天文学家观测的任意行星轨道的周长C和周期P，以及物理学家在地球实验室里测得的牛顿引力常数G代入这个公式，我们得出太阳质量为1.989×10^{30}千克。

[4] ECP-1, Document 39; Einstein and Marić（1992）, Document 2。

[5] 19世纪末叶，某些物理学家猜测地球附近的以太可能会被地球在绝对空间的运动所拖曳，我在本章没有谈这一点。实际上，实验证据有力地否定了这种牵引作用；假如在地球表面附近以太相对于地球静止，那么就不应该有星光的光行差；而地球环绕太阳引起的光行差是确凿的事实。关于以太的思想史的简单讨论可以参考Pals（1982）第6章；更详细的讨论，可以看那里所引的文献。

[6] 迈克尔逊时代的技术还不足以精确（$1/10^4$的精度）比较不同方向的*单程*光速以检验牛顿的预言。不过，对回路光速也有类似预言（平行于地球在以太中的运动方向上的光速，与垂直方向的，大约存在$5/10^9$的差异），迈克尔逊的技术对测量这种回路差别是很理想的；迈克尔逊寻找这种差别，但是没能找到。因此不同方向的光速应该是一样的。

[7] 我不能*肯定*，也许韦伯相信这一点，但觉得在课堂上讲迈克尔逊-莫雷实验不太恰当才特别表现出那种态度。我这么想，主要是因为在韦伯的讲课中，我没有发现任何讨论这一实验或实验引出的问题的迹象。参见爱因斯坦的听课笔记（ECP-1, Document 37）和他对仅存的一组韦伯课堂笔记的简单描述（ECP-1, p.62）。

[8] 另一些实验包括对星光光行差的测量，这意味着以太不被地球所拖曳。见上面注5。

[9] 想一下（注6），迈克尔逊实际是在测量回路光速，在寻找约10亿分之5的随方向的变化。

[10] “磁力线没有端点”的讨论和图1.1中更详细的讨论，是我用现代的形象语言表达的麦克斯韦方程的一个方面；关于洛伦兹、拉莫

和彭加勒与这个问题的详细讨论，见Pais（1982），p.123～130。

[11] 为将这些定律表述得更优美，不仅需要运动物体的长度收缩和时间膨胀，还需要假定同时性是相对的，即同时性依赖于观测者的运动状态；洛伦兹、拉莫和彭加勒不仅对长度收缩和时间膨胀很关心，也同样非常重视这个问题。不过，为了说得简单明白，我在正文里没有讲这些；到第1章后面才考虑了同时性问题。

[12] ECP-1，Document 52；Einstein and Marić（1992），Document 8。

[13] 我又在这儿猜测了。我们并不真正了解爱因斯坦在1899～1905年间在多大程度上考虑这些问题。Pais（1982，6b）说明，在那6年里，爱因斯坦不知道洛伦兹-彭加勒-拉莫根据麦克斯韦定律所做的长度收缩和时间膨胀的推论。更准确说，他知道洛伦兹的一阶速度的洛伦兹变换的结果（包括同时性的破灭），但不知道出现长度收缩和时间膨胀的二阶结果。另一方面，他可能知道菲兹杰拉德和洛伦兹根据迈克尔逊-莫雷实验做出的长度收缩的推测。我们倒是知道，他在1905年关于狭义相对论的文章里提出了自己的完全的洛伦兹变换的推导，在所有阶都是准确的；他还自行推导了长度收缩、时间膨胀和同时性的破灭。

[14] 关于玛丽奇个性的描述，主要根据她和爱因斯坦的情书，见Renn and Schulmann（1992）；情书见ECP-1或Einstein and Marić（1992）。

[15] ECP-1，Document 94；Einstein and Marić（1992），Document 95。

[16] ECP-1，Document 100。

[17] ECP-1，Document 138。

[18] ECP-1，Document 125。

[19] ECP-1，Document 104。

[20] ECP-1; Renn and Schulmann（1992）; Einstein and Marić（1992）。

[21] 根据多种爱因斯坦传记，我猜他的大多数自由时间都是这样度过的。

[22] Seelig（1956），转引自Clark（1971）。

[23] 关于贝索对爱因斯坦工作的影响，还是去看Renn and Schulmann（1992）第xxvi页的讨论。

[24] ECP-2，Document 23，Section 2。

[25] 例如，参见Will（1986）附录。

[26] 如Pais（1982，6b.6）所说，彭加勒比爱因斯坦早一年建立了相对论原理（叫“相对性原理”）的原始形式，但不知道它的作用。

[27] ECP-2，Document 23。

第2章

一般说明：本章多数关于爱因斯坦生平的材料来自几部他的标准传记：Pais（1982），Hoffman（1972），Clark（1971），Einstein（1949）和Frank（1947）。从这几本书里引用的多数历史评述在下面都不再单列。在未来的几年，随着爱因斯坦文集的陆续出版（已经出版了ECP-1和ECP-2），还会出现一些新的材料。

爱因斯坦从狭义相对论走向广义相对论的认识路线，基本上就像本章描述的那样。不过，我还是做了些必要的较大的简化；为了清楚说明他的路线，我用了现代的物理学语言，而没有用爱因斯坦当年用过的。关于爱因斯坦思想路线的历史重建，请看Pais（1982）。

[1] 闵可夫斯基的讲话，是1908年9月21日在科隆举行的第80届德国自然科学家和医生大会上发表的，它的英译本发表在Lorentz，

Einstein, Minkowski and Weyl (1923)。[1]

[2] 月亮在绕地球的运动中好像有很小的加速，这是牛顿引力定律不能解释的现象。1920年，泰勒（G. I. Taylor）和杰弗瑞斯（H. Jeffries）认识到，月亮实际并没有在加速，倒是地球的自转因为月亮的引力对海洋的潮汐作用而变慢了。天文学家将月亮的稳定运动与地球变慢的自转比较，便错误地推测月亮快了。见Smart（1953）。

[3] 爱因斯坦这篇优美的综述文章的英译本是ECP-1，Document 47。

[4] 卡片2.4的爱因斯坦论证原发表在Einstein（1911）。

[5] ECP-2，Document 47。

[6] 见Frank（1947），p.89～91。

[7] Einstein（1915）。

[8] 卡片2.6：为熟悉广义相对论数学形式的读者做些说明：卡片里的爱因斯坦场方程对应的数学关系是$R_{tt}=4\pi G(T_{tt}+T_{xx}+T_{yy}+T_{zz})$，这里$R_{tt}$是里奇张量的时间-时间分量，$G$是牛顿引力常数，$T_{tt}$是以能量单位表示的质量密度（见卡片5.2），$T_{xx}+T_{yy}+T_{zz}$为沿三个相互垂直方向的主应力（压力）之和。见MTW p.406，爱因斯坦场方程的“时间-时间”分量在一切参照系都成立时，也保证了其他9个分量成立。

[9] 爱因斯坦的个人文稿和部分发表文章的版权已聚讼几十年了。苏联出版他的俄文版文集时还没有签署国际版权协定。更完备的爱因斯坦文集正在陆续出版，头两卷即ECP-1和ECP-2。[2]

---

1. 这本书有中译本：相对论原理——狭义相对论和广义相对论经典论文集，赵志田，刘一贯译，孟昭英校，科学出版社，1980——译者注

2. 中国曾出版过三卷本《爱因斯坦文集》（许良英、范岱年、赵中立等编译，商务印书馆，1979）；湖南科学技术出版社也正在组织翻译出版《爱因斯坦全集》，已出版5卷。——译者注

第3章

[1] Einstein（1939）。

[2] Michell（1784）。这一工作的讨论见Gibbons（1979），Schaffer（1979），Israel（1987）和Eisenstaedt（1991）。

[3] Laplace（1796，1799）。Isrel（1987）和Eisenstaedt（1991）讨论了拉普拉斯关于暗星的出版物。Eisenstaedt讨论了那时通过观测证明米歇尔预言（即大质量恒星发出的光受恒星引力作用）所进行的努力和失败，还认为可能就是因为这些失败，拉普拉斯才在他著作的第3版中删除了暗星的讨论。

[4] Schwarzschild（1916a，b）。

[5] Brault（1962）。关于爱因斯坦广义相对论引力定律的检验的详细讨论，请看Will（1986）。

[6] 关于人们对史瓦西几何的反应和研究的早期历史，Eisenstaedt（1982）有详细讨论；从1916到1974年的更粗线条的历史，可以在Israel（1987）中找到。

[7] Einstein（1939）。

[8] Israel（1916b）。

[9] Israel（1990）。

[10] Israel（1990）。

第4章

一般说明：本章的历史记述主要根据（i）过去25年来与钱德拉塞卡的个人谈话，（ii）对他的录音访问（INT-Chandrasekhar），（iii）他写的一本关于爱丁顿的书（Chandrasekhar，1983a），（iv）关于他的一本优秀传记（Wali，1991）。除特殊情况，我不再对具体的材料说明来源。钱德拉塞卡关于白矮星的科学著作收在

Chandrasekhar（1989）。

[1] Fowler（1926）。

[2] Eddington（1926）。

[3] 脚注：关于亚当斯遇到的困难和他在测量中犯的错误，请看Greenstein，Oke，和Shipman（1985）的详细讨论。这篇文献还提供了1985年以前对天狼B的观测研究情况。

[4] 这里，我大胆写了两种情况。第一，Fowler（1926）已经计算了压缩阻抗，所以钱德拉塞卡只需检验他的计算；第二，钱德拉塞卡的计算并没沿这条路线（INT-Chandrasekhar），虽然它与他实际用的方法在数学上是等价的。对我来讲，那条路线是最容易解释的，而实际的计算需要在电子动量空间上进行压力积分。

[5] Chandrasekhar（1931）。

[6] 脚注：Stoner（1930）。Chandrasekhar（1931）简单提到了Stoner的工作。Stoner的研究和Wilhelm Anderson的相关研究的讨论，见Israel（1987）。

[7] Anderson（1929），Stoner（1930）。

[8] 图中所示白矮星质量和周长，以及钱德拉塞卡的白矮星内部结构的结果，后来发表在Chandrasekhar（1935）。

[9] Eddington（1935a）。爱丁顿那些似乎有理的论证，见Eddington（1935b）。

[10] Wali（1991）。

[11] Wali（1991）。

[12] 这是我1958~1962年上大学时，加州理工学院的一个著名天文学教授用很权威的语气告诉我的。从那时起，我便强烈感到，大概多数天文学家自20世纪40年代初以来都有这种观点，也都在那么做，但我还是不能肯定。

[13] 引自Wali（1991）。

[14] 在批评这一章的初稿时，伊斯雷尔建议我这样解释爱丁顿的行为；我相信这是符合历史事实的。

第5章

一般说明：本章的历史记述主要根据（i）我对所述事件的参与者和他们的科学家同事和朋友的访问（INT-Baym，INT-Braginsky，INT-Eggen，INT-Fowler，INT-Ginzbung，INT-Greenstein，INT-Harrison，INT-Khalatnikov，INT-Lifshitz，INT-Sandage，INT-Serber，INT-Volkoff，INT-Wheeler），（ii）我所阅读的这些参与者写的文章。二三十年代物理学的历史背景，我多少依赖于Kevle s（1971）；苏联物理学的历史背景，则根据Medvedev（1978）。关于朗道的背景资料，来自Livanova（1980），Gamow（1970）；关于奥本海默的，来自Rabi et a1.（1969），Smith and Weiner（1980）；关于惠勒思想的发展，来自他的研究笔记，Wheeler（1988）。还有些地方则依据了下面引用的那些材料。

[1] INT-Fowler。

[2] INT-Greenstein和Greenstein（1982）。

[3] Zwicky（1935）。

[4] INT-Greenstein。

[5] Baade（1952）。

[6] 这些数字是巴德和茨维基在图5.2复制的那个讲话摘要里公布的

(Baade and Zwicky, 1934a), 不过"10000或者也许1000万"则出现在这个问题的一篇更详尽的文章里(Baade and Zwicky, 1934b)。他们的误差来自假定在超新星最亮时, 它的辐射热气体周长范围在1到100个太阳周长之间。实际上, 周长远比这个大; 如果我们追索他们的论证, 会发现这个假定的紫外线和X射线的结果太小了。

[7] 在这一节和整个这一章里, 我都把中子星概念和它关于超新星和宇宙线的结果归功于茨维基, 不过这些思想是他和巴德联合发表的。我相信, 这些思想是茨维基的(我也相信巴德对观测数据的关键认识), 根据来自与他们的科学同事的讨论: INT-Eggen, INT-Fowler, INT-Greenstein, INT-Sandage。

[8] 图5.2, Baade and Zwicky (1934a)。摘要里的数据, 在Baade and Zwicky (1934b) 有更详细的说明。

[9] 关于朗道发表这篇文章的原因, 是他一生最亲密的伙伴栗弗席兹告诉我的(INT-Lifshitz)。

[10] 引自Livanova (1980)。

[11] 引自Livanova (1980)。

[12] Gamow (1970)。

[13] 在斯大林时代入狱和死亡人数的统计还不太确切。Medveder (1978) 提出的可能是20世纪70年代所能得到的最可靠数据。不过, 80年代苏联开放以来, 大众流传的消息又让这个数字大了好多。我引用的数是一个俄罗斯朋友的总体估计, 他根据开放公布的材料对这一问题有过较深入的研究。

[14] 14 Eddington (1926) 第11章及其参考文献。

[15] Landau (1932)。

[16] 朗道的手稿发表在Landau (1938)。他不知道，他的亲密朋友盖莫夫已经发表过相同的思想(Gamow, 1937)。1933年，斯大林铁幕刚罩下不久，盖莫夫就逃离了苏联(见Gamow, 1970)；但是，他在离开以前知道朗道关于致密中心核为恒星维持热量的原始中子核想法。中子发现以后，盖莫夫和朗道(这时两人已经失去了联系)自然会独立将朗道1931年的核解释为中子核。

[17] 1982年，朗道最亲密的朋友栗弗席兹提醒我注意那封信(INT-Lifshitz)，并向我讲了它的背景，如文中所述。栗弗席兹去世后，这封信的全文——另外还有卡皮查与莫洛托夫、卡皮查与斯大林和卡皮查与别里亚的那些最终救朗道出狱的通信——发表在Khalatnikov (1988)。这里摘录的片段是我自己从俄文译过来的。

[18] Gorelik (1991)。

[19] 见注17。

[20] 引自Royal (1969)。

[21] Serber (1969)。

[22] 现在认为这些巨星是在双星系中形成的：一颗恒星坍缩成为中子星以后，经过很长时间，螺旋落进伴星的中心并在那儿留下来。这些怪物后来叫"Thome-Żytkow天体"，因为乔特科夫(Anna ytkow)和我最先详细计算了它们的结构。见Thorne and Żytkow (1977)；也见Cannon et a1. (1992)。

[23] Oppenheimer and Serber (1938)。

[24] Shapiro and Teukolsky (1983), Hartle and Sabbadini (1977)。

[25] 卡片5.4：我在这张卡片里对研究步骤的大多数描写都是猜测的，主要根据是对沃尔科夫的访问（INT-Volkoff），托尔曼档案（Tolman，1948）和亲历者的文章（Oppenheimer and Volkoff，1939；Tolman，1939）。

[26] 托尔曼和奥本海默的通信见Tolman（1948）的档案。

[27] INT-Volkoff。

[28] 这个结论发表在Oppenheimer and Voikoff（1939）。奥本海默和沃尔科夫对核力效应的估计所依据的托尔曼的解析分析，发表在Tolman（1939）。

[29] Wheeler（1988），Vol. 4，P. 33–40。

[30] 惠勒的背景和早期研究的详情见Wheeler（1979），Thome and Zurek（1986）。

[31] 31卡片5.5：这个物态方程（哈里森和惠勒的研究成果）发表在Harrison，Wakano，and Wheeler（1958），更详细的是Harrison，Thorne，Wakano，and Wheeler（1965）。近些年，据Shapiro and Teukolsky（1983）的评述，核密度（10^{14}克/厘米^3）及其以上实曲线是现代不同物态方程的近似。

[32] 图5.5：据Harrison，Wakano，and Wheeler（1958），和Harrison，Thorne，Wakano，and Wheeler（1965）。据Shapiro and Teukolsky（1983）的评述，中子星实曲线是现代不同计算的近似。

[33] Oppenheimer and Volkoff（1939）。

[34] Zwicky（1939）。

[35] Rabi et al.（1969）。

第6章

一般说明：本章的历史记述主要根据（i）我对所说事件参与者和他们的科学家同事的访问（INT-Braginsky，INT-Finkelstein，INT-Fowler，INT-Ginzburg，INT-Harrison，INT-Lifshitz，INT-Misner，INT-Serber，INT-Wheeler，INT-Zel'dovich），（ii）我自己在某些事情的经历，（iii）参与者们写的科学论文，（iv）Bethe（1982），Rhodes（1986）[1]，Teller（1955）和York（1976）对美国核武器计划的记述，（v）Golovin（1973），Medvedev（1978），Ritus（1990），Romanov（1990）和Sakharov（1990）对苏联核武器和其他事件的记述，以及（vi）惠勒的研究笔记（Wheeler，1988）。

[1] 惠勒的演讲和他与奥本海默的交流，发表于Solvay（1958）。

[2] 这段话是Harrison，Wakano，and Wheeler（1958）原话的大意，为适合本书表达习惯，文字上略有改动。

[3] INT-Serber。

[4] INT-Fowler。

[5] INT-Serber。

[6] 这是我的猜测。我并不能肯定他这么快就完成了考察，但根据对奥本海默和他在研究完成后写的文章（Oppenheimer and Snyder；1939）内容的认识，我很相信他真那么做了。

[7] 7奥本海默和斯尼德的研究结果发表在Oppenheimer and Snyder（1939）。

[8] INT-Fowler。

---

1. R. Rhodes这本书有中译本：《原子弹出世记》，李汇川、周文枚等译，世界知识出版社，1990。——译者注

[9] INT-Lifshitz。

[10] Wheeler(1979),这是惠勒对核物理研究的自传性记述。

[11] Bohr and Wheeler(1939),Wheeler(1979)。玻尔和惠勒没有用他们在文章里的名称来称钚-239,但特纳(Louis A. Turner)直接根据他们的图4推测那是一种理想的持续链式反应的核,在一个著名的秘密备忘录中提出以这种燃料来做原子弹(Wheeler,1985)。

[12] INT-Zel'dovich,Zel'dovch and Khariton(1939)。

[13] 关于惠勒所起的关键作用,见Klauder(1972),P.2–5。

[14] 引自奥本海默1945年10月16日在新墨西哥洛斯阿莫斯的一次讲话;见Goodchild(1980),P.172。

[15] Goodehild(1980),P.174。

[16] Wheeler(1979)。

[17] 据《纽约时报》1993年1月14日A5版报道,哈里顿在莫斯科的一次演讲中公布了这些细节。

[18] Medvedev(1979)。

[19] 1949年10月30日一般咨询委员会给美国原子能委员会的报告。见York(1976)的附录。

[20] Bethe(1982)。

[21] INT-Wheeler。

[22] INT-Wheeler。

[23] USAEC (1984), P.251。

[24] INT-Wheeler。

[25] 苏联开始氢弹设计的日期似乎有些混乱，Sakharov (1990) 定为1948年春，而Ginzburg (1990) 定为1947年。

[26] 这是Sakharov (1990) 确定的年月；Ginzburg (1990) 定在1947年。

[27] 脚注：萨哈罗夫的猜测概况见Sakharov (1990)。泽尔多维奇的判断是口头告诉一位亲密的俄罗斯朋友的，他又转告了我。

[28] 金兹堡告诉我的，他当时在场。萨哈罗夫也在；据他回忆的英文本 (Sakharov, 1990)，这句话是这样的："Our job is to kiss Zel'dovich's ass. (我们的工作是给泽尔多维奇舔屁股)。我对泽尔多维奇和萨哈罗夫复杂关系的个人看法，见Thome (1991)。

[29] 朗道的这句话，有好几位苏联理论物理学家给我讲过。

[30] Romanov (1990)。

[31] 不同原子弹爆炸的能量释放数据，我引自York (1976)。

[32] Sakharov (1990)。

[33] Romanov (1990), Sakharov (1990)。在一篇纪念萨哈罗夫的文章里，罗曼诺夫把这一发现归功于萨哈罗夫和泽尔多维奇。萨哈罗夫说，"我们理论部门的几个人大概同时有了这个想法，"但他接着说，"泽尔多维奇、特鲁特涅夫 (Yuri Trutnev) 和其他一些人无疑做过重要贡献。"留给人们的印象是，他自己是最大的贡献者。

[34] USAEC (1954)。

[35] 1991年7月，惠勒与索恩的电话交谈。

[36] Sakharov (1990)。

[37] Colgate and Johnson (1960) 讨论了认识超新星和它作为宇宙线源的作用的动机。Colgate and White (1963, 1966) 用牛顿引力描述（而没用爱因斯坦的）进行了小质量超新星形成模拟。May and White (1965, 1966) 用爱因斯坦的引力的广义相对论描述做了大质量超新星形成的模拟。

[38] Imshennik and Nadezhin (1964), Podurets (1964)。

[39] INT-Lifshitz。

[40] Finkelstein (1958)。

[41] 脚注：例如，可以看MTW卡片31.1和第31章的讨论。

[42] 这到底是怎么发现的，请看芬克尔斯坦自己的叙述，Finkelstein (1993)。

[43] Thome (1967)。

[44] Harrison, Thome, Wakano, and Wheeler (1965)。

[45] Wheeler (1968)。

第7章

一般说明：本章的历史记述主要根据（i）我个人的亲身经历，（ii）我对其他参与者的访问（INT-Carter, INT-Chandrasekhar, INT-Detweiler, INT-Eardley, INT-Ellis, INT-Misner, INT-Novikov, INT-Penrose, INT-Press, INT-Price, INT-Rees,

INT-Sciama，INT-Smart，INT-Teukolsky，INT-Wald，INT-Wheeler，INTZel'dovich)，(iii)这些参与者写的科学论文。

[1] Wheeler(1964b)。

[2] 我第一次发表环猜想是在纪念惠勒的一本文集里(Thome，1972)，也见MTW卡片32.3。

[3] 诺维科夫和泽尔多维奇称这个思想是半封闭宇宙。最后，他们单独发表了文章来讨论：Zel'dovich(1962)，Novikov(1963)。

[4] INT-Novikov。

[5] INT-Novikovn。

[6] 这一研究的关键思想和初始计算发表在Ginzburg(1964)；更完备的数学分析是金兹堡和一个年轻同事奥泽诺依(Leonid Moiseevich Ozernoy)完成的(Ginzburg and Ozernoy，1964)。

[7] 他们的分析和结果发表在Doroshkevich，Zel'dovich，and Novikoy(1965)(作者是照俄语字母顺序排的)。

[8] 会议前不久，诺维科夫和泽尔多维奇写过很有影响的评论；Zel'dovich and Novikov(1964，1965)，读者可以从中体会诺维科夫的演说风格。

[9] Doroshkevich Zel'dovich，and Nnvikov(1965)，见注7。

[10] 伊斯雷尔的分析发表在Israel(1967)。

[11] Novikov(1969)，de la Cruz，Chase，and Israel(1970)，Price(1972)。

[12] de la Cruz, Chase, and Israel (1970)。

[13] 关于磁场与黑洞相互作用更详尽更完整的讨论，见Thome, Price, and Macdonald (1986) 图10，11和36。

[14] 评论和文献，见Carter (1979) 6.7节；关于最后阶段的续篇发表在Mazur (1982) 和Bunting (1983)。

[15] Graves and Brill (1960) 及其参考文献。

[16] Kerr (1963)。

[17] Carter (1966), Boyer and Lindquist (1967)。

[18] Carter (1979) 和其中的早期参考文献。

[19] Carter (1968)。

[20] Israel (1986)。

[21] Penrose (1969)。

[22] Newman et a1. (1965)。

[23] Press (1971)。

[24] Teukolsky (1972)。

[25] INT-Teukolsky。

[26] Press and Teukolsky (1973)。

[27] Chandrasekhar (1983b)。

第 8 章

一般说明：本章的历史记述主要根据（1）我个人的亲身经历，（ii）我对其他参与者的访问（INT-Giacconi，INT-Novikov，INT-Rees，INT-Van Allen，INT-Zel'dovich），（iii）这些参与者写的科学论文，（iv）下列发表的历史评述：Friedman（1972），Giacconi and Gursky（1974），Hirsh（1979）和Uhuru（1981）。

[1] Wheeler（1964a）。

[2] 22年后的1986年，泽尔多维奇对我说，他很遗憾，当时在黑洞内部情况的问题上没能想得更远，INT-Zel'dovich。

[3] Zel'dovich and Guseinov（1965）。

[4] Trimble and Thome（1969）。

[5] Salpeter（1964），Zel'dovich（1964）。

[6] Novikov and Zel'dovich（1966）。

[7] Friedman（1972）。

[8] Giacconi，Gursky，Paolini，and Rossi（1962）。

[9] Sunyaev（1972）。

第 9 章

一般说明：本章的历史记述主要根据（i）我个人自1962年以来在这些事件的边缘的经历，（ii）我对其他参与者的访问（INT-Ginzburg，INT-Greenstein，INT-Rees，INT-Zel'dovich），（iii）那些参与者写的科学论文，和（iv）下列发表或没发表的历史记录：Hey（1973），Greenstein（1982），Kellermann and Sheets（1983），Struve and Zebergs（1962）和Sullivan（1982，1984）。

[1] 1Jansky（1932）。

[2] Whipple and Greenstein（1937）。

[3] INT-Greensteln。

[4] 雷伯对自己工作的历史描述见Reber（1958）。

[5] Reber（1940）。

[6] INT-Greenstein。

[7] INT-Greenstein。

[8] Bolton，Stanley，and Slee（1949）。

[9] Baade and Minkowski（1954）。

[10] Jennison and Das Gupta（1953）。

[11] 这次会议的报告发表在Washington（1954）。

[12] Schmidt（1963）。

[13] Greenstein（1963）。

[14] Smith（1965）。

[15] Alfvé and Herlofson（1950），Kiepenheuer（1950），Ginzburg（1951）。这一工作历史的讨论，见Ginzburg（1984）。

[16] Burbidge（1959）。

[17] 这个会议的报告发表在Robinson，Schild，and Shucking（1965）。

[18] 这是我根据自己对这次会议的回忆写的。

[19] Rees (1971)。

[20] Longair, Ryle, and Scheuer (1973)。

[21] Salpeter (1964), Zel'dovich (1964)。

[22] Lynden-Bell (1969)。

[23] Bardeen and Petterson (1975)。

[24] Bardeen (1970)。

[25] Blandford and Rees (1974)。

[26] Lynden-Bell (1978)。

[27] Blandford (1976)。

[28] Blandford and Znajek (1977)。

[29] 我们对类星体、射电星系、喷流和黑洞及其吸积盘作为它们的中心发动机的作用的认识现状，可以看Begelman, Blandford, and Rees (1984), 和Blandfond (1987), 里面有详细论述。

[30] 例如，可以参考Phinney (1989)。

第10章

一般说明：本章的历史记述主要根据(1)我个人的亲身经历，(ii)我对其他参与者的访问(INT-Braginsky, INT-Drever, INT-Forward, INT-Grishchuk, INT-Webet, INT-Weiss), (iii)那些参与者写的科学论文。对引力辐射和探测更专业的评述，可以参考Blair (1991)和Thorne (1987)。

[1] Weber（1953）。

[2] 韦伯的工作成果发表在Weber（1960，1961）。[1]

[3] 1992年10月1日韦伯给我的信；那时他没有发表这个结果。韦伯的同事戴森第一个证明，大自然很可能在韦伯所选的频率附近产生引力波（Dyson，1963）。

[4] Weber（1969）宣布观测到了引力波的证据。接下来的实验和是否真测到了引力波的争论，都记录在de Sabbata and Weber（1977）和它所引的论文里。这场争论的社会学研究，见Collins（1975，1981）。

[5] 暑期班的讲座，包括韦伯的，发表在DeWitt and DeWitt（1964）。

[6] 布拉金斯基警告的原话发表在Braginsky（1967）。

[7] Braginsky（1977）和Giffard（1976）将警告说得更清楚了，而这个极限来自测不准原理的解释，在Thorne，Drever，Caves，Zimmerman，and Sandberg（1978）。

[8] 1978年会议讨论的内容可以看Epstein and Clark（1979）。

[9] Braginsky，Vorontsov，and Khalili（1978）；Thorne，Drever，Caves，Zimmermann，and Sandberg（1978）。

[10] Michelson and Taber（1984）。

[11] Gertsenshtein and Pustovoit（1962），Weber（1964），Weiss（1972），Mass，Miller，and Forward（1971）。

---

1. Weber（1961）有汉译本：广义相对论与引力波，陈凤至、张大卫译，科学出版社，1977。

[12] 12例如，见Drever（1991）和它的参考文献。

[13] 13见Braginsky and Khalili（1992）。

[14] 14关于LIGO计划的回顾，见Abramovici et al.（1992）。

第11章

一般说明：本章（很少的一点）历史记述根据（i）我个人的经历，（ii）我对其他两个参与者的访问（INT-Damour，INT-Wald），（iii）他们写的科学论文，（iv）我1965年在普林斯顿大学听过的库恩的科学革命和规范（范式）的课。

[1] 1Kuhn（1962）。

[2] 2本世纪最伟大的物理学家之一费曼（Richard Feynman）在一本可爱的小书《物理学定律的特征》（*The Character of Physical Law*，Feynman，1965）里，优美地描述了掌握几个规范会有多么强大的力量。不过，他从没用过"规范"这个词，我猜他没读过库恩的书。库恩讲过人们多喜欢费曼的作风；费曼就是那样的。[1]

[3] 3平直时空规范多少是由许多不同的人提出来的；专业上即大家知道的"广义相对论的平直时空体系的场论"。关于它的历史和概念的评述，见MTW以下章节：7.1，18.1；卡片7.1，17.2和18.1；练习7.3。它的优美推广解释了它与弯曲时空规范的关系，见Grishchuk，Petrov，and Popova（1984）。

[4] Cohen and Wald（1971），Hanni and Ruffini（1973）。

[5] Blandford and Znajek（1977）。

---

1. 初学物理的读者看看三卷《费曼物理学讲义》（上海科学技术出版社），会得到别的任何课本都不会有的乐趣；费曼还有一本"玩笑的"自传，(《别逗了，费曼先生》，王祖哲译，湖南科学技术出版社，2005。)"看这本书而不笑的人，可能精神有问题。"——译者注

[6] Znajek（1978），Damour（1978）。

[7] Thorne，Price，and Macdonald（1986），也见Price and Thorne（1988）。

第12章

一般说明：本章的历史记述主要根据（i）我个人的经历，（ii）我对其他参与者的访问（INT-DeWitt，INT-Eardley，INT-Hartle，INT-Hawking，INT-Israel，INT-Penrose，INT-Unruh，INT-Wald，INT-Wheeler，INT-Zel'dovich），（iii）这些参与者写的科学论文，（iv）下列发表的历史记录：Bekenstein（1980），Hawking（1988），Israel（1987）。

[1] 这里和后面关于霍金如何得到这个思想的记述，依据INT-Hawking和Hawking（1988）。[1] 他的思想和具体结果发表在Hawking（1971b，1972，1973），本章第一节，"黑洞的生长"讲了大概内容。

[2] Penrose（1963）。

[3] 卡片12.1：Hawking（1972，1973）。

[4] INT-Israel，INT-Penrose，INT-Hawking。

[5] Penrose（1965）。

[6] 卡片12.2：Hawking（1972，1973）。

[7] Hawking and Hartle（1972）。

[8] Christodoulou（1970）。

1. 即《时间简史》。—— 译者注

[9] Bekenstein (1980) 谈了这一点和后来与霍金的争论。贝肯斯坦关于黑洞熵的猜想和论证，发表在Bekenstein (1972, 1973)。

[10] 1972年暑期班的报告发表在DeWitt and DeWitt (1973)。

[11] Bardeen, Carter, and Hawking (1973)。

[12] 我1971年访问莫斯科时，米斯纳和惠勒也去了。但我和泽尔多维奇在他家讨论时，他们并不在场。

[13] 我凭记忆重构了下面的谈话，但说得不像我们讨论时那么专业。

[14] Zel'dovich (1971)。

[15] Zel'dovich and Starobinsky (1971)。

[16] 霍金在Hawking (1988) 讲了他是如何"意外"发现黑洞辐射的。他的发现及其意义发表在Hawking (1974, 1975, 1976)。

[17] 例如，可以看Wald (1977)。

[18] 脚注：Wald (1977)。

[19] Hawking (1988)。

[20] Thome, Price, and Macdonald (1986) 第8章及其参考文献。

[21] 卡　片12.5：Davies (1975), Unruh (1976), Unruh and Wald (1982, 1984)。

[22] Gibbons and Hawking (1977)。

[23] Page (1976)。

[24] 如, H wking(1971a); Novikov, Polnarev, Starobinsky, and Zel'dovich(1979)。

[25] Page and Hawking(1975); Novikov, Polnarev, Starobinsky, and Zel'dovich(1979)。

第13章

一般说明:本章的历史记述主要根据(i)我个人的经历(不过更像一个旁观者,而不是参与者),(ii)我对参与者的访问(INT-Belinsky, INT-DeWitt, INT-Geroch, INT-Khalatnikov, INT-Lifshitz, INT-MacCallum, INT-Misner, INT-Penrose, INT-Sciama, INT-Wheeler),(iii)参与者们写的科学论文。

[1] Harrison, Wakano, and Wheeler(1958); Wheeler(1960)。

[2] Wheeler(1964a, b); Harrison, Thorne, Wakano, and Wheeler(1965)。

[3] Oppenheimer and Snyder(1939)。

[4] 见第5章最后几段。

[5] 这里描写的奇点在坍缩恒星外的真空中;因为真空区域是用爱因斯坦方程的史瓦西解来描写的,所以这个奇点常指*史瓦西几何奇点*, MTW第32章有对它的定量分析。

[6] 图13.1:同上。

[7] Wheeler(1960, 1964a, b); Harrison, Thorne, Wakano, and Wheeler(1965)。

[8] 卡拉特尼科夫和栗弗席兹得到这个结果的观点和计算发表在Lifshitz and Khalatnikov(1960, 1963) 和Landau and Lifshitz(1962)。

[9] 同上。

[10] Landau and Lifshitz（1962）。

[11] 图13.4。Graves-Brill（1960）是在惠勒小组完成的，小组里的学生在20世纪60年代初觉得显然应该存在这里所说的那类爱因斯坦方程的解。然而，我和彭罗斯讨论发现，多数其他小组的研究者到60年代后期才知道这一点。这样的解很难具体构造，我们惠勒小组的人没有试过，也没发表过有关这个问题的东西。据我所知，这一思想和求解的努力，第一次发表在Navikov（1966）。

[12] Graves and Brill（1960）及其参考文献。

[13] 关于彭罗斯的生平，主要根据INT-Penrose和INT-Sciaman。

[14] 同上。

[15] INT-Penrose，Penrose（1989）。

[16] Penrose（1989）。

[17] Penrose（1965）。

[18] Hawking and Ellis（1973）的经典著作系统清理了整体方法。

[19] Hawking and Penrose（1970）。

[20] 20世纪70年代我和栗弗席兹的私下讨论。

[21] 1990年6月18日卡拉特尼科夫给我的信。

[22] 这一段是我根据自己对会议和后来发生事情的回忆写的。

[23] Khalatnikov and Lifshitz (1970)，也见Belinsky, Khalatnikov, and Lifshitz (1970, 1982)。

[24] 同上。

[25] INT-Lifshitz, Livanova (1980)。

[26] 彭罗斯告诉我的。

[27] Aleksandrov (1955, 1959)。

[28] Pimenov (1968)。

[29] Lifshitz and Khalatnikov (1960, 1963)。

[30] 例如, Novikov (1966)。

[31] 用专业的话说，不稳定的是Reissner-Nordström解的内柯西视界。这个猜想在Penrose (1968)；证明在Chandrasekhar and Hartle (1982)和它所引的早期文献。

[32] Belinsky, Khalatnikov, and Lifshitz (1970, 1982)。

[33] Misner (1969)。

[34] 这是Wheeler (1960)根据他自己以前关于时空几何的真空涨落思想(Wheeler, 1955, 1957)第一次导出的结果。

[35] 脚注: Wheeler (1955, 1957)引入了普朗克-惠勒时间并分析了它的物理意义。

[36] 这最早是由Wheeler (1960)提出的，后来通过现在所谓的“惠勒-德维特方程”而更定量化了。例如，可以参考Hawking

（1987）的讨论。

[37] Wheeler（1957，1960）。

[38] 例如，可以参考Hawking（1987，1988）。

[39] Doroshkevich and Novikov（1978）证明奇点会衰退；Poisson and Israel（1990）和Ori（1991）用理想模型演绎了衰退的细节；Ori（1992）初步证明了这些模型是认识真实黑洞内奇点行为的很好指南。

[40] 模拟的具体情况见Shapiro and Teukolsky（1991）。

[41] 霍金的证据发表在Hawking（1992a）。

第14章

一般说明：这一章的历史记述几乎都是根据我个人的亲身经历。

[1] Ludwig Flamm（1916）发现，适当选择拓扑，爱因斯坦方程的Schwarzschild（1916a）解描写了空的球形虫洞。

[2] 图14.2：Kruskal（1960）。

[3] Morris and Thorne（1988）。

[4] Hawking and Ellis（1973）。

[5] 霍金只是根据他发现的黑洞蒸发很间接地推测了这一点，多少是试探性的。严格证明要等到6年以后的Candelas（1980）。

[6] 见Wald and Yurtsever（1991）和它引用的文献。

[7] Wheeler（1955，1957，1960）。

[8] Geroch（1967）。Friedman，Papastamatiou，Parker，and Zhang

(1988)提出了格罗赫定理预言的虫洞生成的一个具体例子。

[9] 脚注: van Stockum (1937), Gödel (1949), Tipler (1976)。

[10] Morris, Thorne, and Yurtsever (1988)。

[11] Morris, Thorne, and Yurtsever (1988)。

[12] 脚注: Friedman and Morris (1991)。

[13] Echeverria, Klinkhammer, and Thorne (1991)。

[14] 卡片14.2: Echeverria, Klinkhammer, and Thorne (1991)。

[15] Forward (1992)。

[16] 以虫洞为时间机器引发的怪圈问题, Friedman et al (1990)有仔细而相当彻底的技术讨论。

[17] Hall (1990)。

[18] Hiscock and Konkowski (1982)。

[19] Frolov (1991)。

[20] Kim and Thorne (1991)。

[21] Hawking (1992b)。

[22] 脚注: Gott (1991)。

[23] Thorne (1993)多少从专业上讲了我怀疑时间机器的理由, 并详细评述了到1993年春为止关于时间机器研究的状况。

文献目录

录音访问

Baym, Gordon. 5 September 1985, Champaign/Urbana, Illinois.

Belinsky, Vladimir. 27. March 1986. Moscow, U. S. S. R.

Braginsky, Vladimir Borisovich. 20 December 1982, Moscow, U. S. S. R. ; 27 March 1986, Moscow, U. S. S. R.

Carter, Brandon. 6 July 1983, Padova, Italy.

Chandrasekhar, Subrahmanyan. 3 April 1982, Chicago, Illinois.

Damour, Thibault. 26 July 1986, Cargese, Corsica.

Detweiler, Steven. December 1980, Baltimore, Maryland.

DeWitt, Bryce. December 1980, Baltimore, Maryland.

Drever, Ronald W. P. 21 june 1982, Les Houches, France.

Eardley, Doug M. December 1980, Baltimore, Maryland.

Eggen, Olin. 13 September 1985, Pasadena, California.

Ellis, George. December 1980, Baltimore, Maryland.

Finkelstein, David. 8 July 1983, Padova, Italy.

Forward, Robert. 31 August 1982, Oxnard, California.

Fowler, William A. 6 August 1985, Pasadena, California.

Geroch, Robert. 2 April 1982, Chicago, Illinois.

Giacconi. Ricccardo. 29 April 1983 , Greenbelt, Maryland.

Ginzburg, Vitaly Lazarevich. December 1982, Moscow, U. S. S. R. ; 3 February 1989, Pasadena, California.

Greenstein, Jesse L. 9 August 1985, Pasadena, California.

-

Grishchuk, Leonid P. 26 March 1986, Moscow, U. S. S. R.

-

Harrison, B. Kent. 5 September 1985, Provo, Utah.

-

Hattie, James B. December 1980, Bahimore, Maryland; 2 April 1982, Chicago, Illinois.

-

Hawking, Stephen W. July 1980, Cambridge, England（not taped）.

-

Ipser, James R. December 1980, Baltimore, Maryland.

-

Israel, werner. June 1982, Les Houches, France.

-

Khalatnikov, Isaac Markovich. 27 March 1986, Moscow, U. S. S. R.

-

Lifshitz, Evgeny Michailovich. December 1982, Moscow, U. S. S. R.

-

MacCallum, Malcolm. 30 August 1982, Santa Barbara, California.

-

Misner, Charles W. 10 May 1981, Pasadena, California.

-

Novikov, Igor Dmitrievich. December 1982, Moscow, U. S. S. R. ; 28 March 1986, Moscow, U. S. S. R.

-

Penrose, Roger. 7 July 1983, Padova, Italy.

-

Press, William H. December 1980, Baltimore, Maryland.

-

Price, Richard. December 1980, Baltimore, Maryland.

-

Rees, Martin. December 1980, Baltimore, Maryland.

-

Sandage, Allan. 13 September 1985, Baltimore, Maryland.

-

Sciama, Dennis. 8 July 1983, Padova, Italy.

-

Serber, Robert. 5 August 1985, New York City.

-

Smarr, Larry. December 1980, Baltimore, Maryland.

-

Teukolsky, Saul A. 27 January 1985, Ithaca, New York.

-

Unrnh, William. December 1980, Baltimore, Maryland.

-

Van Allen, James. 29 April 1973, Greenbelt, Maryland.

-

Voikoff, George. 11 September 1985, Vancouver, British Columbia.

-

Wald, Robert M. December 1980, Baltimore, Maryland; 2 April 1982, Chicago, Illinois.

-

Weber, Joseph. 20 July 1982, College Park, Maryland.

-

Weiss, Rainer. 7 July 1983, Padova, Italy.

-

Wheeler, John. December 1980, Baltimore, Maryland.

-

Zel ' dovich, Yakov Borisovich. 17 December 1982, Moscow, U. S. S. R. ; 22 and 27 March 1986, Moscow, U. S. S. R.

参考文献 *

A bramovici, A. , Ahhouse, W. E. , Drever, R. W. P. , Gürsel, Y. , Kawamura, S. , Raab, F. J. , Shoemaker, D. , Sievers, L. , Spero, R. E. , Thorne, K. S. , Vogt, R. E. , Weiss, R., Whitcomb, S. E. , and Zucker, M. E. (1992) . " LIGO: The Laser Interferometer Gravitational - Wave Observatory, " *Science*, **256**, 325 - 333.

-

Aleksandrov, A. D. (1955)." The Space - Time of the Theorv of Relativity, " *Helvetica Physica Acta, Supplement*, **4**, **4**.

-

Aleksandrov, A. D. (1959) . " The Philosophical Implication and Significance of the Theory of Relativity, " *Voprosy Filosofii*, No. 1, 67.

-

Alfvén, H. , and Herlofson, N. (1950) . " Cosmic Radiation and Radio Stars, " *Physical Review*, **78**, 738.

-

Anderson, W. (1929) . " Über die Grenzdichte der Materie und der Energie, " *Zeitschriftfür Physik*, **56**, 851.

-

Baade, W. (1952) ." Report of the Commission on Extragalactic Nebulae, " *Transactions of the International Astronomical Union*, **8**, 397.

-

Baade, W. , and Minkowski, R. (1954) . " Identification of the Radio Sources in Cassiopeia, Cygnus A, and Puppis, " *Astrophysical Journal*, **119**, 206.

-

Baade, W. , and Zwicky. F. (1934a) . " Supernovae and Cosmic Rays, " *Physical Review*, **45**, 138.

-

Baade, W. , and Zwicky, F. (1934b) . " On Super - Novae, " *Proceedings of the National Academy of Sciences*, **20**, 254.

-

Bardeen, J. M. (1970) . " Kerr Metric Black Holes, " *Nature*, **226**, 64.

-

Bardeen, J. M. , Carter, B. , and Hawking, S. W. (1973) . " The Four Laws of Black Hole Mechanics, " *Communications in Mathematical Physics*, **31**, 161.

-

Bardeen , J. M. , and Petterson, J. A. (1975) . " The Lense - Thirring Effect and Accretion Disks around Kerr Black Holes, " *Astrophysical Journal* (Letters) , 195, L65.

-

Begelman, M. C. , Blandford, R. D. , and Rees, M. J. (1984) . " Theory of Extragalactic Radio Sources, " *Reviews of Modern Physics*, 56, 255.

-

Bekenstein, J. D. (1972) . " Black Holes and the Second L aw, " *Lettere al Nuovo Cimento*, **4**, 737.

-

Bekenstein, J. D. （1973）."Black Holes and Entropy," *Physical Review D*, **7**, 2333.

-

Bekenstein, J. D. （1980）. " Black Hole Thermodynamics, " *Physics Today, January* 24.

-

Belinsky, V. A. , Khalatnikov, I. M. , and Lifshitz, E. M. （1970）. " Oscillatory Approach to a Singular Point in the Relativistic Cosmology, " *Advances in Physics*, **19**, 525.

-

Belinsky, V. A. , Khalatnikov, I. M. , and Lifshitz, E. M. （ 1982 ）. " Solution of the Einstein Equations with a Time Singularity, " *Advances in Physics*, **31**, 639.

-

Bethe, H. A. （1982）. " Comments on the History of the H - Bomb, " *Los Alamos Science*, Fall 1982, 43.

-

Bethe, H. A. （1990） " *Sakharov ' s* H-Bomb, " *Bulletin of the Atomic Scientists*, October 1990. Reprinted in Drell and Kapitsa（1991）, p. 149.

-

Blair, D. , ed. （ 1991 ）. *The Detection of Gravitational Waves* （ Cambridge University Press, Cambridge, 、 England）.

-

Blandford, R. D. （1976）. " Accretion Disc Electrodynamics—A Model for Double Radio Sources, " *Monthly Notices of the Royal Astronomical Society*, **176**, 465.

-

Blandford, R. D. (1987)." Astrophysical Black Holes, "in *300 Years of Gravitation,* edited by S. W. Hawking and W. Israel （ Cambridge University Press, Cambridge, England ）, p. 277.

-

Blandford, R. D. , and Rees, M. （ 1974 ）. " A Twin - Exhaust Model for Double Radio Sources, " *Monthly Notices of the RoyalAstronomical Society*, **169**, 395

-

Blandford, R. D. , and Znajek, R. I, . （1977）. " Electromagnetic Extraction of Energy from Kerr Black Holes, " *Monthly Notices of the Royal Astronomical Society*, **179**, 433.

-

Bohr, N. , and Wheeler, J. A. （ 1939 ）. " The Mechanism of Nuclear Fission, " *Physical Review*, **56**, 426.

-

Bolton , J. G. , Stanley, G. J. , and S]ee, O. B. （ 1949 ）. " Positions of Three Discrete Sources of Galactic Radio - Frequency Radiation, " *Nature,* **164**, 101.

-

Boyer, R. H. , and Lindquist, R. W. （ 1967 ）. " Maximal Analytic Extension of the Kerr Metric, " *Journal of Mathematical Physics*, **8**, 265.

-

Braginsky, V. B. （1967）. " Classical and Quantum Restrictions on the Detection of Weak Disturbances of a Macroscopic Oscillator, " *Zhurnal Eksperimentalnoi i Teoreticheskoi Fiziki* , **53**, 1434. English translation in *Soviet Physics? —JETP*, **26**, 831 （1968）.

-

Braginsky, V. B. （1977）. " The Detection of Gravitational Waves and Quantum Nondisturbtive Measurements, " *in Topics in Theoretical and Experimental Gravitaton Physics*, edited by V. de Sabbata and J. Weber （ Plenum, London）, p.105.

-

Braginsky, . V. B., and Khalili, F. Ya. （1992）. *Quantum Measurements* （Cambridge University Press, Cambridge, England）.

-

Braginsky, V. B. , Vorontsov, Yu. I. , and Khalili, F. Ya. （1978）. " Optimal Quantum Measurements in Detectors of Gravitational Radiation," *Pis 'ma v Redaktsiyu Zhurnal Eksperimentalnoi i Teoreticheskoi Fiziki*, **27**, 296. English translation in *JETP Letters*, **27**, 276 (1978).

-

Braginsky, V, B., Vorontsov, Yu. I., and Thorne, K. S. (1980) "Quantum Nondemolition Measurements," *Science*, **209**, 547.

-

Brault, J. W. (1962). "The Gravitational Redshift in the Solar Spectrum," unpublished doctoral dissertation, Princeton University; available from University Microfilms, Ann Arbor, Michigan.

-

Brown, A. C., ed. (1978). *DROPSHOT: The American Plan for World War III against Russia in* 1957 (Dial Press/James Wade, New York).

-

Bunting, G. (1983). "Proof of the Uniqueness Conjecture for Black Holes," unpublished Ph.D. dissertation, Department of Mathematics, University of New England, Armidale, N. S. W. Australia.

-

Burbidge, G. R. (1959). "The Theoretical Explanation of Radio Emission," in *Paris Symposium on Radio Astronomy*, edited by R. N. Bracewell (Stanford University Press, Stanford, California).

-

Candelas, P. (1980)."Vacuum Polarization in Sehwarzsehild Spaeetime," *Physical Review D*, **21**, 2185.

-

Cannon, R. C., Eggleton, P. P., Zytkow, A. N., and Podsiadlowski, P, (1992). "The Structure and Evolution of Thorne—Zytkow Objects," *Astrophysical Journal*, **386**, 206–214.

-

Carter, B. (1966). "Complete Analytic Extension of the Symmetry Axis of Kerr 's Solution of Einstein 's Equations," *Physical Review*, **141**, 1242.

-

Carter, B. (1968). "Global Structure of the Kerr Family of Gravitational Fields," *Physical Review*, **174**, 1559.

-

Carter, B. (1979). "The General Theory of the Mechanical Electromagnetic and Thermodynamic Properties of Black Holes," in *General Relativity: An Einstein Centenary Survey*, edited by S. W. Hawking and W. Israel (Cambridge University Press, Cambridge, England), p. 294.

-

Caves, C. M., Thorne, K. S., Drever, R. W. P., Sandberg, V. D., and Zimmermann, M. (1980)."On the Measurement of a Weak Classical Force Coupled to a Quantum-Mechanical Oscillator. I. Issues of Principle," *Reviews of Modern Physics*, **52**, 341.

-

Chandrasekhar, S. (1931). "The Maximum Mass of Ideal White Dwarfs," *Astrophysical Journal*, **74**, 81.

-

Chandrasekhar, S. (1935)."The Highly Collapsed Configurations of a Stellar Mass (Second Paper)," *Monthly Notices of the Royal Astronomical Society*, **95**, 207.

-

Chandrasekhar, S. (1983a). *Eddington: The Most Distinguished Astrophysicist of His Time* (Cambridge University Press, Cambridge, England).

-

Chandrasekhar, S. (1983b). *The Mathematical Theory of Black Holes* (Oxford University Press, New York).

-

Chandrasekhar, S. (1989) *Selected Papers of S. Chandrasekhar*. Volume I: *Stellar Structure and Stellar Atmospheres* (University of Chicago Press, Chicago).

-

Chandrasekhar, S., and Hartle, J. M. (1982). "On Crossing the Cauchy Horizon of a Reissner-Nordström

Black Hole," *Proceedings of the Royal Society of London*, **A384**, 301.

-

Christodoulou, D. (1970). " Reversible and Irreversible Transformations in Black-Hole Physics," *Physical Review Letters*, **25**, 1596.

-

Clark, R. W. (1971). *Einstein: The Life and Times* (World Publishing Co., New York).

-

Cohen, J. M., and Wald, R. M. (1971). " Point Charge in the Vicinity of a Schwarzschild Black Hole," *Journal of Mathematical Physics*, **12**, 1845.

-

Colgate, S. A., and Johnson, M. H. (1960)." Hydrodynamic Origin of Cosmic Rays, "*Physical Review Letters*, **5**, 235.

-

Colgate, S. A., and White, R. H. (1963). " Dynamics of a Supernova Explosion," *Bulletin of the American Physical Society*, **8**, 306.

-

Colgate, S. A., and White, R. H. (1966). " The Hydrodynamic Behavior of Supernova Explosions," *Astrophysical Journal*, **143**, 626.

-

Collins, H. M. (1975). " The Seven Sexes: A Study in the Sociology of a Phenomenon, or the Replication of Experiments in Physics," *Sociology*, **9**, 205.

-

Collins, H. M. (1981). " Son of Seven Sexes: The Social Destruction of a Physical Phenomenon, " *Social Studies of Science* (SAGE, London and Beverly Hills), **11**, 33.

-

Damour, T. (1978). " Black-Hole Eddy Currents," *Physical Review D*, **18**, 3598.

-

Davies, P. C. W. (1975)." Scalar Particle Production in Schwarzschild and Rindler Metrics, "*Journal of Physics A*, **8**, 609.

-

de la Cruz, V., Chase, J. E., and Israel, W. (1970). " Gravitational Collapse with Asymmetries," *Physical Review Letters*, **24**, 423.

-

de Sabbata, V., and Weber, J., eds. (1977). *Topics in Theoretical and Experimental Gravitation Physics* (Plenum, New York).

-

DeWitt, C., and DeWitt, B. S., eds. (1964). *Relativity, Groups, and Topology* (Gordon and Breach, New York).

-

DeWitt, C., and DeWitt, B. S., eds. (1973). *Black Holes* (Gordon and Breach, New York).

-

Doroshkevich, A. D., and Novikov, I. D. (1978). " Space-Time and Physical Fields in Black Holes," *Zhurnal Eksperimentalnoi i Teoreticheskii Fiziki*, **74**, 3. English translation in *Soviet Physics—JETP*, **47**, 1 (1978).

-

Doroshkevich, A. D., Zel'dovich, Ya. B., and Novikov, I. D. (1965). " Gravitational Collapse of Nonsymmetric and Rotating Masses," *Zhurnal Eksperimentalnoi i Teoreticheskii Fiziki*, **49**, 170. English translation in Soviet Physics—*JETP*, **22**, 122 (1966).

-

Drell, S., and Kapitsa, S., eds. (1991). *Sakharov Remembered: A Tribute by Friends and Colleagues* (American Institute of Physics, New York).

-

Drever, R. W. P. （1991）. “Fabry-Perot Cavity Gravity-Wave Detectors,” in *The Detection of Gravitational Waves*, edited by D. Blair （Cambridge University Press, Cambridge, England）, p. 306.

-

Dyson, F. J. （1963）. “Gravitational Machines,” *in The Search for Extraterrestrial Life*, edited by A. G. W. Cameron （W. A. Benjamin, New York）, p. 115.

-

Echeverria, F., Klinkhammer, G., and Thorne, K. S. （1991）. “Billiard Balls in Wormhole Spacetimes with Closed Timelike Curves. I. Classical Theory,” *Physical Review D*, **44**, 1077.

-

ECP-1: Einstein, A. （1987）. *The Collected Papers of Albert Einstein.* Volume 1: *The Early Years, 1879-1902*, edited by John Stachel （Princeton University Press, Princeton New Jersey）. English translation by Anna Beck in a companion volume of the same title.

-

ECP-2: Einstein, A. （1989）. *The Collected Papers of Albert Einstein.* Volume 2: *The Swiss Years: Writings, 1900-1909*, edited by John Stachel （Princeton University Press, Princeton, New Jersey）. English translation by Anna Beck in a companion volume of the same title.

-

Eddington. A. S. （1926）. *The Internal Constitution of the Stars* （Cambridge University Press, Cambridge, England）.

-

Eddington, A. S. （1935a）. “Relativistic Degeneracy,” *Observatory*, **58**, 37.

-

Eddington, A. S. （1935b）. “On Relativistic Degeneracy,” *Monthly Notices of the Royal Astronomical Society*, **95**, 194.

-

Einstein, A. （1911）. “On the Influence of Gravity on the Propagation of Light,” *Annalen der Physik*, **35**, 898.

-

Einstein, A. （1915）. “The Field Equations for Gravitation,” *Sitzungsberichte der Deutschen Akademie der Wissenschaften zu Berlin, Klasse fur Mathematik, Physik, und Technik*, **1915**, 844.

-

Einstein, A. （1939）. “On a Stationary System with Spherical Symmet Consisting of Many Gravitating Masses,” *Annals of Mathematics*, **40**, 922.

-

Einstein, A. （1949）. “Autobiographical Notes,” in *Albert Einstein: Philosopher-Scientist*, edited by Paul A. Schilpp （Library of Living Philosophers, Evanston, Illinois）.

-

Einstein, A., and Marić, M. （1992）. *Albert Einstein/Mileva Marić: The Love Letters*, edited by Jürgen Renn and Robert Schulman （Princeton University Press, Princeton, New Jersey）.

-

Eisenstaedt, J. （1982）. “Histoire et Singularités de la Solution de Schwarzschild,” *Archive for History of Exact Sciences*, **27**, 157.

-

Eisenstaedt, J. （1991）. “De 1'Influence de la Gravitation sur la Propagation de la Lumiére en Théorie Newtonienne. L'Archéologie des Trous Noirs,” *Archive for History of Exact Sciences*, **42**, 315.

-

Epstein, R., and Clark, J. P. A. （1979）. “Discussion Session II: Sources of Gravitational Radiation,” in *Sources of Gravitational Radiation*, edited by L. Smarr （Cambridge University Press, Cambridge, England）, p. 477.

-

Feynman, R. P. （1965）. *The Character of Physical Law* （British Broadcasting Corporation, London; paperback edition: MIT Press, Cambridge, Massachusetts).

-

Finkelstein, D. (1958). "Past-Future Asymmetry of the Gravitational Field of a Point Particle," *Physical Review*, 110, 965.

-

Finkelstein, D. (1993). "Misner, Kinks, and Black Holes," in *Directions in General Relativity*. Volume 1: *Papers in Honor of Charles Misner*, edited by B. L. Hu, M.P. Ryan Jr., and C. V. Vishveshwara (Cambridge University Press, Cambridge, England), p. 99.

-

Flamm, L. (1916). "Beitrage zur Einsteinschen Gravitationstheorie," *Physik Zeitschrift*, **17**, 448.

-

Forward, R. L. (1992). *Timemaster*, (Tor Books, New York).

-

Fowler, R. H. (1926). "On Dense Matter," *Monthly Notices of the Royal Astronomical Society*, **87**, 114.

-

Frank, P. (1947). *Einstein: His Life and Times* (Alfred A. Knopf, New York).

-

Friedman, H. (1972). "Rocket Astronomy," *Annals of the New York Academy of Sciences*, **198**, 267.

-

Friedman, J., and Morris, M. S. (1991). "'The Cauchy Problem for the Scalar Wave Equation Is Well Defined on a Class of Spacetimes with Closed Timelike Curves," *Physical Review Letters*, **66**, 401.

-

Friedman, J., Morris, M. S., Novikov, I. D., Echeverria, F., Klinkhammer. G., Thorne, K. S., and Yurtsever, U. (1990). "Cauchy Problem in Spacetimes with Closed Timelike Curves," *Physical Review D*, **42**, 1915.

-

Friedman, J., Papastamatiou, N., Parker, L., and Zhang, H. (1988). "Non- orientable Foam and an Effective Planck Mass for Point -like Fermions," *Nuclear Physics*, **B309**, 533; appendix.

-

Frolov, V. P. (1991). "Vacuum Polarization in a Locally Static Multiply Connected Spacetime and a Time-Machine Problem," *Physical Review D*, **43**, 3878.

-

Gamow, G. (1937). *Structure of Atomic Nuclei and Nuclear Transformations* (Clarendon Press, Oxford, England), pp. 234-238.

-

Gamow, G. (1970). *My world Line* (Viking Press, New York).

-

Geroch, R. P. (1967). "Topology in General Relativity," *Journal of Mathematical Physics*, **8**, 782.

-

Gertsenshtein, M. E., and Pustovoit, V. I. (1962). "On the Detection of Low-Fre quency Gravitational Waves," *Zhurnal Eksperimentalnoi i Teoreticheskoi Fiziki*, **43,** 605. English translation in *Soviet Physics—JETP*, **16**, 433 (1963).

-

Giacconi, R., and Gursky, H., eds (1974). *X-Ray Astronomy* (Reidel, Dordrecht, Holland).

-

Giacconi, R., Gursky, H., Paolini, F. R., and Rossi, B. B. (1962 "Evidence for X-Rays from Sources Outside the Solar System," *Physical Review Letters*, **9**, 439.

-

Gibbons, G. (1979). "The Man Who Invented Black Holes," *New Scientist*, **28**, 1101 (29 June).

-

Gibbons, G. W., and Hawking, S. W. (1977) "Action Integrals and Partition Functions in Quantum Gravity,"

Physical Review D, **15**, 2752.

-

Giffard, R. （1976） "Ultimate Sensitivity Limit of a Resonant Gravitational Wave Antenna Using a Linear Motion Detector," *Physical Review D*, **14**, 2478.

-

Ginzburg. V. L., （1951）. "Cosmic Rays as the Source of Galactic Radio Waves," *Doklady Akademii Nauk SSSR*, **76**, 377.

-

Ginzburg, V. L. （1964）. "The Magnetic. Fields of Collapsing Masses and the Nature of Superstars," *Doklady Akademii Nauk SSSR*, **156**, 43. English translation in *Soviet Physics—Doklady*, **9**, 329 （1964）.

-

Ginzburg. V. L. （1984）. "Some Remarks on the History of the Development of Radio Astronomy," in *The Early Years of Radio Astronomy*, edited by W. J. Sullivan （Cambridge University Press, Cambridge, England）.

-

Ginzburg, V. L. （1990）. Private communication to K. S. Thorne.

-

Ginzburg, V. L., and Ozemoy, L. M. （1964）. "On Gravitational Collapse of Magnetic Stars," *Zhurnal Eksperimentalnoi i Teoreticheskoi Fiziki*, **47**, 1030. English translation in *Soviet Physics—JETP*, **20**, 689 （1965）.

-

Gleick, J. （1987）. Chaos: *Making a New Science* （Viking/Penguin, New York）.

-

Gödel, K. （1949）. "An Example of a New Type of Cosmological Solution of Einstein's Field Equations of Gravitation," *Reviews of Modern Physics*, **21**, 447.

-

Golovin, I. N. （1973）. *I. V. Kurchatov* （Atomizdat, Moscow）, 2nd edition. An English translation of the earlier and less complete first edition was published as *Academician Igor Kurchatov* （Mir Publishers, Moscow, 1969; also, Selbstverlag Press, Bloomington, Indiana, 1968.）

-

Goodchild, P. （1980）. *J Robert Oppenheimer, Shatterer of Worlds* （British Broadcasting Company, London）.

-

Gorelik, G. E. （1991）. " 'My Anti-Soviet Activities...' One Year in the Life of L. D. Landau," *Priroda,* November issue, p. 93; in Russian.

-

Gott, J. R. （1991）. "Closed Timelike Curves Produced by Pairs of Moving Cosmic Strings: Exact Solutions," *Physical Review Letters*, **66**, 1126.

-

Graves, J. C., and Brill, D. R. （1960）. "Oscillitory Character of the Reissner-Nord-ström Metric for an Ideal Charged Wormhole," *Physical Review*, **120**, 1507.

-

Greensterin, J. L. （1963）. "Red-shift of the Unusual Radio Source: 3C48," *Nature*, **197**, 1041.

-

Greenstein. J. L. （1982）. Oral history interview by Rachel Prud'homme, February and March 1982, Archives, California Institute of Technology.

-

Greenstein. J. L., Oke, J. B., and Shipman, H. （1985）. "On the Redshift of Sirius B." *Quarterly Journal of the Royal Astronomical Society*. **26**, 279.

-

Grishchuk, L. P., Petrov, A. N., and Popova, A. D. （1984）. "Exact Theory of the Einstein Gravitational Field in an Arbitrary Background Space-Time," *Communications in Mathematical Physics*, **94**, 379.

-

Hall, S. S. （1989）. “The Man Who Invented Time Travel: The Astounding World of Kip Thorne,” *California*, October, p.68.

-

Hanni, R. S., and Ruffini, R. （1973）. “Lines of Force of a Point Charge Near a Schwarzschild Black Hole,” *Physical Review D*, **8**, 3259.

-

Harrison, B. K., Thorne, K. S., Wakano, M., and Wheeler, J. A. （1965）. *Gravitation Theory and Gravitational Collapse* （University of Chicago Press, Chicago）.

-

Harrison. B. K., Wakano, M., and Wheeler, J. A. （1958）. “Matter-Energy at High Density: End Point of Thermonuclear Evolution.” in *La Structure et l'Evolution de l'Univers*, Onzième Conseil de Physique Solvay （Stoops, Brussels）, p. 124.

-

Hartle, J. B., and Sabbadini, A. G. （1977）. “The Equation of State and Bounds on the Mass of Nonrotating Neutron Stars,” *Astrophysical Journal*, **213**, 831.

-

Hawking, S. W. （1971a）. “Gravitationally Collapsed Objects of Very Low Mass,” *Monthly Notices of the Royal Astronomical Society*, **152**, 75.

-

Hawking, S. W. （1971b）. “Gravitational Radiation from Colliding Black Holes,” *Physical Review Letters*, **26,** 1344.

-

Hawking, S. W. （1972）. “Black Holes in General Relativity,” *Communications in Mathematical Physics*, **25**, 152.

-

Hawking, S. W. （1973）. “The Event Horizon,” in *Black Holes*, edited by C. DeWitt and B. S. DeWitt （Gordon and Breach, New York）, p. 1.

-

Hawking, S. W. （1974）. “Black Hole Explosions？” *Nature*, **248**, 30.

-

Hawking, S. W. （1975）. “Particle Creation by Black Holes,” *Communications in Mathematical Physics*, **43**, 199.

-

Hawking, S. W. （1976）. “Black Holes and Thermodynamics,” *Physical Review D*, **13**, 191.

-

Hawking, S. W. （1987）. “Quantum Cosmology,” in *300 Years of Gravitation*, edited by S. W. Hawking and W. Israel （Cambridge University Press, Cambridge, England）, p. 631.

-

Hawking, S. W. （1988）. *A Brief History of Time* （Bantam Books, Toronto, New York）.

-

Hawking, S. W. （1992a）. “The Chronology Protection Conjecture,” *Physical Review D*, **46**, 603.

-

Hawking, S. W. （1992b）. “Evaporation of Two-Dimensional Black Holes,” *Physical Review Letters*, **69**, 406.

-

Hawking, S. W., and Ellis, G. F. R. （1973）. *The Large Scale Structure of Space-Time* （Cambridge University Press, Cambridge, England）.

-

Hawking, S. W., and Hartle, J. B. （1972）. “Energy and Angular Momentum Flow into a Black Hole,” *Communications in Mathematical Physics*, **27**, 283.

-

Hawking, S. W. , and Penrose, R. （1970）. “The Singularities of Gravitational Collapse and Cosmology,” *Proceedings of the Royal Society of London*, **A314**, 529.

-

Hey, J. S. （1973）. *The Evolution of Radio Astronomy* （Neale Watson Academic Publications, Inc. , New York）.

-

Hirsh, R. E. （1979）. “Science, Technology, and Public Policy: The Case of X-Ray Astronomy, 1959 to 1972,” unpublished Ph.D. dissertation, University of Wisconsin-Madison; available from University Microfilms, Ann Arbor, Michigan.

-

Hiscock, W. A., and Konkowski, D. A. （1982）. “Quantum Vacuum Energy in TaubNUT （Newman-Unti-Tamburino）-Type Cosmologies,” *Physieal Review D*, **6**, 1225.

-

Hoffman, B. （1972）. In collaboration with H. Dukas, *Albert Einstein: Creator and Rebel* （Viking, New York）.

-

Imshennik, V. S. , and Nadezhin, D. K. （1964）. “Gas Dynamical Model of a Type II Supernova Outburst,” *Astronomicheskii Zhurnal*, **41**, 829. English translation in *Soviet Astrornomy—AJ*, **8**, 664 （1965）.

-

Israel, W. （1967）. “Event Horizons in Static Vacuum Spacetimes,” *Physical Review*, **164**, 1776.

-

Israel, W. （1986）. “Third Law of Black Hole Dynamics—A Formulation and Proof,” *Physical Review Letters*, **57**, 397.

-

Israel, W. （1987）. “Dark Stars: The Evolution of an Idea,” in *300 Years of Gravitation*, edited by S. W. Hawking and W. Israel （Cambridge University Press, Cambridge, England）, p. 199.

-

Israel, W. （1990）. Letter to K. S. Thorne, dated 28 May 1990, commenting on the semifinal draft of this book.

-

Jansky, K. （1932）. “Directional Studies of Atmospherics at High Frequencies,” *Proceedings of the Institute of Radio Engineers*, **20**, 1920.

-

Jennison, R. C. , and Das Gupta, M.K. （1953）. “Fine Structure of the Extra-terrestrial Radio Source Cygnus 1,” *Nature*, **172**, 996.

-

Kellermann, K. , and Sheets, B. （1983）. *Serendipitous Discoveries in Radio Astronomy* （National Radio Astronomy Observatory, Green Bank, West Virginia）.

-

Kerr, R. P. （1963）. “Gravitational Field of a Spinning Mass as an Example of Algebraically Special Metrics,” *Physical Review Letters*, **11**, 237.

-

Kevles, D. J. （1971）. *The Physicists* （Random House, New York）.

-

Khalatnikov, I. M. , ed. （1988）. *Vospominaniya o L. D. Landau* （Nauka, Moscow）. English translation: *Latutau, the Physicist and the Man: Recollections of L. D. Landau* （Pergamon Press, Oxford, England, 1989）.

-

Khalatnikov, I. M. , and Lifshitz, E. M. （1970）. “The General Cosmological Solution of the Gravitational Equations with a Singularity in Time,” *Physical Review Letters*, **24**, 76.

-

Kiepenheuer, K. O. （1950）. “Cosmic Rays as the Source of General Galactic Radio Emission,” *Physical Review*, **79**, 738.

-

Kim, S. -W. , and Thorne, K. S. （1991）. " Do Vacuum Fluctuations Prevent the Creation of Closed Timelike Curves? " *Physical Review D*, **43**, 3939.

-

Klauder, J. R. , ed. （1972）. *Magic without Magic : John Archibald Wheeler* （W. H. Freeman, San Francisco）.

-

Kruskal, M. D. （1960）. " Minimal Extension of the Schwarzschild Metric, " *Physical Review*, **119**, 1743.

-

Kuhn, Y. （1962）. *The Structure of Scientific Revolutions* （University of Chicago Press, chicago）.

-

Landau, L. D. （1932）. " On the Theory of Stars, " *Physikalische Zeitschrifi Sowjetunion*, **1**, 285.

-

Landau, L. D. （1938）. " Origin of Stellar Energy, " *Nature*, **141**, 333.

-

Landau, L. D. , and Lifshitz, E. M. （1962）. *Teoriya Polya* （Gosudarstvennoye Izdatel ' stvo Fiziko - Matematieheskoi Literaturi, Moscow）, Section 108. English translation: *The Classical Theory of Fields* （Pergamon Press, Oxford, England, 1962）, Section 110.

-

Laplace, P. S. （1796）. *Exposition du Système du Monde*. Volume II : *Des Mouvements Réels des Corps Célestes* （Paris）. Published in English as *The System of the World* （W. Flint, London, 1809）.

-

Laplace, P. S. （1799）. " Proof of the Theorem, that the Attractive Force of a Heavenly Body Could Be so Large, that Light Could Not Flow Out of It, " *Allgemeine Geographische Ephemeriden*, verfasset von Einer Gesellschaft Gelehrten. 8vo Weimer, IV, Bd I St. English translation in Appendix A of Hawking and Ellis（1973）.

-

Lifshitz, E. M. , and Khalatnikov, I. M. （1960）. " On the Singularities of Cosmological Solutions of the Gravitational Equations. I. " *Zhurnal Eksperimentalnoi i Teoreticheskoi Fiziki*, **39**, 149. English translation in *Soviet Physics—JETP*, **12**, 108 and 558 （1961）.

-

Lifshitz, E. M. , and Khalatnikov, I. M. （1963）. " Investigations in Relativistic Cosmology, " Advances in *Physics*, **12**, 185.

-

Livanova, A. （1980）. *Landau: A Great Physicist and Teacher* （Pergamon Press, Oxford, England）.

-

Longair, M. S. , Ryle, M. , and Scheuer. P. A. G. （1973）. " Models of Extended Radio Sources, " *Monthly Notices of the Royal Astronomical Society*, **164**, 243.

-

Lorentz, H. A. , Einstein, A. , Minkowski, H. , and Weyl, H. （1923）. *The Principle of Relativity ; A Collection of Original Memoirs on the Special and General Theory of Relativity* （Dover, New York）.

-

Lynden - Bell, D. （1969）, " Galactic Nuclei as Collapsed Old Quasars, " *Nature*, **223**, 690.

-

Lynden - Bell, D. （1978）. " Gravity Power, " *Physica Scripta*, **17**, 185.

-

Mazur, P. （1982）. " Proof of Uniqueness of the Kerr - Newman Black Hole Solution, " *Journal of Physics A*, **15**, 3173.

-

May, M. M. , and White, R. H, （1965）. " Hydrodynamical Calculation of General Relativistic Collapse, " *Bulletin of the American Physical Society*, **10**, 15.

-

May, M. M. , and White, R. H. （1966）. “Hydrodynamic Calculations of General Relativistic Collapse,” *Physical Review*, **141**, 1232.

-

Medvedev, Z. A. （1978）. *Soviet Science*（W. W. Norton, New York）.

-

Medvedev, Z. A. （1979）. *Nuclear Disaster in the Urals*（W. W. Norton, New York）.

-

Michell, J. （1784）. “On the Means of Discovering the Distance, Magnitude, Etc. , of the Fixed Stars, in Consequence of the Diminution of Their Light, in Case Such a Diminution Should Be Found to Take Place in Any of Them, and Such Other Data Should Be Procured from Observations, as Would Be Further Necessary for That Purpose,” *in Philosophical Transactions of the Royal Society of London*, **74**, 35 ; presented to the Royal Society on 27 November 1783.

-

Michelson, P. F. , and Taber, R. C. （1984）. “Can a Resonant - Mass Gravitational - Wave Detector Have Wideband Sensitivity?” *Physical Review D*, **29**, 2149.

-

Misner, C. W. （1969）. “Mixmaster Universe,” *Physical Review Letters*, **22**, 1071.

-

Misner, C. W., Thorne, K. S., and Wheeler, J. A. （1973）. *Gravitation*（W. H. Freeman, San Francisco）.

-

Mitton, S., and Ryle, M. （1969）. “High Resolution Observations of Cygnus A at 2.7 GHz and 5 GHz,” *Monthly Notices of the Royal Astronomical Society*, **146**, 221.

-

Morris, M. S. , and Thorne, K. S. （1988） “Worm holes in Spacetime and Their Use for Interstellar Travel: A Tool for Teaching General Relativity,” *American Journal of Physics*, **56**, 395.

-

Morris, M. S. , Thorne, K. S. , and Yurtsever, U. （1988） “Wormholes, Time Machines, and the Weak Energy Condition,” Physical Review Letters, 61, 1446.

-

Moss, G. E. , Miller, L. R. , and Forward, R. L. , （1971）. “Photon Noise Limited Laser Transducer for Gravitational Antenna,” *Applied Optics*, **10**, 2495.

-

MTW : Misner, Thorne, and Wheeler（1973）.

-

Newman, E. T., Couch, E., Chinnapared, K., Exton, A., Prakash, A., and Torrence, R. （1965）. “Metric of a Rotating, Charged Mass,” *Journal of Mathematical Physics*, **6**, 918.

-

Novikov, I. D. （1963）. “The Evolution of the Semi - Closed World.” *Astronomicheskii Zhurnal*, **40**, 772. English translation in *Soviet Astronomy—AJ*, **7**, 587（1964）.

-

Novikov, I. D. （1966）. “Change of Relativistic Collapse into Anticollapse and Kinematics of a Charged Sphere,” *Pis ' ma v Redaktsiyu Zhurnal Eksperimentalnoi i Teoreticheskoi Fiziki*, **3**, 223. English translation in *JETP Letters*, **3**, 142（1966）.

-

Novikov . I. D. （1969）. “Metric Perturbations When Crossing the Schwarzschild Sphere,” *Zhurnal Eksperimentalnoi i Teoreticheskoi Fiziki*, **57**, 949. English translation in *Soviet Physics—JETP*. **30**, 518（t970）.

-

Novikov, I. D., Polnarev. A. G., Starohinsky. A. A., and Zel ' dovich, Ya. B. （1979）. “Primordial Black Holes,” *Astronomv and Astrophysics*, **80**, 104.

-

Novikov, I. D., and Zel'dovieh, Ya. B. (1966). "Physics of Relativistic Collapse," *Supplemento al Nuovo Cimento*, **4**, 810; Addendum 2.

Oppenheimer, J. R., and Serber, R. (1938). "On the Stability of Stellar Neutron Cores," *Physical Review*, **54**, 608.

Oppenheimer, J. R., and Snyder, H. (1939). "On Continued Gravitational Contraction." *Physical Review*, **56**, 455.

Oppenheimer, J. R., and Volkoff, G. (1939). "On Massive Neutron Cores," *Physical Review*, 54, 540.

Ori, A. (1991). "The Inner Structure of a Charged Black Hole: An Exact Mass Inflation Solution," *Physical Review Letters*, **67**, 789.

Ori, A. (1992). "Structure of the Singularity Inside a Realistic Rotating Black Hole," *Physical Review Letters*, **68**, 2117.

Page, D. N. (1976). "Particle Emission Rates from a Black Hole," *Physical Review D*, **13**, 198, and **14**, 3260.

Page, D. N., and Hawking, S. W. (1975). "Gamma Rays from Primordial Black Holes," *Astrophysical Journal*, **206**, 1.

Pagels, H. (1982). *The Cosmic Code* (Simon and Schuster, New York).

Pais, A. (1982). "*Subtle Is the Lord...*" *The Science and the Life of Albert Einstein* (Oxford University Press, Oxford, England).

Penrose, R. (1965). "Gravitational Collapse and Spacetime Singularities," *Physical Review Letters*, **14**, 57.

Penrose, R. (1968). "The Structure of Spacetime," in *Battelle Rencontres: 1967 Lectures in Mathematics and Physics*, edited by C. M. DeWitt and J. A. Wheeler (Benjamin, New York), p. 565.

Penrose, R. (1969). "Gravitational Collapse: The Role of General Relativity," *Rivista Nuovo Cimento*, **1**, 252.

Penrose, R. (1989). *The Emperor's New Mind* (Oxford University Press, New York), pp. 419-421.

Phinney, E. S. (1989). "Manifestations of a Massive Black Hole in the Galactic Center," in *The Center of the Galaxy: Proceedings of LAU Symposium* 136 edited by M. Morris (Reidel, Dordrecht, Holland), p. 543.

Pimenov, R. 1. (1968). *Prostranstva Kinimaticheskovo Tipa* [*Seminars in Mathematics*], Vol. 6 (V. A. Steklov Mathematical Institute, Leningrad). English translation: *Kinematic Spaces* (Consultants Bureau, New York, 1970).

Podurets, M. A. 1964). "The Collapse of a Star with Back Pressure Taken Into Account," *Doklady Akademi Nauk*, **154**, 300. English translation in *Soviet Physics-Doklady*, **9**, 1 (1964).

Poisson, E., and Israel, W. (1990). "Internal Structure of Black Holes," *Physical Review D*, **41**, 1796.

Press, W. H. (1971). "Long Wave Trains of Gravitational Waves from a Vibrating Black Hole," *Astrophysical Journal Letters*, **170**, 105.

-

Press, W. H. , and Teukolsky, S. A. （1973）. “ Perturbations of a Rotating Black Hole. II . Dynamical Stability of the Kerr Metric, ” *Astrophysical Journal*, **185**, 649.

-

Price, R. H. （1972）. “ Nonspherical Perturbations of Relativistic Gravitational Collapse, ” *Physical Review D*, **5**, 2419 and 2439.

-

Price, R. H. , and Yhorne, K. S. （ 1988 ）. “ The Membrane Paradigm for Black Holes, ” *Scientific American*, **258** （No. 4）, 69.

-

Rabi, I. I., Serber, R., Weisskopf, V. F., Pais, A., and Seaborg, G. T. (1969). *Oppenheimer* (Scribners, New York).

-

Reber, G. （1940）. “ Cosmic Static, ” *Astrophysical Journal*, **91**, 621.

-

Reber, G. （1944）. “ Cosmic Static, ” *Astrophysical Journal*, **100**, 279.

-

Reber, G. （1958）. “ Early Radio Astronomy at Wheaton, Illinois, ” *Proceedings of the Institute of Radio Engineers*, **46**, 15.

-

Rees, M. （ 1971 ）. “ New Interpretation of Extragalactic Radio Sources, ” *Nature*, **229**, 312 and 510.

-

Renn, J. , and Schulman, R. （1992）. Introduction to *Albert Einstein/Mileva Marić : The Love Letters*, edited by Jürgen Renn and Robert Schulman （ Princeton University Press, Princeton, New Jersey ）.

-

Rhodes, R. （1986）. *The Making of the Atomic Bomb* （ Simon and Schuster, New York ）.

-

Ritus V. I. （1990）. “ If Not I, Then Who? ” *Priroda*, August issue. English translation in Drell and Kapitsa, eds. （ 1991 ）.

-

Robinson, I. , Schild, A. , and Schucking, E. L. , eds. （1965）. *Quasi - Stellar Sources and Gravitational Collapse* （University of Chicago Press, Chicago）.

-

Romanov, Yu. A. （1990）. “ The Father of the Soviet Hydrogen Bomb, ” *Priroda*, August issue. English translation in Drell and Kapitsa, eds. （1991）.

-

Royal, D. （1969）. *The Story of J. Robert Oppenheimer* （St. Martin ' s Press, New York）.

-

Sagan, C. （1985）. *Contact* （Simon and Schuster, New York）.

-

Sakharov, A. （1990）. *Memoirs* （ Alfred A. Knopf, New York）.

-

Salpeter, E. E. （1964）. “ Accretion of Interstellar Matter by Massive Objects, ” *Astrophysical Journal*, **140**, 796.

-

Schaffer, S. （1979）. “ John Michell and Black Holes, ” *Journal for the History of Astronomy*, **10**, 42.

-

Schmidt, M. （1963）. “ 3C273 : A Star - like Object with Large Red - shift, ” *Nature*, **197**, 1040.

-

Schwarzschild, K. （1916a）. “ Uber das Gravitationsfeld eines Massenpunktes nach der Einsteinschen Theorie, ” *Sitzungsberichte der Deutschen Akademie der Wissenschafien zu Berlin, Klasse fur Mathematik, Physik, und Technik*, 1916, 189.

-

Schwarzschild, K. （1916b）. “Uber das Gravitationsfeld einer Kugel aus inkompressibler Flussigkeit nach der Einsteinschen Theorie,” *Sitzungsberichte der Deutschen Akademie der Wissenschafien zu Berlin, Klasse fur Mathematik, Physik, und Technik*, **1916**, 424.

-

Seelig, C. （1956）. Albert Einstin: *A Documentary Biography* （Staples Press, London）, p. 104.

-

Serber, R. （1969）. “The Early Years,” in Rabi et al. （1969）; also published in *Physics Today*, October 1967, p. 35.

-

Shapiro, S. L., and Teukolsky, S. A. （1983）. *Black Holes, White Dwarfs, and Neutron Stars* （Wiley, New York）.

-

Shapiro, S. L., and Teukolsky, S. A. （1991）. “Formation of Naked Singularities—The Violation of Cosmic Censorship,” *Physical Review Letters*, **66**, 994.

-

Smart, W. M. （1953）. *Celestial Mechanics* （Longmans, Green and Co., London）, Section 19.03

-

Smith, A. K., and Weiner, C. （1980）. *Robert Oppenheimer. Letters and Recollections* （Harvard University Press, Cambridge, Massachusetts）.

-

Smith, H. J. （1965）. “Light Variations of 3C273,” in *Quasi-Stellar Sources and Gravitational Collapse*, edited by I. Robinson, A. Schild, and E. L. Schucking （University of Chicago Press, Chicago）, p. 221.

-

Solvay （1958）. Onzième Conseil de Physique Solvay, *La Structure et l'Evolution de l'Univers* （Editions R. Stoops, Brussels）.

-

Stoner, E. C. （1930）. “The Equilibrium of Dense Stars,” *Philosophical Magazine*, **9**, 944.

-

Struve, O., and Zebergs, V. （1962）. *Astronomy of the 20th Century* （Macmillan, New York）.

-

Sullivan, W. J., ed. （1982）. *Classics in Radio Astronomy* （Reidel, Dordrecht, Holland）.

-

Sullivan, W. J., ed. （1984）. *The Early Years of Radio Astronomy* （Cambridge University Press, Cambridge, England）.

-

Sunyaev, R. A. （1972）. “Variability of X Rays from Black Holes with Accretion Disks,” *Astronomicheskii Zhurnal*, **49**, 1153. English translation in *Soviet Astronomy—AJ*, **16**, 941, （1973）.

-

Taylor, E. F., and Wheeler, J. A. （1992）. *Spacetime Physics: Introduction to Special Relativity* （W. H. Freeman, San Francisco）.

-

Teller, E. （1955）. “The Work of Many People,” *Scienee*, **121**, 268.

-

Teukolsky, S. A. （1972）. “Rotating Black Holes: Separable Wave Equations for Gravitational and Electromagnetic Perturbations,” *Physical Review Letters*, **29**, 1115.

-

Thorne, K. S. （1967）. “Gravitational Collapse,” *Scientific American*, **217**, （No. 5）, 96.

-

Thorne, K. S. （1972）. “Nonspherical Gravitational Collapse—A Short Review,” in *Magic without Magic: John*

Archibald Wheeler, edited by J. R. Klauder (W. H. Freeman, San Francisco), p. 231.

-

Thorne, K. S. (1974). "The Search for Black Holes," *Scientific American*, **231** (No. 6), 32.

-

Thorne, K. S. (1987). "Gravitational Radiation," in *300 Years of Gravitation*, edited by S. W. Hawking and W. Israel (Cambridge University Press, Cambridge, England), p. 330.

-

Thorne, K. S. (1991). "An American's Glimpses of Sakharov," *Priroda*, May issue; in Russian. English translation in Drell and Kapitsa, eds. (1991), p. 74

-

Thorne, K. S. (1993). "Closed Timelike Curves," in *General Relativity and Gravitation 1992*, edited by R. J. Gleiser, C. N. Kozameh, and D. M. Moresehi (Institute of Physics Publishing, Bristol, England), p. 295.

-

Thorne, K. S., Drever, R. W. P., Caves, C. M., Zimmermann, M., and Sandberg, V. D. (1978). "Quantum Nondemolition Measurements of Harmonic Oscillators," *Physical Review Letters*, **40**, 667.

-

Thorne, K. S., Price, R. H., and Macdonald, D. A., eds. (1986). *Black Holes: The Membrane Paradigm* (Yale University Press, New Haven, Connecticut).

-

Thorne, K. S., and Zurek, W. (1986). "John Archibald Wheeler: A Few Highlights of His Contributions to Physics," *Foundations of Physics*, **16**, 79.

-

Thorne, K. S., and Zytkow, A. N. (1977). "Stars with Degenerate Neutron Cores. I. Structure of Equilibrium Models," *Astrophysical Journal*, **212**, 832.

-

Tipler, F. J. (1976). "Causality Violation in Asymptotically Flat Space - Times," *Physical Review Letters*, **37**, 879.

-

Tolman, R. C. (1939). "Static Solutions of Einstein's Field Equations for Spheres of Fluid," *Physical Review*, **55**, 364.

-

Tolman, R. C. (1948). The Richard Chace Tolman Papers, archived in the California Institute of Technology Archives.

-

Trimble, V. L., and Thorne, K. S. (1969). "Spectroscopic Binaries and Collapsed Stars," *Astrophysical Journal*, **56**, 1013.

-

Uhuru (1981). "Proceedings of the Uhuru Memorial Symposium: The Past, Present, and Future of X - Ray Astronomy," *Journal of the Washington Academy of Sciences*, **71** (No. 1).

-

Unruh, W. G. (1976). "Notes on Black - Hole Evaporation," *Physical Review D*, **14**, 870.

-

Unruh, W. G., and Wald, R, M. (1982). "Acceleration Radiation and the Generalized Second Law of Thermodynamics," *Physical Review D*, **25**, 942.

-

Unruh, W. D., and Wald, R. M. (1984). "What Happens When an Accelerating Observer Detects a Rindler Particle," *Physical Review D*, **29**, 1047.

-

USAEC [United States Atomic Energy Commission] (1954). *In the Matter of J. Robert Oppenheimer, Transcript of Hearing before Personnel Security Board, Washington, D. C., April 12, 1954, through May* 6, 1954 (U. S.

Government Printing Office, Washington, D. C.

-

van Stockum, W. J. （1937）. “The Gravitational Field of a Distribution of Particles Rotating about an Axis of Symmetry,” *Proceedings of the Royal Society of Edinburgh*, **57**, 135.

-

Wald, R. M. （1977）. “The Back Reaction Effect in Particle Creation in Curved Spacetime,” *Communications in Mathematical Physics*, **54**, 1.

-

Wald, R. M., and Yurtsever, U. （1991）. “General Proof of the Averaged Null Energy Condition for a .Massless Scalar Field in Two - Dimensional Curved Spacetime.” *Physical Review D*, **44**, 403.

-

Walt, K. C. （1991）. *Chandra : A Biography of S. Chandrasekhar* （Universitv of Chicago Press, Chicago）.

-

Washington （1954）. “Washington Conference on Radio Astronom y–1954,” *Journal of Geophysical Research*, **59**, 1–204.

-

Weber, J. （1953）. “Amplification of Microwave Radiation by Substances Not in Thermal Equilibrium,” *Transactions of the IEEE, PG Electron Devices-3*, 1 （June）.

-

Weber, J. （1960）. “Detection and Generation of Gravitational Waves,” *Physical Review*, **117**, 306.

-

Weber, J. （1961）. *General Relativity and Gravitational Waves* （Wiley - Interscienee, New York）.

-

Weber, J. （1964）. Unpublished research notebooks; also documented in Robert Forward's unpublished Personal Journal No. C1338, page 66, 13 September 1964.

-

Weber, J. （1969）."Evidence for Discovery of Gravitational Radiation," *Physical Review letters*, **22**, 1320.

-

Weiss, R. （1972）. “Electromagnetically Coupled Broadband Gravitational Antenna,” *Quarterly Progress Report of the Research Laboratory of Electronics, M. 1. T.*, **105**, 54.

-

Wheeler, J. A. （1955）. “Geons,” *Physical Review*, **97**, 511. Reprinted in Wheeler （1962）, p. 131.

-

Wheeler, J. A. （1957）. “On the Nature of Quantum Geometrodynamics,” *Annals of Physics*, **2**, 604.

-

Wheeler, J. A. （1960）."Neutrinos, Gravitation and Geometry," in *Proceedings of the International School of Physics, “Enrico Fermi,” Course XI* （Zanichelli, Bologna）. Reprinted in Wheeler （1962）, p. 1.

-

Wheeler, J. A. （1962）. *Geometrodynamics* （Academic Press, New York）.

-

Wheeler, J. A. （1964a）. “The Superdense Star and the Critical Nucleon Number,” in *Gravitation and Relativity*, edited by H. Y. Chiu and W. F. Hoffman （Benjamin, New York）, p. 10.

-

Wheeler, J. A. （1964b）. “Geometrodynamics and the Issue of the Final State,” in *Relativity, Groups*, and *Topology*, edited by C. De Witt and B. S. De Witt （Gordon and Breach, New York）, p. 315.

-

Wheeler, J. A. （1968）. “Our Universe: The Known and the Unknown,” *American Scientist*, **56**, 1.

-

Wheeler, J. A. （1979）. “Some Men and Moments in the History of Nuclear Physics: The Interplay of Colleagues and Motivations,” in *Nuclear Physics in Retrospect*, edited by Roger H. Stuewer （University of

Minnesota, Minneapolis）.

-

Wheeler, J. A. （1985）. Letter to K. S. Thorne dated 3 December.

-

Wheeler, J. A. （1988）. Notebooks in which Wheeler recorded his research work and ideas as they developed; now archived at the American Philosophical Society Library, Philadelphia, Pennsylvania.

-

Wheeler, J. A. （1990）. *A Journey into Gravity and Spacetime* （Scientific American Library, New York）.

-

Whipple, F. L. and Greenstein, J. L. （1937）. " On the Origin of Interslellar Radio Disturbances, " *Proceedings of the National Academy of Sciences*, **23**, 177.

-

White, T. H. （1939）. *The Once and Future King* （ Collins, London）. Chapter 13 of Part I, " The Sword in the Stone. "

-

Will, C. M. （1986）. *Was Einstein Right*? （ Basic Books, New York）.

-

York, H. （1976）. *The Advisors : Oppenheimer, Teller and the Superbome* （ W. H. Freeman, San Francisco）.

-

Zel ' dovich, Ya. B. （ 1962）. " Semi - closed Worlds in the General Theory of Relativity, " *Zhurnal Eksperimentalnoi i Teoreticheskoi Fiziki*, **43**, 1037. English translation in *Soviet Physies-JETP*, **16**, 732 (1963).

-

Zel ' dovich, Ya. B. （ 1964 ）. " The Fate of a Star and the Evolution of Gravitational Energy upon Accretion, " *Doklady Akademii Nauk*, **155**, 67. English translation in *Soviet Physicsy -Doklady*, **9**, 195 （1964）.

-

Zel ' dovieh, Ya. B. （ 1971 ）. " The Generation of Waves by a Rotaling Body, " *Pis' ma v Redaktsiyu Zhurnal Eksperimentalnoi i* Teoreticheskoi Fiziki, **14**, 270. English translation in *JETP Letters*, **14**, 180 （ 1971 ）.

-

Zel ' dovich, Ya. B. （1985）. *Collected Works : Particles, Nuclei, and the Universe* （ Nauka, Moscow）; in Russian. English translation : *Selected Works of Yakov Borisovich Zel ' dovich.* Volume I : Particles, Nuclei, and *the Universe* (Princeton University Press, Princeton, 1993).

-

Zel ' dovich, Ya. B. , and Guseinov, O. Kh. （1965 ）. " Collapsed Stars in Binaries, " *Astrophysical Journal*, **144**, 840.

-

Zel ' dovich, Ya. B., and Khariton, Yu. B. （1939）. " On the Issue of a Chain Reaction Based on an Isotope of Uranium. " *Zhurnal Eksperimentalnoi i Teoreticheskoi Fiziki*, **9**, 1425 ; see also the follow - up papers by the same authors in the same journal, **10**, 29 （1940）. and **10**, 477 （1940）. Reprinted as the first three papers in Volume II of Zel ' dovich ' s collected works, Zel ' dovich （ 1985 ）.

-

Zel ' dovich, Ya. B. , and Novikov, I. D. （1964）. " Relativistic Astrophysics, Part I, " *Uspekhi Fizicheskikh Nauk*, **84**, 877. English translation in *Soviet Physics-Uspekhi*, **7**, 763 （1965）.

-

Zel ' dovich, Ya. B. , and Novikov, I. D. （1965）. " Relativistic Astrophysics, Part II , " *Uspekhi FizicheskikhNauk*,

86, 447. English translation in Soviet Physics-Uspekhi, 8, 522 （1966）.

-

Zel ' dovich, Ya. B. and Starobinsky, A. A. （1971）. " Particle Production and Vacuum Polarization in an Anisotropic Gravitational Field, " *Zhurnal Eksperimentalnoi i Teoreticheskoi Fiziki*, **61**, 2161. English translation in *Soviet Physics-JETP*, **34**, 1159 （1972）.

-

Znajek, R. （1978）. “The Electric and Magnetic Conductivity of a Kerr Hole,” *Monthly Notices of the Royal Astronomical Society*, **185**, 833

-

Zwicky, F. （1935）. “Stellar Guests,” *Scientific Monthly*, **40**, 461.

-

Zwicky, F. （1939）. “On the Theory and Observation of Highly Collapsed Stars,” *Physical Review*, **55**, 726.

* 关于黑洞研究更近而且系统的文献，请参阅 1997 年 8 月在德国 Bad Honnef 的一个暑期讲习班的讲义：*Black Holes: Theory and Observation*, Springer - Verlag, Berlin Heidelberg, 1998. ——译者

主题索引

范围和缩写

本索引覆盖序幕、1-14 章、尾声和注释。

关于主题的其他信息见名词和年表。

页码后的字母意义如下：

b—卡片

f—图或照片

n—脚注

N—注释，例如，**N3.5** 表示“第 **3** 章注 **5**。”

H

I

K

L

M

N

P

R

S

U

V

人名索引

范围： 本索引覆盖序幕，1-4 章、尾声和注释。

其他有关信息见“名词”和“文献”部分。

缩写： 页码后的字母意义如下：

b—卡片

f—图或照片

n—脚注

D

J

N

P

T

U

V

W

Z

译后记

译者

2000年元旦，成都

本书原来的副标题是*Einstein's Outrageous Legacy*，字中带韵，像一句诗；翻译过来大概是"爱因斯坦的奇异遗产"，就没那么好听了，而且读者对这个题目的联想，可能会离题太远；如果说"遗产"就是黑洞和时间弯曲，那又局限过多。

在确定译本题目的时候，我忽然想起《共产党宣言》开头那句很有名的话："一个幽灵，共产主义的幽灵，在欧洲徘徊……"而在现代物理学中，我们处处能感觉到一个爱因斯坦的幽灵，那就是我们可以在这本书中看到的，为什么大智慧的物理学家们会去研究一些比小孩儿的问题还天真的东西，会"发明"和相信那些在普通人觉得荒谬的东西，会把数学的概念想象成宇宙中实际存在的东西。

我们在别的关于黑洞的书里，几乎只能看到藏在天上的奇迹，现在，索恩先生把更多的发生在物理学家头脑中的奇迹和故事端出来了，告诉大家，爱因斯坦的幽灵是如何在一个个物理问题上"出没"的，有时候物理学家却又借着爱翁的精神，把他那幽灵远远地丢在后面。

正如前言说的，这是一本历史，关于黑洞研究的历史，一部活的历史；几乎没有哪个问题有最后的答案，每一个有兴趣的读者，都可以走进来，甚至改写它。

时间机器原是幻想的东西，作者大概第一个把它认真当作物理学问题来研究。实际上，时间问题，在相对论、量子论里依然存在着，而且从本质上说，还是“经典的”，还不够革命；作者相信未来的量子引力理论能够令人满意（霍金不久前说，量子论与相对论的结合很快就能实现），似乎也“不够革命”。我们现在还不知道量子引力以后的事情——从这点看，量子引力不过是我们面前一座突兀的高峰，它背后的峰谷不知还有多少！时间自古是哲学问题，当它成为物理学问题时，总会为物理学带来革命，我们今天的时间困惑又几乎要回归哲学了，当它再清晰地出现在物理学中时，我们大概会迎来新的物理学。

这本书原来请湖南师范大学的朱久运和黄亦斌先生译过，两家的语言风格相距较远，一时难得统一起来，译者只好重译，译得匆忙，没能采纳两家的成果，很遗憾。

虽然这是一本科普读物，但作者像写专著那样写，在重要的问题上，差不多“无一字无来处”；不过另一方面，像大多数科普读物一样，读者会看到许多重复的东西，也会遇到一些模糊的东西。这也是科学旅行的乐趣，不但能常遇老朋友，也会邂逅陌生人，虽然老朋友爱唠叨，陌生人又走得太匆匆，但一路上总不会寂寞。读者可能对语言环境感到陌生的东西，译者注里提供了一点信息，可能会有些帮助；关于物理学的东西，作者提到了一些很有影响的著作，译者见过中译本的，都特别说明了，请读者在那些书里去熟悉某些陌生的朋友。

我写最后这几行字也正在经历一种时间旅行，从旧千年走进新千年——当大家说“千禧之年”时，是不是想过，该有好多灵魂“复活”？（《新约·启示录》）那么，让我们祈祷：复活吧，爱因斯坦的幽灵……

重印后记
在黑洞的地平线上

译者
2000 年 8 月

南山的雪闪着耀眼的光芒，勃朗峰直插我们头上的天空；在我们周围，牛群带着铃响在绿油油的牧场上吃草；山下离学校几百米的地方，是美丽如画的莱苏什的村庄……

大多数下午的时间我们都在不断讨论新的问题：诺维科夫和我关在小木屋里，想发现吸积到黑洞的气体是如何发射X射线的；在学校休息室的长椅上，我的学生普雷斯和特奥科尔斯基在讨论小干扰下的黑洞是不是还稳定；在50米外的山坡上，巴丁、卡特尔和霍金在全神贯注地用爱因斯坦的广义相对论推导完整的黑洞演化方程组。那真是难忘的田园诗，醉人的物理学！

我十多年前学相对论时，把图书馆里大大小小的相对论著作都找来看了。当然也有些科普的，但除了几个书名今天都记不起来了。为什么？因为它们不过是一些没有数学的教科书。学过数学以后，就遗憾地过河拆桥了。这样的科普读物很多，它们像风景区的路标，将陌生的游客引向一座座险峰，却几乎永远不能伴着风光走进人们美好的回忆。幸运的是，在《黑洞与时间弯曲》里的这幅20世纪60年代田园物理学风情画，自然令我想起海森伯对20世纪20年代的回忆，那是他发现量子力学矩阵形式的那些天，哦，多么壮丽的发现！

那是1925年5月底，我患了严重的花粉热，只好向玻恩请了半个月的假，直接去了赫里戈兰，我希望在远离花草的海滨，那令人心旷神怡的空气能很快让我恢复健康……我的房间在三楼，能看到村庄远处的沙滩和大海的壮丽景象。我坐在阳台上，反复地考虑着玻尔说过的话。

……结果，差不多到凌晨三点，我才最后算完……我太兴奋了，通宵未睡。黎明时，我朝岛的南端走去。我曾渴望登上那块伸向大海的岩石。没费多大力气我就爬上去了，在那儿等着日出。（海森伯《物理学及其他》）

我读这段话时，不知道量子理论是什么；今天，虽然我大概懂得了它的数学（照狄拉克的说法是一套计算法则），还是不知道它到底说了什么。不过，在量子论发现的历史中，我经历了许多令人向往的思想奇迹。至今还影响着我的一句话，也在海森伯的这段回忆里，那是爱因斯坦对他说的："在原则上，单靠可观测量去建立一个理论，是完全错误的。实际上，正好相反，是理论决定我们观测到什么。"这差不多是我所理解的"爱因斯坦的幽灵"。在黑洞发现的经过里，这句话有着更加生动的表现，大概也更能够唤醒读者也许因为生活太累而昏睡了的科学理想。

一条历史的河流，当然比"过了河的桥"更值得人们回忆。在我看来，索恩的《黑洞与时间弯曲》，首先是一段活的历史，爱因斯坦身后的相对论历史。关于这段历史，我没见过什么系统的读物。我想，一方面，它涉及的数学太多，离人们生活太远，不会引起大众的关心；另一方面，它确定的东西太少，离我们时代太近，很难形成专门的话题。也正因为这些，读者才是幸运的。正如策划者之一的Frederick Seitz博士在《前言》里说的，“读这本书的人应怀着两个目标：学一些我们物理宇宙中的尽管奇异却很真实的可靠事实；欣赏那些我们还不那么有把握的奇思妙想。”当然，在别的关于“黑洞”的读物里，我们也能看到这些；不过，作者写得更真切，因为他是那些事实的经历者，是某些奇思妙想的参与者。“我和我要讲的东西关系太近了，我个人从20世纪60年代到今天都在亲历它的发展，我最好的几个朋友从30年代起就身在其中了。”我们看一个思想产生的经过，其实要比看它的结果有趣得多。

最显著的例子就是作者关于时间机器的叙述。多年来，科幻小说和一般的科普读物给很多读者留下了不太正确的印象。实际上，一定物理条件下（如弱能量条件）产生的一定的数学结构（如类时闭曲线），只能在物理学概念的基础上讨论，借一个纯数学结果来展开想象，是没有什么意义的。反过来说，我们读一本内容陌生的书，谈一个没有最后答案的问题，最重要的还是思想和问题的过程，而不是结果——也许很久都不会有结果。读者从这些疑惑中，或许会萌发一点雄心，与作者开宗明义表达的心愿产生某种共鸣：“30年来，我一直在探索，为的是去认识爱因斯坦为后代留下的遗产……去发现相对论失败的地方，看它如何失败，会有什么来取代它。”这其实也正是爱因斯坦向往过的牛顿的幸运：“幸运啊，牛顿；幸福啊，科学的童年！”（为牛顿《光学》写的序），像朗道那样抱怨自己生得太晚（第5章），没有赶上百年前物理学革命年代的人，应该幸运地感到在新世纪的门口，遭遇了令人更加困惑的问题，从某种意义上说，主题还是当年爱因斯坦与玻尔的对话；在这一点上，我们离爱因斯坦的幽灵并不遥远。

这本书，从爱因斯坦时代走到20世纪90年代，把遗产和火炬接过来，又传下去；只有一个幽灵不变地在读者眼前徘徊，那个永远追求统一的幽灵，今天落在广义相对论和量子论之间，落在黑洞的地平线上……

重印后记

译者
2006年4月23日，
世界读书日

黑洞的书近年来更多了，黑洞的理论也有了一些新认识（例如在宇宙全息观点下的认识）。但本书的基本内容并没有过时，2000年6月作者在60岁生日的纪念文集里，还津津乐道他和夫人的那个时间机器。当然，本书更持久的价值在于它在科学大背景下叙述了黑洞物理学的成长。

借重新包装的机会，我通读了全书，除修改一些字句，更多的倒是在重新经历那个“黄金年代”。在物理学的历史中，量子力学的诞生，曾经是最令人激动的一幕大戏——相对论尽管动人，却几乎是爱因斯坦个人的独角戏；经典的物理学虽然辉煌，但缺乏现代物理学的“纯粹理性”的趣味——而黑洞的历史（当然也许还有超弦的历史），现在看来更加有趣，因为它的数学和物理还正在进行着，还没进入普通大学生的课堂，更没尘封在科学史家的档案柜。读者读它不仅温故，而且知新，借孔夫子的话说，“可以为师矣！”

对本书的新读者，我推荐一种新的读法。你可以把它分解成三本：一本传奇，讲物理学家的故事；一本科普，讲黑洞和相关现象的物理学常识；一本手册，讲“我凭什么相信我说的”——正文之外的注释和文献，是黑洞物理学的历史和理论的良好导引。

多数读者，特别是喜欢科学的同学，应该多读“第一本”，它可能是最有启发的。我们习惯了在欣赏文艺作品时联想它的作者和风格。所谓“文如其人”，说的是一种境界，作者的境界和表现在作品的境界。遗憾的是，人们似乎忘了科学家也是人，也有风格。风格决定了他选择的问题，而问题决定了科学发展的方向。常有人问，假如没有爱因斯坦，会出现相对论吗？问题本身没有意义了，但相对论与量子物理学那么不同，我们似乎真可以说，那是因为它们本是不同父母的孩子。想进科学大门的同学，应该先学会科学家怎么做人，怎么做研究。本书就讲了好多大师的故事，特别讲了他们的风格。例如，黑洞的三个导师，“都有自己的风格。事实上，恐怕难以找到比这更鲜明的风格了。”惠勒是幻想家，泽尔多维奇像火种，而席艾玛像蜡烛。当然还有别的个性和风格，如奥本海默的小心谨慎，茨维基的大胆猜想，这些在物理学的“正史”里大概都是看不到的。科学成果的形式（如论文和报告）几乎掩盖了科学家的个性，而他们的个性有时更迷人。圈子里的人也许知道，学生选择老师，不一定只看他的成果，也看他的“人”。套一句老话说，科学是没有人情味的，但科学家不能没有风格。同学们在这儿能遇到那么多物理学的导师，随便你喜欢哪个，跟着他走，也许能走出自己的新天地。

本书的尾声还在继续。作者发起的LIGO计划，自1999年运行以来，发现了不少引力波的信息。一本讲LIGO故事的书（《爱因斯坦的未完成交响曲》）也即将翻译出版了。LIGO计划还向中学生开放。正如LIGO实验室的DeSalvo博士说的，通过科学家与中学生的合作，“能吸引天才少年走近科学和技术，远离不那么迷人的商务和法律之类的东西……也就是那些靠脑子赚钱的领域。”更有趣的是，在2005年国际物理年时，美国物理学会支持了一个“爱因斯坦在家”（Einstein @ Home）的计划，任何人都可以加入进来，在他个人电脑的“闲暇”时间，利用LIGO和GEO的数据寻找引力波源（如脉冲星，即旋转的中子星）。分析的时候，还能从屏幕保护程序看到你正在搜寻的那片天空呢。当LIGO胜利的那一天，也许有读者能自豪地说，“那胜利也有我的一份功劳呢！”

图书在版编目（CIP）数据

黑洞与时间弯曲 /（美）基普·S. 索恩著；李泳译．— 长沙：湖南科学技术出版社，2018.1
（2024.3 重印）
（第一推动丛书．宇宙系列）
ISBN 978-7-5357-9455-0
Ⅰ．①黑… Ⅱ．①基… ②李… Ⅲ．①广义相对论—时间—普及读物 Ⅳ．① P145.8-49
② O412.1-49
中国版本图书馆 CIP 数据核字（2017）第 211982 号

HEIDONG YU SHIJIAN WANQU
黑洞与时间弯曲

著者
[美] 基普·S. 索恩
译者
李泳
出版人
潘晓山
责任编辑
吴炜 颜汨 戴涛 杨波
装帧设计
邵年 李叶 李星霖 赵宛青
出版发行
湖南科学技术出版社
社址
长沙市芙蓉中路一段416号
泊富国际金融中心
网址
http://www.hnstp.com
湖南科学技术出版社
天猫旗舰店网址
http://hnkjcbs.tmall.com
邮购联系
本社直销科 0731-84375808

印刷
长沙鸿和印务有限公司
厂址
长沙市望城区普瑞西路858号
邮编
410200
版次
2018 年 1 月第 1 版
印次
2024 年 3 月第 8 次印刷
开本
880mm × 1230mm 1/32
印张
23.25
字数
491 千字
书号
ISBN 978-7-5357-9455-0
定价
89.00 元